国家社会科学基金项目"后追赶阶段我国企业面向先进制造业的技术赶超研究"（18BGL039）资助

中国企业先进制造技术的追赶与超越

李　林　何建洪　朱　浩　著

科学出版社

北　京

内 容 简 介

本书除第 1 章绪论及第 10 章结论与展望外，主要内容包含 4 个模块。第一个模块即第 2 章，对先进制造技术当前发展态势进行简要回顾，从不同层次领域介绍先进制造技术的复合性特征；第二个模块包括第 3 章和第 4 章，通过典型个案分析揭示先进制造技术追赶过程中存在阶段性发展特征，呈现在长技术生命周期情境下后发国家在人工智能技术中可能的追赶过程及策略；第三个模块包括第 5～7 章，主要内容为中国企业先进制造技术赶超中所需要的内在能力跃升条件及过程，进而探讨赶超的时间、空间机会窗口的存在性与选择；第四个模块包括第 8 章和第 9 章，分别从基础研究与政策角度探讨我国企业先进制造技术赶超中典型的推动性要素，并为企业与政府制定相关发展战略和引导政策提供理论支撑和实践建议。

本书适合高等院校高年级本科生、经济管理类硕士/博士研究生，以及科技创新型企业的中、高级管理者阅读，也可以作为科技创新战略管理、科技政策类培训参考书籍。

图书在版编目（CIP）数据

中国企业先进制造技术的追赶与超越 / 李林，何建洪，朱浩著. —北京：科学出版社，2023.2

ISBN 978-7-03-074022-9

Ⅰ.①中⋯　Ⅱ.①李⋯　②何⋯　③朱⋯　Ⅲ.①机械制造工艺－研究－中国　Ⅳ.①TH16

中国版本图书馆 CIP 数据核字（2022）第 228915 号

责任编辑：郑述方 / 责任校对：彭　映
责任印制：罗　科 / 封面设计：墨创文化

科 学 出 版 社 出版

北京东黄城根北街 16 号
邮政编码：100717
http://www.sciencep.com

成都锦瑞印刷有限责任公司印刷
科学出版社发行　各地新华书店经销

*

2023 年 2 月第 一 版　开本：787×1092　1/16
2023 年 2 月第一次印刷　印张：12
字数：280 000

定价：128.00 元

（如有印装质量问题，我社负责调换）

序

  技术进步是推动经济发展的根本动力,技术追赶是后发经济体企业发展进步的逻辑方向。在世界迈向第四次工业革命的征程中,先进制造技术承载着高水平科技自立自强的重大期待,承担着重塑国家制造系统竞争力的重大责任,因此引发世界主要经济体决策者的高度关注,均致力于构建先进制造技术创新体系以提升国家制造业竞争实力。无论是从关键核心技术,还是从产业全链条上的创新能力水平看,在过去以及未来相当长时间内,中国在先进制造技术领域中总体上仍处于对国际前沿技术的追赶状态,面临着技术追赶机会空间布局、追赶轨道选择等重大决策问题,以避免陷入与"中等收入陷阱"类似的"技术追赶陷阱",因此引发了研究者们的广泛讨论。

  在此背景下,李林教授牵头的研究团队完成了《中国企业先进制造技术的追赶与超越》一书,书中分四个模块对中国先进制造技术面向世界前沿的追赶进行梳理剖析。第一个模块回顾先进制造技术发展态势,分析先进制造技术的多维性与世界主要国家产业创新政策;第二个模块对国际及国内先进制造技术追赶式发展的典型个案分析,剖析先进制造技术追赶过程中存在阶段性特征;第三个模块从先进制造子技术领域生命周期差异、技术优势非均衡分布出发,探讨技术赶超时间、空间机会窗口的存在性与选择;第四个模块讨论基础研究、政策激励等要素推动中国企业先进制造技术赶超的过程机理,展现企业内生要素与外在政策条件共同推动技术赶超的可能路径。

  该书以先进制造技术为特定领域,提出了多个较为特殊的分析视角,一是先进制造技术是由系列子技术要素构成的技术集,不同子技术要素的发展存在异质性;二是技术追赶与超越的机会窗口、策略选择需要遵循技术生命周期动态演化的内在要求;三是以发展的观点将中国先进制造技术追赶阶段设定在后追赶阶段,探讨后发优势边际收敛下追赶的切入时机和子技术领域的空间选择。这些研究对中国加快形成先进制造、智能制造技术创新体系,推动制造业关键核心技术创新突破,实现高水平科技自立自强等都有重要的借鉴意义。

清华大学技术创新研究中心 陈劲

2022 年 12 月 23 日

前　言

全球经济、科技的不同步发展，使得追赶与超越成为人们广泛关注的重要话题。从一个较长时间视阈看，后发企业依托低成本、低风险以及高灵活性等后发优势实现对行业内领先企业的技术赶超是较为普遍的现象。从微观的技术追赶历程看，技术赶超往往会经历战略与资源准备、快速追赶和超越三个阶段。在超越阶段，后发企业的技术接近国际前沿，但其后发优势边际收益与技术差距收敛速度显著下降，技术赶超陷入瓶颈期。选择在主导设计不成熟、技术发展轨迹存在高不确定性的先进制造技术等领域进行创新是突破瓶颈的有效路径之一，此时追赶企业更能借由技术能力的阶段性跨越实现对行业内领先企业的赶超。近 20 年来，中国高铁、海康威视、华为等正是由于抓住了非线性产业技术迭代中出现的机会窗口，充分应用技术不连续性和制度型市场的交互驱动，着力提升技术持续创新能力来摆脱全球价值链低端锁定，跳出了"引进—落后—再引进—再落后"的"技术追赶陷阱"，成功实现对国际技术前沿的追赶与超越。

事实上，许多研究都注意到了先进制造业可能是技术追赶情境下中国企业实现技术超越的最优选择之一。这些研究还发现先进制造企业的技术能力存在跃升现象，同时指出这种能力跃升可能是企业实现市场突围和价值链攀升的重要推手，是其提前布局高梯级技术、创造赶超路径的关键条件。然而，先进制造技术是一个复合的技术体系，包含一系列相对独立的子技术领域，这些子技术领域中前沿技术发展在时间上并不同步，在空间上也非均衡地分布于世界主要工业国家。这既为中国企业追赶国际前沿技术提供了契机，也增加了推动企业技术能力跃升中潜在的结构化演变的复杂性。因此，如何破解中国企业先进制造技术追赶与超越过程中时间、空间选择难题，剖析推动先进制造技术持续靠近国际前沿水平的最终动力，寻找这一过程中的政策需求及政策效应逻辑，切实推动中国先进制造技术创新能力与创新水平持续提升，均需要进一步探索。基于此，本书在梳理后发经济体企业技术追赶与超越基本规律和理论框架、剖析国际国内技术追赶成功案例的基础上，通过识别先进制造领域子领域结构、分析子领域技术周期性变化与主要国家技术优势的动态非均衡分布，构建了中国企业先进制造技术赶超的能力跃升模型、追赶与超越的时间空间选择模型，较为深入地探析了后追赶情境下中国先进制造企业技术赶超的要素与情境前提、不同机会空间选择及其可能结果、政策方式及作用路径等问题。

在内容结构上，除第 1 章绪论及第 10 章结论与展望外，本书的主要内容还包含 4 个模块：第一个模块即第 2 章，主要内容为对先进制造技术当前发展态势的简要回顾与概述，并从不同层次领域介绍了先进制造技术的复合性特征，以及世界主要国家相关的技术与产业政策状况；第二个模块包括第 3 章和第 4 章，主要内容为国际及国内先进制造技术追赶式发展下的典型个案分析，国际案例中主要分析了日本在先进制造技术赶超阶段中创新策略的选择与转换，揭示了先进制造技术追赶过程中存在阶段性发展特征，中国典型案例分析中主要呈现了在长技术生命周期情境下后发国家在人工智能技术中可能的追赶过程及策略;第三个模块包括第5~7章,主要内容为中国企业先进制造技术赶超中所需要的内在能力跃升条件及过程,进而从先进制造子技术领域的生命周期差异、技术优势非均衡分布出发探讨赶超的时间、空间机会窗口的存在性与选择;第四个模块包括第8章和第9章,分别从基础研究与政策角度探讨了中国企业先进制造技术赶超中典型的推动性要素,以展现企业内存要素与外在政策条件的共同作用推动技术赶超的可能路径,为企业与政府制定相关发展战略和引导政策提供理论支撑和实践建议。

目 录

第1章 绪 论

1.1 问题的提出

"后追赶阶段"是指后发经济体企业对国际前沿技术追赶的新阶段。在这一阶段，追赶企业的技术已接近国际前沿，但收敛速度下降，肩负追赶和赶超双重使命。技术进步是推动经济发展的根本动力，技术追赶是后发经济体企业发展进步的逻辑方向。从时间进程上看，技术追赶往往会经历战略与资源准备、快速追赶、后追赶三个阶段[1]。在后追赶阶段，追赶企业的后发优势边际收益显著下降，面临更艰巨的挑战，这一阶段无论是在美国、德国对英国，还是日本对美国的技术赶超进程中都出现过。特别地，对后发经济体企业而言，若不能有效切入全球经济变迁与技术体系演化所提供的新赶超"机会窗口"[2]，构建新的技术激励体系，就可能陷入与"中等收入陷阱"类似的"技术追赶陷阱"。研究表明，至 2017 年中国总体技术水平已由相当于国际技术前沿的 1/5（以劳动生产率衡量）升至 1/2[3]，对国际技术前沿的追赶跨入了速度明显放缓的后追赶阶段。同时，值得注意的是，中国经济发展高质量阶段与技术后追赶阶段在历史进程上重合，在内涵要求上高度一致。当前，中国特色社会主义进入了新时代，建设现代化经济体系是中国新时代经济发展的战略目标，高质量发展是新时代经济发展的根本要求，加快发展先进制造业是建设现代化经济体系的重要行动，实现技术赶超是发展先进制造业的关键。基于此，中国企业积极切入处于生命周期萌芽阶段、核心技术和主导设计均不成熟的先进制造业，发掘技术、市场不确定性中蕴含的技术赶超机会，是避免陷入追赶陷阱的重要方式。因此，探讨中国企业如何运用先进制造业技术非线性演变中的技术赶超机会窗口，着力技术追赶范式更新，实现技术能力跃升和对国际技术前沿的赶超，推动增长动力转换和高质量发展，是一项重要而紧迫的课题。

1.2 相关研究简要回顾

1.2.1 后发经济体企业技术追赶的动力机制与模式选择

1. 动力机制

后发经济体企业技术追赶有着复杂和系统的动力支撑，包括经济收敛、后发优势、制度转型和技术移植等，这些因素与市场需求、国家发展战略有机结合，共同驱动后发经济体技术创新与持续追赶[4]。现有研究要么从单一要素出发，探讨制度环境[5]、对外研究投资强度[6]、技术演变模式[7]、产业内技术合作[8]、本土需求效应[9]等对技术追赶的作用机理；要么同时考察多个要素，探讨其交互作用对技术追赶有效性的影响，如知识资本要素与企业在产业技术结构中位置间的交互，生态系统结构、新兴技术体系和制度要素的共同演进，国际技术转移、技术许可与企业技术能力禀赋间的综合作用，以及外部环境因素和内部吸收能力的共同驱动等。

　2. 模式选择

总体上看，差异化的资源基础和驱动力形成机制决定了差异化的追赶模式。这些追赶模式通常都是基于模仿创新和自主创新的基本规则而形成。当追赶的前提为固定轨道的速度竞赛时，引进—消化—吸收是基本模式[10]；当以技术演变的非连续过程为前提时，基于自主创新的破坏性技术赶超则是基本模式。无论采用何种模式均受到内生决定变量和外生情景的制约，如制度双元和内外部合法性、研发网络边界等[11]都可能成为企业选择颠覆式创新或追随式学习的依据[12]。

1.2.2　后发经济体企业技术追赶的阶段性：追赶与后追赶

后发经济体企业技术追赶可分为战略与资源准备、快速追赶、后追赶三个阶段[1]。这一点无论是在技术、市场两维度演化理论，还是在以技术维度为核心的演进理论中都表现得非常明显[10]，也体现在技术成长曲线理论、产品生命周期理论以及 A-U 模型中[7]。后追赶阶段的出现既是后发经济体资本和技术密集程度提高的结果[13]，也是解决技术创新与经济追赶"转移动态"路径上的资本边际报酬递减和产出弹性下降等问题的必经阶段。

值得注意的是，相对于技术追赶前期的快速追赶，后追赶阶段企业将面临更大挑战。在技术追赶的非线性过程中，学习性累积使在位者倾向于在全球价值链中锁定技术竞争位势，追赶者需要通过"机会窗口"率先进入新的技术轨道或创造新的技术轨道才能实现赶超。尤其是在模块化、链态化的国际技术布局中，后发追赶企业在后追赶阶段更易于产生"高技术"幻象，陷入"技术追赶陷阱"[3]。

1.2.3　后追赶阶段下的技术追赶范式转换与内涵的重新定义

　1. 范式转换

后追赶阶段中，驱动技术追赶的市场要素、技术迭代速度、产业成长与分工体系等的演变，使得企业不得不重新审视技术追赶的战略方式和切入时机，对自主创新和机会窗口的依赖度会提高，需要构建创新能力向高阶转换的阶梯化模式。这也促使企业更加重视技术演化体系的未来趋势和非线性轨道，努力寻找技术轨迹中的拐点或重大技术变迁带来的机会窗口[12]，改进或彻底颠覆原有的渐进型技术追赶与突破型技术追赶模式，实现技术追赶由"外部依赖"向"内生创造"转变。

　2. 内涵的重新定义

后追赶阶段的技术追赶不再局限于对技术前沿的追随和靠近，而在于创造新的技术体系，最终实现对技术前沿的超越，因此"技术追赶"的内涵需要向"技术赶超"延伸，企业需要更高水平的自主创新或者进入不确定性更高的产业。顺利度过后追赶阶段，后发经济体将实现国家经济发展与技术赶超的"趋同"。此时，技术赶超既可以通过固定技术轨道上的速度优势，也可以通过跳跃某些技术阶段并创造新的技术轨道来实现[14]，在追赶中更多地追求"创新互补"而非"创新替代"效应。

1.2.4　后追赶阶段的产业选择：先进制造业中的技术赶超

后发经济体企业的技术赶超不仅发生于成熟产业，也可能发生于处于快速成长期的先进制造业[7]。由于先进制造业知识技术密集，技术和市场都存在极大的不确定性，因而更可能带来技术赶超的机会窗口。尤其是对于进入后追赶阶段的中国企业，先进制造业会带来更多潜在的比较优势[15]，成为摆脱全球价值链（global value chain，GVC）低端锁定，实现价值链攀升、市场突围和技术赶超的可能路径[16]，也是布局高梯级技术，创造赶超路径的关键条件。

此外，先进制造业中的技术赶超与后追赶阶段技术追赶的范式转变高度契合。先进制造业技术赶超的源泉在于自主知识，依赖于"基于科学的技术体制"和高强度学习机制基础上的自主创新模式。赶超模式如果锁定在"引进—消化—吸收"中，易于陷入"技术追赶陷阱"[17]。事实上，中国高铁、通信、安防等领域的企业正是抓住了非线性产业技术迭代中出现的机会窗口，充分应用技术不连续性和制度型市场的交互驱动，跳出传统的"市场换技术"的赶超模式，在市场系统和制度系统的强力支撑下实现了技术赶超[18]。

1.3　研　究　内　容

本书共 10 章，除第 1 章绪论与第 10 章结论与展望外，主要还包括以下内容。

（1）全球先进制造技术的子领域分布与国际政策结构，即第 2 章内容。根据先进制造技术的内涵，梳理出当代经济体系中最典型的 11 项先进制造子类别，分别从技术体系、国别分布、国际技术政策差异等方面介绍了全球先进制造技术概况，从而明确国际前沿国家技术发展重心、方向以及后发追赶可能的子技术领域空间。

（2）国际经验探析，即第 3 章内容。研究了日本先进制造技术的追赶和发展，探讨了不同历史时期日本先进制造技术的发展领域与领先优势，并回顾了日本在先进制造技术追赶上对于自主创新与对外依存两种技术创新模式的作用效率差异，尝试从日本实施先进制造技术赶超战略时对外引进、自主创新策略的空间、时间情境约束等问题中解析其对后发经济体技术赶超的启示。

（3）中国先进制造技术赶超的案例剖析。首先，在第 4 章中通过梳理先进制造技术中人工智能子技术领域的阶段化、周期性发展进程，剖析不同技术生命周期阶段国际技术前沿的区域性移动，以及这种移动为中国技术赶超带来的时机与空间。进而在第 5 章中选择三一重工公司为分析研究对象，应用探索式案例研究方法，讨论了在既有全球研发垂直分工体系下中国企业突破位置锁定的可能途径，以及中国企业进入先进制造业技术竞争时如何跨越进入壁垒、如何消减技术差距缩小带来的成本递增压力等问题，从而为技术追赶能力跃迁、时间空间选择模型构建奠定基础。

（4）技术赶超能力跃升条件分析，即第5章内容。应用隐马尔可夫模型，假定追赶中企业技术能力存在经验学习、探索研究和自主研发三个阶段，构建先进制造业中中国企业技术能力跃升的前提条件，探讨在技术超越目标约束下，需要什么样的要素条件才能跃升至自主研发阶段并实现赶超，进而探讨企业技术赶超中持续的资源积累、吸收能力及其阶段性变化、产业链上下游技术进步的刺激、产业内技术溢出与转移等策略的可行性。

（5）技术赶超时机选择模型构建，即第6章和第7章内容。根据技术生命周期S曲线模型，考虑先进制造业技术存在不同的技术子领域及周期化发展阶段，构建了先进制造技术赶超时机选择模型，分析企业应当如何选择机会窗口与进入时机才能实现技术赶超，进而探讨了企业创新资源禀赋与技术赶超战略的交互作用如何影响技术赶超结果、产业周期和非线性的技术变革与企业技术赶超时机选择间的关系、先进制造技术的非线性演进特征和国际分布下中国先进制造技术赶超的子领域切入等问题。

（6）技术赶超策略、政策选择，即第8章内容。以技术追赶过程的阶段性和先进制造技术不同子领域的结构化差异为切入点，构建先进制造技术差距收敛中基础研究的影响机制，探讨基础研究对先进制造不同追赶阶段、不同技术子领域的技术差距收敛影响的潜在效果，并寻找中国先进制造技术差距收敛中基础研究投入的机会窗口和最优路径。

（7）政策研究，即第9章内容。选择信息通信技术领域为研究对象，探讨政策类别结构、政策作用时效差异对不同技术阶段下创新结果的作用差异，在此基础上分析不同情境约束下中国先进制造技术赶超所需要的政策环境差异。

1.4 研 究 方 法

（1）文献研究。通过查阅近十年来后发经济体技术追赶、先进制造技术发展演变等相关文献，较为全面地掌握了产业技术周期、后发经济体企业技术追赶、新兴产业中企业间技术距离收敛、产业内技术溢出和扩散等理论，并据此构建本书的理论框架。

（2）探索性案例研究。一是基于先进制造技术相关产业，选取人工智能技术领域作为研究对象，梳理技术发展的历史脉络，探讨不同国别、不同技术生命周期下技术的领先与追赶规律，进而讨论后发国家技术赶超的可能路径；二是选取三一重工公司作为案例企业，应用三角验证法收集数据并编码，对结果进行竞争性解释，探讨其技术赶超背后的理论规律，在此基础上构建简要的中国企业在先进制造业中实现技术赶超的路线图。

（3）隐马尔可夫模型分析。根据影响先进制造业中企业技术能力跃升的主导因素构建潜在转换矩阵，探讨企业内在要素与外在要素的交互作用推动技术赶超的可能性，进而推断促进技术赶超的要素条件和环境条件。

（4）计量经济模型分析。构建计量经济模型讨论日本面向先进制造业追赶时对自主创新与对外依存两种技术创新模式的作用效率差异，并探讨后发经济体在不同追赶阶段下基础研究对先进制造不同子领域技术差距收敛的影响。

（5）模型仿真与分析。构建先进制造技术赶超时机选择模型，借助专利数据，仿真分析特定先进制造技术子领域中，赶超企业分别在萌芽期、成长期、成熟期实施赶超行动所获得的赶超绩效差异，从而提出赶超时机选择建议。

（6）政策研究。通过对中国移动通信技术近 30 年来政策体系的回溯分析，讨论政策层面应当如何构建有利于先进制造业中中国企业技术赶超的环境，并分析促进企业技术赶超供给端和需求端政策的有效性，从而提出政策性建议。

1.5 主要创新

（1）无论是后发经济体企业技术追赶的动力机制还是路径模式，现有研究都有较深入的讨论，甚至在一定程度上实现了与资源基础观、产业生命周期等经典理论的对话。但这一理论框架对后追赶阶段的技术赶超是否适用仍需进一步讨论，尤其是面对后追赶阶段出现的企业技术向国际前沿收敛速度下降、后发优势边际收益衰减等新问题，仍需更深入地探索破解方法。基于此，本书通过探讨后追赶阶段中国企业在先进制造业中实现技术赶超的环境条件与策略选择，讨论技术追赶范式变化情景下国家创新支持系统、企业赶超策略与技术距离收敛间的关系，并探讨产业技术演变的不同阶段对技术赶超的影响，对后发经济体企业技术追赶相关理论形成了有益补充。

（2）现有研究注意到了先进制造业可能是后追赶阶段技术赶超的最优选择，探讨了产业中技术演化的非线性特征及机会窗口，以及在赶超使命约束下先进制造业中企业资源基础、创新战略、商业模式等要素的交互作用如何推动技术向国际前沿收敛，但对这些企业实现技术赶超所需明确的另一些关键问题，如外部创新支持系统、技术能力跃升的资源禀赋累积水平、技术赶超时机选择等仍需进一步探索。因此，本书探讨先进制造业中中国企业应当如何选择技术赶超的切入时机，如何应用内生资源积累与机会窗口实现技术能力跃升，并讨论企业赶超策略在不同情景下的有效性，从而为特定情景下企业技术创新战略的相关研究形成有益扩展。

（3）通常情况下，探讨某一特定技术领域甚至特定产业的技术创新活动与技术追赶规律时，已有研究倾向于将这一技术领域或产业的技术视为单一主体，即不考虑特定技术领域中可能存在不同的技术因子，不区分技术领域中的不同子领域，从而将整个技术领域视为单一技术进行研究。而事实上，我们日常所提及的多数技术领域，无论是新兴的人工智能、先进制造技术，还是相对传统的农业生产技术、机械制造技术等均是由一系列技术要素或因子构成的，这些技术要素或因子间甚至可能存在非常显著的差异。因此，本书在讨论先进制造技术在世界主要国家的分布、基础研究如何推动中国先进制造技术的追赶、中国先进制造技术追赶与超越的时间窗口选择等问题时，均将先进制造技术进一步细分为了 11 个子领域，从这些子领域分析面向国际前沿的追赶与超越，从而在研究方法上实现了一定的创新。

第 2 章　先进制造技术内涵、领域及主要国家政策布局

2.1　先进制造技术的内涵及动态演变

先进制造技术（advanced manufacturing technology，AMT）内涵的界定具有显著的时间动态性和范畴动态性。在国外的先进制造技术相关文献中，20 世纪 80 年代先进制造技术被认为是为提高工艺效率和生产灵活性而设计的灵活的可编程技术[19]。在 21 世纪前后相当长的一段时间内，较为普遍的定义[20, 21]认为先进制造技术是产品设计/工程、制造和计划技术。然而，随着制造业数字化的迅速发展，先进制造技术也与更多新技术联系在一起[22]，更加强调系统化，关注技术、生产和人的结合。先进制造技术是制造业不断吸收信息技术和现代技术的成果，它的内涵随着时间和技术的变化而变化，表 2-1 是国外学者随时间推移对先进制造技术内涵的界定。

表 2-1　国外学者对先进制造技术内涵的界定

年份	提出者	定义
1983	ACARD[23]	AMT 是任何新技术，一旦采用，可能不仅需要改变生产实践，而且需要改变管理系统和制造商对产品设计和生产工程的方法
1985	Bessant 和 Haywood[24]	AMT 是目前正在批量生产中实施的基于计算机的"灵活"技术，以填补大规模生产和制造领域自动化差距
1988	Meredith[19]	AMT 是为提高工艺效率和生产灵活性而设计的灵活的可编程技术
1988	Craven 和 Slatter[25]	AMT 是开发和使用的生产系统，使小批量生产能够以更高的生产率和质量快速、经济地进行
1997；2000	Kenneth 等[20]；Sun[26]	AMT 是广泛的技术集成，支持产品的设计和制造、更高水平的连接和资源的优化规划
2015	Sirkin 等[27]	AMT 是自主机器人、集成计算材料工程、数字制造、工业互联网和柔性自动化附加制造的技术
2016	Moyano-Fuentes 等[21]	AMT 是产品设计/工程、制造和计划技术
2019	Szalavetz[22]	随着制造业数字化的迅速发展，越来越多的新技术涌现，先进制造技术与各类新技术联系在一起

"先进"一词本身就包含时间和空间的概念，其内涵是相对的。随着时间的推移，国内学者对先进制造业的研究侧重点也在不断改变。20 世纪 90 年代初期，由于先进制造技术概念刚提出不久，当时主要是美国在研究，受美国提出初始概念的影响，国内学者大多持"先进制造业的关键因素只是先进制造技术的应用"的观点。由于当时先进制造技术处于初期研究阶段，他们的研究内容多集中于先进制造技术的具体形式，分析了先进制造技术具体是哪些技术的结合。大多数学者认为信息技术、自动化技术和现代管理技术等的结合促进了先进制造技术的发展。

至 21 世纪初期，信息技术高速发展，制造业的生产理念也相应地发生了变化，在该阶段国内学者的研究内容也有所改变。他们主要研究先进制造技术如何转变成先进生产力，从而得出先进制造模式的配合也非常重要的结论，对先进制造技术的研究也从理论层面覆盖到了具体应用方面。后来随着新材料、新资源的广泛应用，国内学者开始从多个角度探讨先进制造业的具体内涵，不再局限于先进制造技术和先进制造模式这两个因素，更多地开始关注技术、环保和经济效益等方面。不仅研究先进制造业如何快速发展，还着重研究先进制造业如何可持续发展。

近年来，随着德国"工业 4.0"概念的提出，智能制造成为国内外学者的研究焦点，国内大多学者认为数字化和智能化是制造业未来的发展方向。面对全球先进制造业竞争激烈的局面，中国也加大了对这一技术领域的研究力度，希望通过技术创新以实现制造业的转型。在对先进制造技术内涵及其演变方向的界定上形成了一系列代表性观点，具体情况见表 2-2。

表 2-2　国内学者对先进制造技术内涵的界定

年份	提出者	定义
1995	张申生[28]	先进制造技术是当代信息技术、综合自动化技术、现代企业管理技术和通用制造技术的有机结合
1996	邹元超[29]	先进制造技术是使原材料成为产品所使用的一系列先进技术的总称，是科技革命和信息时代制造业赖以生存和发展的主体技术
2001	邹群彩等[30]	先进制造模式是一种全新制造模式——分散网络化制造，即通过信息技术将产品制造过程中的人、物、信息及制造过程进行全面集成，以合理的成本将产品设计转入生产，既快速响应市场需求又充分利用现有资源
2007	李廉水和杜占元[31]	提出"新型制造业"的概念，即依靠科技创新、降低能源消耗、减少环境污染、增加就业、提高经济效益、提升竞争能力，能够实现可持续发展的制造业
2006	陈定方和尹念东[32]	认为先进制造技术的发展与科学技术与市场经济的发展相应，信息技术、设计技术、成形技术、加工技术、制造工艺、虚拟制造技术和网络制造技术都得到发展，数字化和智能化是先进制造业的发展方向
2010	于波和李平华[33]	将先进制造业划分为两个层次，既有由于信息技术、生物技术、新能源等创新和发展出来的产业形态，也有传统制造业转型升级后演变而来的制造业
2015	周佳军和姚锡凡[34]	从制造系统的观点认为先进制造技术是一个三层次的技术群，第一层为基础制造技术，第二层为新型制造单元技术，第三层为先进制造模式/系统

2.2　当前先进制造技术的层次与关键领域

美国机械科学研究院（American Mechanical Science Institute，AMST）提出先进制造技术是由多层次技术群构成的体系，它的层次是从基础制造技术、新型制造单元技术到先进制造集成技术的发展过程。第一层（内层）为基础制造技术，主要指优质、高效、低耗、清洁的通用基础技术；第二层（中层）为新型制造单元技术，由制造技术与信息技术、新型材料加工技术、清洁能源技术、环境科学等结合而成，涉及多学科交叉、集成与融合；

第三层（外层）为先进制造模式/系统（集成技术），是由先进制造单元技术和组织管理等融合而成的现代集成制造模式，强调技术系统和社会系统的协同与融合。

美国联邦科学、工程和技术协调委员会（Federal Coordinating Council for Science，Engineering and Technology，FCCSET）提出了三位一体的先进制造技术体系结构，将先进制造技术分为主体技术群、支撑技术群和基础技术群三大组成部分。其中主体技术群是先进制造技术的核心，包括设计与制造工艺两个子技术群；支撑技术群包含了诸如接口通信、决策支持、人工智能、数据库等技术，它是支撑主体技术群持续发展的相关技术；基础技术群是使先进制造技术适用于具体企业应用环境的技术群。

下面采用 AMST 提出的先进制造技术三层次技术群体系架构，分层次对先进制造技术下各子领域技术的发展情况进行分析。参照以往文献，在强调技术层面以及专利数据可获得性的基础上，将先进制造技术划分为 12 个关键领域，其中基础制造技术层主要有材料受迫成形工艺技术、超精密加工技术、高速加工技术；新型制造单元技术层主要有增材制造技术、微纳制造技术、再制造技术、仿生制造技术、工业机器人、数控技术、计算机辅助设计技术；系统集成技术层主要有计算机集成制造系统、敏捷制造系统。

基于 INNOJOY 专利数据库的数据，搜索各技术领域关键词，得到相关技术的专利数据，通过时间分布总体分析把握目前各先进制造技术下技术领域的总体发展趋势，通过对技术领域的发展现状、专利申请量增长率以及稳定性的组合分析探究各领域不同阶段技术发展的特征与趋势，通过国家分布总体分析明确各个国家技术创新能力在全球所处位置，通过对典型国家不同技术领域创新发展特点的对比分析进一步把握中国在不同技术领域的创新定位与特征。

2.2.1 基础制造技术

1. 材料受迫成形工艺技术

材料受迫成形工艺技术主要包括精密铸造、精密粉末冶金、精密锻造成形、高分子材料注塑、熔融沉积成形等。受迫成形指的是利用材料的可成形性，在特定的边界和外力约束条件下的成形办法。材料受迫成形工艺主要用于一些工程材料以及零部件的生产，在汽车工业和航天航空领域中都有大量应用。如在精密铸造技术中就有一种工艺——气化模铸造，它是在实型铸造的基础上形成的。实型铸造存在质量差、精度不高等问题，为了解决这些问题就推出了 EPC-V 铸造法，在生产汽车、发动机和涡轮机上有了大规模的应用，该工艺在美国、欧洲、日本和中国等地迅速发展。

截至 2020 年，以"material forced forming process"为关键词搜索，全球的专利数据共 91795 条。材料受迫成形工艺技术专利申请数量的年份分布如图 2-1 所示。由于存在很长的萌芽期，所以图中只标明了 1980～2020 年的数据。总体来看，专利申请量呈现增长的趋势。可以将材料受迫成形工艺技术的发展分为三个阶段分析：①1994 年以前，专利申请量增长缓慢，曲线非常平稳；②1994～2019 年，该技术发展迅速，在 2019 年专利申请量达到最大数值；③2020 年，材料受迫成形工艺技术专利申请量开始下滑，很有可能是对该技术的研究越来越全面，加大了创新难度，拉长了研发周期，专利申请开始减少。

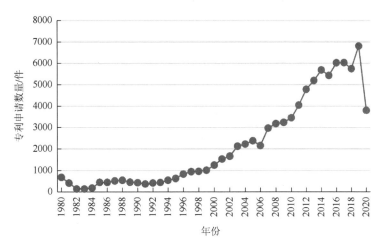

图 2-1　材料受迫成形工艺技术专利申请数量

2. 超精密加工技术

超精密加工技术主要包括超精密加工机床技术、超精密加工刀具技术、精密测量技术、固体磨料加工技术、游离磨料加工技术、离子束加工技术、激光束加工技术等。超精密加工是加工精度达到 $1\mu m$ 的机械加工方法，是在特定的严格环境中，指定工艺规程，使用精密机床和精密量具和量仪来实现的。

由于多年来大力发展包括超精密加工技术在内的先进制造技术，美国及其盟国突破了制造技术中的许多关键技术，将这些先进制造技术应用于武器制造中，使其具备了生产精确制导、夜视设备等高科技武器的能力。除美国以外，俄罗斯也在大力研究超精密加工技术。但两者的研究方向完全不同，美国充分利用其科技优势，研制了一系列先进的超精密加工设备和超精密检测仪器，利用先进设备加工出高精度的零件。而俄罗斯并没有很多超精密加工设备，却掌握着先进的工艺，同样能够加工出高精度零件。这为后发国家超精密加工技术的追赶提供了思路，可以选择加速研发超精密加工设备，也可以重视超精密加工工艺的研究。

超精密加工技术不仅应用了机械技术发展的新成果，还与现代电子、传感技术、光学和计算机等高新技术息息相关，是高科技领域中的基础技术，在促进国防科学技术现代化和国民经济建设方面发挥了重大作用。它也是现代高科技的基础技术和重要组成部分，半导体技术、光电技术、材料科学等多门技术在超精密加工技术的推动下也得到了发展进步。

截至 2020 年，以"ultraprecision machining"为关键词搜索，全球的专利数据除外观专利外共 572 条。超精密加工技术全球专利申请数量的年份分布如图 2-2 所示。总体来看，可以将超精密加工技术的发展分为两个阶段分析：①1980～2003 年，是平稳发展阶段，属于超精密加工技术的萌芽期；②2004～2020 年，超精密加工技术的年度专利申请量整体来看是增加的，不过增加很不稳定，起伏较大。

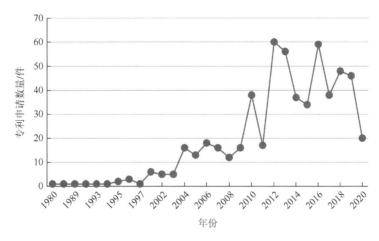

图 2-2　超精密加工技术专利申请数量（注：图中只标注了有专利申请数的年份）

3. 高速加工技术

高速加工技术主要包括高速切削加工机床技术、超高速轴承技术、高速切削刀具等。高速加工的概念早在 1931 年就由德国的卡尔·萨洛蒙（Carl Salomon）博士提出，并获得德国专利。它是一种先进的金属切削加工技术，利用特殊材料的刀具通过改善切削速度和进给速度以提高切削率和加工质量。

在高速加工技术广泛应用之前，模具制造多采用电火花成形加工工艺，而现在一些工业发达国家如美国、德国、日本等的模具公司都广泛应用了高速加工技术。在工业发达国家，高速切削加工技术已经成为切削加工的主流，广泛应用于模具、航空、航天、高速机车和汽车工业等领域，并取得了巨大的经济收益。在模具制造工业中，利用高速加工技术，加工放电加工电极、淬硬模具型腔、塑料和铝合金模型等，减少了后续的手工打磨和抛光工序；在航天和高速机车行业，飞机的骨架和机翼、高速机车的车厢骨架均为铝合金整体薄壁构建，高速加工技术可以缩短加工时间；汽车工业的发动机铝合金和铸铁缸体的制造也由于高速加工技术提高了效率。除此之外，在快速成型、光学精密零件和仪器仪表加工领域也大量使用高速加工技术。

截至 2020 年，以 "high speed machining technology" 为关键词搜索，全球的专利数据除外观专利共 102158 条，年度申请量分布如图 2-3 所示。总体来看，高速加工技术专利申请量总体上呈现逐步上升趋势，1975～1999 年属于缓慢增加阶段，年度增长量较少；2000～2017 年是高速增长阶段，高速加工技术发展迅速；但是从 2018 年开始，年度专利申请量开始下降，说明对高速加工技术的研究逐步抵达极限，创新的难度加大，专利申请数量随之减少。

2.2.2　新型制造单元技术

1. 增材制造技术

增材制造技术主要包括光固化成形、叠层实体制造、选择性激光烧结、三维印刷成形

等，它诞生于美国，源于 20 世纪 80 年代后期美国的快速成型技术。增材制造技术俗称
3D 打印技术，融合了计算机辅助技术、材料加工与成形技术，是根据数字模型文件，通
过软件与数控系统将专用的材料如金属材料、非金属材料和医用生物材料等，按照特定的
方式逐层堆积，从而制造出实体物品。

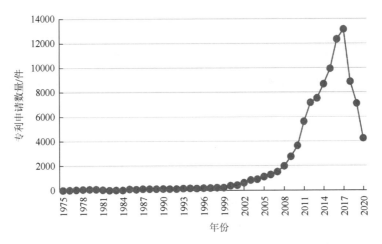

图 2-3　高速加工技术专利申请数量（注：图中只标注了有专利申请数的年份）

该技术应用于多个领域，如航天航空行业中，利用增材制造技术可以制造出一些外形复
杂、材料硬度强度较高等难以加工的机器零件。2016 年俄罗斯就在发射的宇宙飞船上搭载了
世界上第一个 3D 打印的微型卫星"Tomsk-TPU-120"。在汽车零件制造中也能应用增材制造
技术，如 2014 年奥迪就利用 3D 打印技术制造了一款遥控赛车；2016 年美国的洛克汽车公司
（Local Motors）使用 3D 打印技术打印出了一辆自动驾驶电动公交车，该车有一部分是可以
回收的。在生物医学领域，在牙齿矫正、脚踝矫正、医学模型快速制造、组织器官替代等医
疗过程中已经开始大量使用 3D 打印技术，其中美国艾利科技（Align Technology）公司首创
的隐形牙齿矫正技术即隐适美，已经被广泛应用在牙科医学中。增材制造技术也能够实现建
筑设计师的一些独特创意。在军事领域上，增材制造技术可以有效地修复机械。

截至 2020 年，以"additive manufacturing technology"为关键词搜索，全球专利数据
除外观专利外共 69114 条，年度申请量分布如图 2-4 所示。该技术的发展可以分为三个阶
段：①1960～1999 年，申请数量总体表现为平稳的状态；②2000～2018 年，专利申请量
开始高速增加，增材制造技术发展非常快速；③2018～2020 年，专利申请量开始下降，
说明对增材制造技术的研究已经趋于极限，该技术已经比较成熟。

2. 微纳制造技术

微纳制造技术主要包括电子束光刻技术、反应离子刻蚀技术等。微纳制造指的是特征
尺寸为 100nm 至 100μm 的微纳米功能材料或器件领域的制造。随着制造业的发展，加工
精度的要求也越来越高，消费要求和军工领域的要求逐渐提高，传统的加工精度已经不能
满足生产，因此微纳制造技术应运而生。

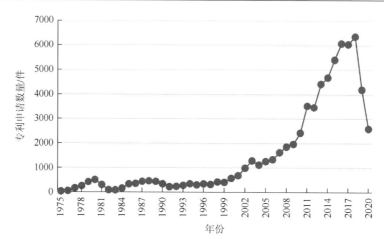

图 2-4 增材制造技术专利申请数量（注：图中只标注了有专利申请数的年份）

美国早在 2005 年就开始系统地规划微纳制造技术的发展，认为微型元件制造工艺和小型系统会成为全球趋势；欧盟也在 2008 年推出了"欧洲微纳制造平台"用于促进微纳制造技术的发展；德国更是将微系统技术作为德国高技术战略的一部分，医疗技术和汽车工业成为主要的市场；日本在 2007 年颁布的十大关键技术中就包括"微纳加工"。

微纳制造技术与传统制造技术相比，它生产出的产品更小、更轻、更可靠、更智能等，在航天航空、工程材料、生物医疗以及民用产品中都大有用处。在航天航空领域，可以通过微纳制造技术改善传统飞行器的质量和体积，一些微型飞行器和纳卫星等有着成本更低、更方便的优点；在工程材料方面，利用微纳制造技术制造出的微传感器和微加速器已经被大量使用在各种行业中；在生物医疗方面，微纳技术的出现带来了医疗系统的改进，如视网膜手术以及去除癌细胞、修复血管等；如今很多纺织产品中含有的纳米材质可以改善穿着体验，由纳米薄层制成的自洁产品也改善着人们的日常生活。

由于直接以微纳制造技术为关键词搜索得到了大量的专利数据，难以进行分析，所以将微纳制造技术分成小类来分析。截至 2020 年，以"electron beam lithography"为关键词搜索，电子束光刻技术的专利数据除外观专利外共 23617 条，如图 2-5 所示。

总体来看，电子束光刻技术的发展可以分为三个阶段：①1975～1995 年，发展比较缓慢；②1996～2013 年，专利申请数量增长趋势比较明显，在 2013 年，专利申请量创造历史新高；③2014～2020 年，专利申请量明显下降，并且下降速率较大。

截至 2020 年，以"reactive ion etching"为关键词搜索，反应离子刻蚀技术的专利数据除外观专利外共 46684 条，如图 2-6 所示。根据年度专利申请数量趋势图，可以将反应离子刻蚀技术的发展分为四个阶段：①1975～1977 年，属于该技术的萌芽期，每年度的专利申请量只有个位数；②1978～2001 年，专利申请量快速增长，技术发展十分快速，是该技术的成长期；③2002～2013 年，年度专利申请量比较稳定，都在 1700 件左右，说明该技术在这期间已经比较成熟；④2013～2020 年，年度专利申请量开始持续下降，说明对反应离子刻蚀技术的研究已经趋于极限，研发难度变大。

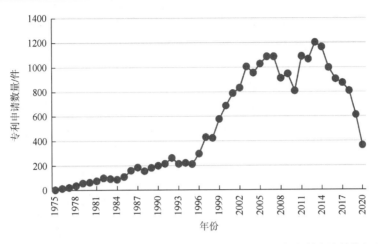

图 2-5　电子束光刻技术专利申请数量（注：图中只标注了有专利申请数的年份）

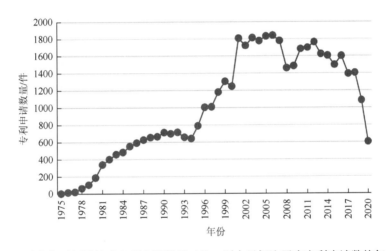

图 2-6　反应离子刻蚀技术专利申请数量（注：图中只标注了有专利申请数的年份）

3. 再制造技术

再制造技术主要包括无损拆解、绿色清洗技术、无损检测与寿命评估技术、再制造成形加工技术等。再制造的实质过程就是让旧的机器设备重新焕发生命活力。它以旧的机器设备为毛坯，采用专门的工艺和技术，在原有制造的基础上进行一次新的制造，而且制造出来的产品无论是性能还是质量都不亚于原先的产品。

欧美国家的再制造技术起步较早，现在已经发展得较为成熟。美国再制造行业的主导者是企业，主要在企业之间竞争，没有政府干预；而在欧洲和日本，政府的干预作用很大。美国是世界上再制造发展最好的国家，尤其是汽车和工程机械的再制造，产业规模相当大。日本从 2000 年开始陆续出台了很多促进再制造技术发展的文件，覆盖了家电、食品、建筑工程材料等很多方面，形成了绿色环保的制造理念。

再制造技术在很多领域中得到了应用，如在汽车工业中，对回收的废旧发电机、起动机进行拆解，经过表面处理、再加工、零部件检测、再装配、整机测试等程序完成再制造。

再制造技术也可以利用废旧机床的床身、立柱等铸件，对旧机床进行修复改造，达到节约能耗和成本的目的，从而实现循环生产。

截至 2020 年，以"remanufacture technology"为关键词搜索，全球的专利数据共1103 条，如图 2-7 所示。总体来看，再制造技术在 2009 年以前均处于萌芽期，且发展缓慢，专利申请量均为个位数；2010 年开始，专利申请量有了明显的增加，但是增加不是特别稳定，存在小起伏；从 2019～2020 年专利申请量来看，出现了下降趋势。

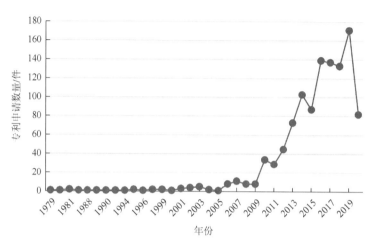

图 2-7　再制造技术专利申请数量（注：图中只标注了有专利申请数的年份）

4. 仿生制造技术

仿生制造技术领域主要包含生物组织与结构仿生、生物遗传制造、仿生体系统集成、生物成形等技术。模仿生物的组织结构和运行模式的制造系统与制造过程称为仿生制造，通过模拟生物器官的自组织、自愈、自增长与自进化等功能，将制造过程与生命过程相对应。中国仿生学研究工作始于 1964 年前后，但是在 20 世纪后期出现了停滞现象，到 21 世纪人们用先进的仪器对生物进行观察分析时，仿生技术才再次引起人们的重视。美国、日本、印度等国在人体仿生方面已经做了比较深入的研究。

目前，结构仿生制造方面的技术已经相对比较成熟，新型智能仿生机械和结构，在军事、生物医学工程和人工康复等方面均有重要的应用前景。除了外形仿生，现在更多的研究转向模拟生物的特性，生物可以较好地适应环境改变，在大自然中逐渐形成了自身独有的生理特性，这种特性的仿生可以让机械更具灵活性和实效性。未来可能会在自生长成形工艺、仿生制造系统、生物成形制造等方面有更多的发展空间。

截至 2020 年，以"bionic manufacturing technology"为关键词搜索，全球 1988～2020 年仿生制造技术领域专利申请量共有 1394 件，其中专利发明 1238 件，实用新型专利 156 件。仿生制造技术的专利申请量总体呈现波动上升趋势，按照时间分布可以将仿生制造技术领域下的技术发展分为两个阶段：①1988～2008 年是仿生制造技术的萌芽阶段，这一阶段仿生制造技术专利的申请量较少，最早做相关研发的国家是中国，专利申请国也主要是中国；②2009～2020 年是仿生制造技术的成长期，专利申请量开始迅速增加，在 2016 年达到了峰值,主要的申请国为中国和美国。2016 年后申请量虽有小幅下降,但总体仍有上升趋势(图 2-8)。

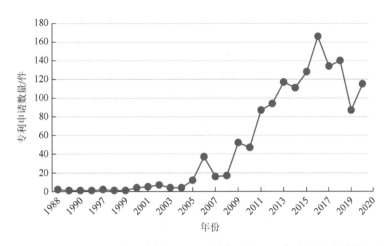

图 2-8　仿生制造技术专利申请数量(注:图中只标注了有专利申请数的年份)

5. 工业机器人

工业机器人领域的技术主要是指发动机、机械臂、抓取技术、多智能体系统、触觉识别、机器人可靠性、控制系统、传感器等技术。工业机器人是广泛用于工业领域的多关节机械手或多自由度的机器装置,具有一定的自动性,可依靠自身的动力能源和控制能力实现各种工业加工制造功能。1961 年世界上第一台工业机器人在通用汽车的车间出现,它只能做一些简单重复的工作。美国、英国等国家在这之后都兴起了对工业机器人的研究。

工业机器人被广泛应用于电子、物流、化工等工业领域中。相比于传统的工业设备,工业机器人有更多优势,其具有易用性、智能化水平高、生产效率及安全性高、易于管理且经济效益显著等特点,而且可以在高危环境下进行作业。在过去几十年里工业机器人在码垛、焊接、装配和检测等方面的应用都已经十分成熟,但是机器人只是单向地被控制。目前,机械臂、抓取技术等技术都已经成熟,未来工业机器人的主要发展目标是智能化、信息化和网络化,工业机器人从独立个体向着人机协作、互联网的方向发展,控制系统、人机交互系统等技术还有进步空间。

截至 2020 年,以“industrial robot”为关键词搜索,全球 1969~2020 年工业机器人领域的专利申请量共有 27294 件,其中专利发明 22389 件,实用新型专利 4905 件。工业机器人的专利申请量总体呈现波动上升趋势,按照时间分布可以将工业机器人技术发展分为两个周期四个阶段(图 2-9)。第一个周期是 1969~1992 年,主要是美国和苏联工业机器人技术的发展期。①1969~1979 年是工业机器人技术的起步阶段,专利申请量、专利申请人、专利申请的国家及地区都很少,最早申请专利的是美国和苏联;②1980~1992 年工业机器人技术专利申请量呈现小幅上升,随后又有所回落,这一阶段主要申请国是美国和苏联。第二个周期是 1993~2020 年,按发展情况可分为两个阶段。①1993~2012 年,总体来看是工业机器人发展的一个平稳时期,但如果从国家及地区的年度专利申请量来看，这个时期是美国工业机器人技术的持续衰退期，是中国工业机器人技术的缓慢兴起阶段。②2013～2020 年工业机器人领域下的技术持续突破，迎来了专利申请的高峰，主要申请国是中国。

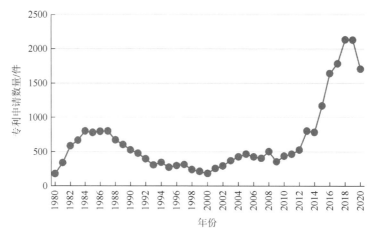

图 2-9　工业机器人专利申请数量（注：1969～1979 年专利申请数较少，多数年份为 0，故图中只标注了 1980 年后的专利申请数）

6. 数控技术

数控技术主要包括数控系统、伺服驱动、主传动系统、强电控制柜等技术。数控技术是用数字信息对机械运动和工作过程进行控制的技术，它是集传统的机械制造技术、计算机技术、现代控制技术、传感检测技术、网络通信技术和光机电技术等于一体的现代制造业的基础技术，具有高精度、高效率、柔性自动化等特点，对制造业实现柔性自动化、集成化和智能化起着重要作用。1952 年美国帕森斯公司在美国麻省理工学院伺服机构研究室的协助下研发出了世界上第一台数控铣床。中国于 1958 年成功试制出了数控机床，并于 1965 年开始批量生产。发达国家普遍重视机床工业，美国、德国、日本在这方面的经验都比较丰富，中国在数控技术领域缺乏专家人才和熟练的技术工人。中国有些工艺没有掌握核心技术，重要功能部件、数控系统仍需要国外的技术支持。

数控机床的设计、制造、维护等方面的技术发展都较为成熟，数控技术在制造行业、信息行业、医疗设备行业、军事装备等行业都有十分广泛的应用。数控系统的稳定性和可靠性有一定提升空间，未来数控技术发展主要有三个大方向，一是会向着精度和速度的极限发展，多轴联动技术也还有进步空间，可促进多轴联动加工和复合加工机床的发展。二是新结构、新材料和新设计方法的发展，精密化和高速化要求机床轻量化和结构简化。三是数控系统向着开放化发展，数控系统的开发可以在一个集中的平台上，让机床厂家和用户直接对应，可方便地将用户的特殊要求和技术集成到控制系统中，快速实现不同类型、不同特点的开放式数控系统，形成具有用户个性的产品，也可以精细化市场。

截至 2020 年，以 "numerical control machine" 为关键词搜索，全球 1964～2020 年数控机床领域的专利申请量共有 17906 件，其中专利发明 8645 件，实用新型专利 9261 件（图 2-10）。数控技术的专利申请量总体呈现上升趋势，按照时间分布可以将数控技术的发展分为两个阶段：①2006 年之前，数控技术领域专利申请数量一直较少，并且申请量稳定，没有大幅度增加或减少的情况，这个阶段数控技术发展缓慢，日本和韩国在这一阶段是申请相关专利的主要国家。②2007～2020 年，数控技术领域的专利申请量开始快速增加。其中，2007～2011 年每年专利申请量较前一年都有小幅度增加，2011～2015 年专利申请量趋于平稳，从 2016 年开始，每年都大幅度增加。值得注意的是，中国在这个时期专利申请量的快速增加拉动了全球总的专利申请量增加。2007 年中国在数控技术领域申请专利 147 件，而全球在这一领域的申请量为 173 件。2020 年中国在该领域申请专利 3349 件，全球申请专利 3366 件。从各国的专利申请量可以发现，中国在数控技术领域的专利申请量上占了绝对优势。目前该领域专利申请量没有下降趋势，仍有很大的创新发展空间。

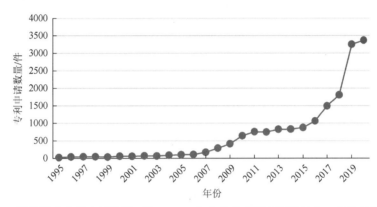

图 2-10 数控技术专利申请数量（注：1995 年之前的专利申请数较少，多数年份为 0，故图中只标注了 1995 年之后的专利申请数）

7. 计算机辅助设计技术

计算机辅助设计技术主要有交互技术、图形变换技术、曲面造型和实体造型技术等。计算机辅助技术是以计算机为工具，辅助人在特定应用领域内完成任务的理论、方法和技术。20 世纪 50 年代美国研制出世界上第一台计算机绘图系统后，开始出现具有简单绘图输出功能的被动式计算机辅助设计技术；20 世纪 70 年代较为完整的计算机辅助设计系统开始形成；20 世纪 80 年代后，计算机辅助设计技术向着标准化、集成化方向发展，计算机辅助设计技术被应用于更广泛的领域，如建筑设计、电子和电气、科学研究、机械设计、软件开发、机器人、服装业、出版业、工厂自动化、土木建筑、地质、计算机艺术等领域。由于该技术是辅助技术，未来会向着更加智能化和人机交互化的方向发展。

截至 2020 年，以 "computerized design" 为关键词搜索，全球 1970～2020 年计算机辅助设计技术领域的专利申请量共计 15209 件，其中专利发明 14848 件，实用新型专利361 件（图 2-11）。计算机辅助设计技术的专利申请量总体呈现上升趋势，近几年有所下降，由此可将这类技术的发展分为三个阶段：①1985 年以前相关的专利年申请量较少，申请人数较少，并且申请国主要集中在发达国家、科技研发起步早的国家或组织，如美国、欧洲专利局等，这个阶段计算机主要用于科学计算，使用机器语言编程，图形设备仅具有输出功能，研发进展缓慢；②1986～2016 年是计算机辅助设计技术的快速发展期，基础技术已经较为成熟，这一阶段该技术领域的专利申请量呈快速上升趋势，申请人、申请国数量都快速增加，专利申请国不再局限于发达国家和技术强国，中国、加拿大等国家的专利申请量也迅速增加，中国在 2008 年后连续几年专利申请量都大幅增加，年申请量和美国相当；③2017 年后，专利申请量逐年下滑，且下滑的趋势明显，计算机辅助设计技术发展速度变慢，研发的关注点有所转变。

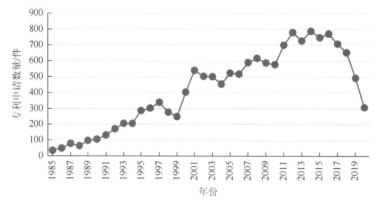

图 2-11　计算机辅助设计技术专利申请数量（注：1985 年之前的专利申请数较少，多数年份为 0，故图中只标注了 1985 年之后的专利申请数）

2.2.3　系统集成技术

1. 计算机集成制造系统

计算机集成制造系统（computer integrated manufacturing system，CIMS）是通过计算机网络技术、数据库技术等软硬件技术，把企业生产过程中经营管理、生产制造、售后服务等环节联系在一起，构成一个能适应市场需求变化和生产环境变化的大系统，它不仅把技术系统和生产经营系统集成在一起，还把人也集成在一起，所以 CIMS 是人、经营和技术三者集成的产物。计算机集成制造最早是由美国人约瑟夫·哈林顿（Joseph Harrington）在 1974 年提出的，其核心是集成。计算机集成制造系统是一种生产管理系统，在不同的行业领域有不同的运作方式，市场并没有对其进行严格分类。目前使用较多的计算机集成制造系统主要有离散型制造业 CIMS、连续型制造业 CIMS、混合型制造业 CIMS。未来计算机集成制造系统会向着数字化、网络化、智能化发展。数字化是制造技术、计算机技术、网络技术与管理科学融合、发展和应用的结果，也是制造系统、生产系统发展的必然趋势。网络化是生产组织变革的需要，也是技术发展的可能。智能化主要是系统在未来具有更高级的人类思维。

截至 2020 年，以"computer integrated manufacturing system"为关键词搜索到全球 1967～2020 年计算机集成制造系统领域的专利申请量共计 6491 件，其中专利发明 5867 件，实用新型专利 624 件（图 2-12）。计算机集成制造系统的专利申请量整体呈现增长趋势，根据专利申请量可将该领域的发展分为三个阶段：①1993 年之前是计算机集成制造系统技术出现的阶段，随着计算机基础技术的涌现，计算机集成制造的概念和想法也开始逐渐出现，相关领域专利申请量少，专利申请量增速慢，并且申请国大多是发达国家及组织，主要是美国；②1994～2016 年计算机集成制造系统领域专利申请量的增速开始加快，专利申请量大幅增加，越来越多的申请国出现，如中国、日本、韩国、印度、俄罗斯等，尤其在进入 21 世纪后，该领域的专利申请量呈现爆发式增长，各国都意识到基础技术集成和系统化的重要性，2010 年后，中国在计算机集成制造系统领域的专利申请量超过美国成为全球该领域专利申请量最多的国家，2016 年专利申请量达到峰值；③2017～2020 年，计算机集成制造系统领域的专利申请量开始逐渐减少，这也表明该领域研发遭遇瓶颈，后续创新和研发难度可能会更大。

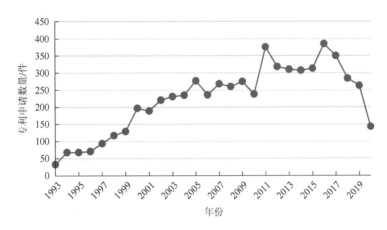

图 2-12　计算机集成制造系统专利申请数量（注：1993 年之前的专利申请数较少，多数年份为 0，故图中只标注了 1993 年之后的专利申请数）

2. 敏捷制造系统

敏捷制造系统由制造技术、信息技术和软件组成，敏捷性为制造系统赋予了新的概念和特征。敏捷制造系统的关键技术有信息服务技术、敏捷管理技术、敏捷设计技术、敏捷制造技术等。敏捷制造系统主要强调速度，包括对市场的反应速度、新产品开发速度、生产速度、组织结构调整速度等。开放的基础结构和先进制造技术是敏捷制造系统的基础。目前敏捷制造技术等基础技术已逐渐成熟，美国和中国等国家在该领域的专利申请量已经在逐年下降。未来在敏捷管理技术和敏捷设计技术等辅助功能技术上还有待进一步完善，这类技术可能不会在专利上体现出来。

截至 2020 年，以 "agile manufacturing system" 为关键词搜索，全球 1980～2020 年敏捷制造系统领域的专利申请量共计 590 件，其中发明专利 539 件，实用新型专利 51 件（图 2-13）。总体来看敏捷制造系统的专利申请量呈现出波动性增长的趋势，其发展可分为四个阶段：①1980～1999 年是敏捷制造系统的兴起阶段，专利申请量较少且专利申请地区主要是美国，这个阶段基础技术已经比较完善，但是新型制造单元技术还在发展中，各国家和地区都还在摸索中；②2000～2013 年是敏捷制造系统的快速发展阶段，申请国和地区数量开始快速增加，各技术强国都在抢占市场制高点，属于敏捷制造系统发展的黄金期，但是美国的专利申请量还是稳居前列；③2014～2018 年敏捷制造系统全球专利申请总量趋于稳定，并且中国的申请量已经超过美国的申请量，相关技术已经趋于成熟；④2018年后敏捷制造系统专利申请量下滑，各国家和地区的研发重心都有所转移。

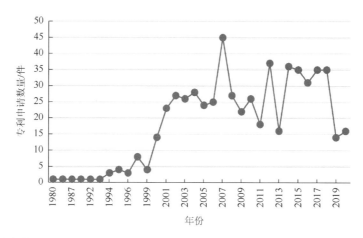

图2-13　仿生制造技术专利申请数量（注：1980 年之前的专利申请数较少，多数年份为 0，
故图中只标注了 1980 年之后的专利申请数）

2.3　世界主要国家先进制造技术政策

2.3.1　美国政策重点与能力布局

2012 年 2 月，美国国家科技委员会发布了《国家先进制造战略计划》主要围绕技术研发、技术转移和相关配套政策（税收优惠、人才教育、商业投资、专项基金）等方面制定具体政策，并投入大量资金加速战略落地（图2-14）。

1. 强化战略引领作用，适时调整战略目标和重点领域

2008 年全球爆发金融危机以后，美国提出了"再工业化"战略。2009 年 4 月，奥巴马首次在乔治敦大学演讲中提出，将制造业作为美国长远发展的重要战略，并将其上升到国家安全的战略高度，重申制造业对美国未来发展的重要性。并相继出台了"先进制造伙伴计划""加速美国先进制造业发展""先进制造业国家战略计划""美国制造业及创新复兴法案"等一系列政策措施。其核心是鼓励制造业创新发展，发展制造业战略新兴产业，吸引投资、促进就业、鼓励贸易自由化、扩大美国制造业出口，意图推动美国制造业复兴。

2017 年，特朗普上台以后，奉行"美国优先"原则，延续实施"再工业化"战略。相对奥巴马时期，其政策重心有所变化，转变为扩大制造业就业，消减美国贸易逆差，持续强调要重振传统制造业。国内政策措施方面，特朗普政府希望带动美国制造业投资，采用积极放宽金融市场管制、减税形式、扩大基建和国防领域财政支出的方式；对外贸易政策方面，启动对外"双反"（反倾销和反补贴）调查，增加关税壁垒，实施贸易保护主义，退出《跨太平洋伙伴关系协定》（Trans-Pacific Partnership Agreement，TPP），重新拟定《北

美自由贸易协定》（North American Free Trade Agreement，NAFTA）等，保护国内市场，阻止制造业工作岗位外流。除了发布先进制造业战略外，人工智能、大数据、云计算等相关具体战略也相继出台，先进制造业发展政策体系逐渐完善，战略目标也逐渐清晰。

2. 建立创新中心、技术联盟，打造新的创新载体为产业发展赋能

建立创新研究机构和试点应用，建立先进制造技术"基础研发—应用研究—产业化"创新链。在基础研发环节，建设先进制造卓越创新中心。卓越创新中心是由产业和大学共同针对制造业具体问题进行基础研究的实验室，以便更好地发展制造技术。在应用研究环节，设立 45 个制造创新研究中心，构成制造业创新网络。45 个制造创新研究中心分布在全国各地，每个创新中心研究不同的先进制造技术领域。目的在于与当地产业无缝对接，带动区域集群发展。在产业化环节，建设制造技术测试床。通过提供新技术测试和展示的设备，为各种规模的企业以及参与后期技术研发的企业提供技术研发、评估和展示服务。

通过发展先进制造技术联盟项目来支持工业联盟制定技术路线图。2013 年，美国国家标准与技术研究所最先发布了先进制造技术联盟项目，通过建立新的或加强现有的由工业界所领导的技术联盟，开发技术路线图。每个联盟中所有有一定规模的企业、大学及其他利益组织一起参与进来，对研究项目进行识别、评估和交互，解决美国先进制造技术发展中遇到的问题。美国通过制造业扩展联盟项目、制造业社区伙伴投资计划和制造技术加速中心加快技术转移。2014 年，美国政府投资 1.13 亿美元给经济发展局与其他联邦部门合作的制造业社区伙伴投资计划，计划将向制造业社区提供财政资助，同时投资促进长期经济增长的基础设备项目和研发设备。

3. 长期连续的研发资金支持

自 2012 年以来，美国不断加大在先进制造领域的投入，奥巴马指出美国能长期保持经济增长最根本的原因在于加大了对先进制造领域的投入。2013 年，美国先进制造领域研发预算为 22 亿美元，国家科学基金（National Science Foundation，NSF）、能源部（Department of Energy，DOE）、国家标准与技术研究院（National Institute of Standards and Technology，NIST）及其他机构在先进制造领域的预算比上一年度增幅均超过 50%。2014 年投入 29 亿美元用于先进制造技术研发，支持创新制造工艺、先进工业材料和机器人等技术研发，其中包括投入 10 亿美元建立由 15 个制造业创新研究机构组成的国家制造业创新网络。2015 年美国在先进制造领域研发投入的预算资金是 22 亿美元，用于支持开发新的先进制造技术，2016 年为 24 亿美元。2017 年美国将 20 亿美元直接用于支持国家科学基金会、国防部、商务部、能源部及其他政府机构的先进制造业研发活动。美国在 2021 财年预算案中明确提出：以确保美国在科技创新方面保持全球领先地位，要将更多研发资金集中应用到面向未来的少数关键领域。研发优先事项包括智能制造及先进工业机器人，特别是工业物联网系统——机器学习和人工智能。在人工智能领域，2021 年美国国家科学基金会（NSF）在人工智能和跨学科研究机构的研发预算超过 8.3 亿美元，比2020 财年预算增长了 70% 以上；美国国防高级研究计划局计划投入 4.59 亿美元用于国防领域的人工智能研发，比 2020 财年增加 5000 万美元；美国国立卫生研究院（National Institutes of Health，NIH）将投资 5000 万美元，专门用于人工智能在慢性病医疗方面的应用研究。在量子信息科学领域，2021 财年与 2020 财年相比研发预算增加了 50%以上。其中，国家科学基金对量子信息科学研究的投资将达到 2.3 亿美元，比 2020 财年增加了 1.2 亿美元。能源部科学办公室支持国家实验室、工业界和学术界开展量子信息科学研究的研发资金将增加到 2.37 亿美元，比 2020 财年增加了将近 7000 万美元，此外还投入 2500 万美元用于支持量子互联网的前期研究。除以上直接研发投入以外，国家科学基金（NSF）还计划投入 5000 万美元的专项资金，用于支持人工智能和量子信息科学等领域的多元化、高技能人才发展，以支撑未来的行业需求。

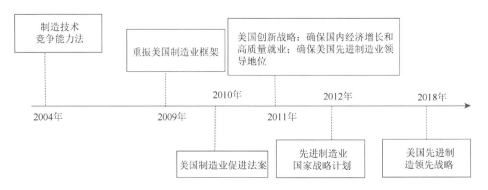

图 2-14　美国制造业主要创新政策及法案

2.3.2　德国政策重点与能力布局

德国基本法规定："科技和经济以主观能动为主，国家干预为辅。"总体上，德国政府制定产业政策持审慎的态度，较少直接干预市场。德国制造业相关政策主要体现在"高技术战略"，这是德国政府为促进持续研究和创新而制定的战略框架，明确指出未来研究和创新政策的跨部门任务、标志性目标和重点领域（图 2-15）。

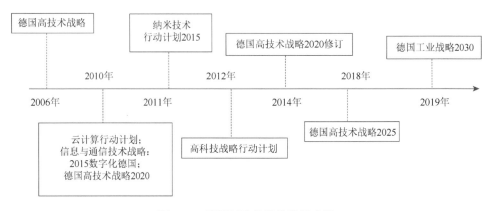

图 2-15　德国制造业相关发展政策

1. 强调发挥政府作用，加强宏观战略引导

总体规划主要是国家层面的规划，2010 年，德国联邦政府通过《德国高技术战略2020——创意·创新·增长》，确定五大高技术战略领域和 11 项"未来规划"，营造更有利于创新的环境，提供风险资本投资补贴，设立新"欧洲天使基金"，对企业发起的创新集群给予支持。

2012 年，德国政府出台"高科技战略行动计划"，计划投资约 84 亿欧元，促进"德国 2020 高科技战略"研究项目开展。德国认为制造业能够拉动经济增长，并带来高附加值和高薪的工作，因此采取了一些政策措施支持相关重点技术领域。2018 年，德国为解决当前面临的重大挑战和发展需求，颁布了《高技术战略 2025》，提出应对社会重大挑战、加强德国未来能力、建立开放的创新与风险文化三大任务和 12 个优先发展主题，并计划在 2025 年实现科研支出占国内生产总值 3.5%的目标。2019 年，德国联邦经济事务与能源部发布《国家工业战略 2030》（*National Industrial Strategy* 2030），其在时间上承接《高技术战略 2025》。为改变"德国失去关键的技术技能，在全球经济中的地位受损"的局面，德国提出将加大对制造业的投入与支持，通过国家对重点工业领域的适度干预，打造德国的龙头企业，继续保持德国工业在欧洲乃至全球的核心竞争力。

专项规划主要是行业规划，例如能源领域：2010 年，德国发布《能源规划——环境友好、可靠与廉价的能源供应》规划，作为面向 2050 年的能源总体发展战略；2011 年通过第六能源研究计划《面向环保、可靠和廉价的能源供应研究》，指出将可再生能源和提高能效作为计划的重点，投入数十亿欧元研发资金发展可再生能源、建设天然气发电厂。在电子信息领域，2010 年德国发布《云计算行动计划》，主要解决云计算应用中遇到的技术、组织和法律问题，并支持云计算在德国中小企业的广泛应用。为实现"数字化德国"的目标，2010 年德国发布《信息与通信技术战略：2015 数字化德国》，其中规划了发展的重点、主要任务和相关研究项目。

此外，2010 年德国通过《联邦政府健康研究框架计划》，确定了未来几年的医学研究总体方向；2011 年，德国政府批准通过《纳米技术行动计划 2015》，探讨纳米技术对人类及环境的危害性，在气候、能源、健康、交通、安全和通信等重点领域进行纳米技术研究和技术转让。

2. 不断加大对中小企业发展的创新政策支持

在德国的创新政策体系中，中小企业扶持政策占据核心地位。中小企业占德国制造业的 99%，是德国主要的经济主体和核心竞争力。2006 年，德国陆续出台多项创新政策加大对中小企业的扶持，首次提出"高技术战略"（high-tech strategy，HTS），对有研究价值的技术领域进行专项投资，并制定"中小企业创新计划"，截至 2020 年，已经资助500 多个创新项目，总投入资金超过 3 亿欧元。2010 年提出《德国高技术战略 2020——创变·创新·增长》，政策鼓励中小企业的长期研发和加快中小企业公共服务体系的完善。2013 年，德国开始进入"工业 4.0"时代，政府继续支持中小企业的发展，提高制造业的整体竞争力。地方政府方面，各州除了为联邦政府颁布的政策提供配套政策外，还给本地

中小企业提供创新发展的多元化政策支持。例如，巴登-符腾堡州为支持中小企业创新发展，定期提供咨询类服务，定期组织创新活动。

2.3.3 日本政策重点与能力布局

日本推动制造业发展的产业创新政策体系相对比较完善，主要体现在经济、产业、科技政策三个方面（图 2-16）。

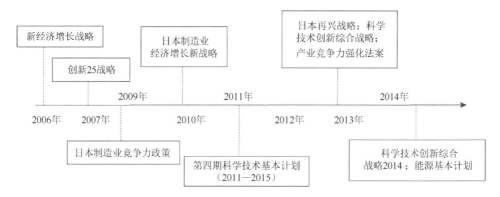

图 2-16　日本主要创新政策或法案

1. 经济政策

2009 年，日本调整金融危机后长期经济发展方向。2010 年，日本政府发布"日本制造业经济增长新战略"，在能源和环境、技术和平台、人才培养、产业领域等方面推动科技成果广泛应用，提供更多就业机会。2013 年 6 月，日本出台《日本再兴战略》，将其作为中长期经济财政运营指引和经济增长战略，提出围绕"日本产业再兴计划""战略市场创造计划""国际开拓战略"为三大支柱的众多措施，重新激发日本经济活力。尤其是加大了对制造业信息化、信息物理融合系统、大数据、3D 打印机等项目的研究资助。自 2012 年安倍政府上台以来，特别强调"科学技术创新能力是重振经济的原动力"。2018 年，日本通过《未来投资战略 2018：向"社会 5.0""数字驱动动型社会"变革》，该战略提出 4 大重点发展领域：一是与生活产业相关的项目（无人驾驶、下一代医疗系统等）；二是与经济活动相关的基础项目（促进能源转换、金融技术创新等）；三是与基础设施相关的项目（建设下一代基础设施及系统等）；四是促进地区中小企业发展的项目（实现农林渔业的智能化、建设智慧城市、促进中小企业创新发展）。

2. 产业政策

2013 年，日本通过《产业竞争力强化法案》，鼓励企业进入新的生产领域，积极开展科研研究和技术创新。2009 年，日本国际贸易委员会发布《日本制造业竞争力策略》。2010 年，日本发布专题报告《日本制造业》，对日本制造业的优质产业、竞争力和未来战略进行分析。

《2015 年日本制造业白皮书》中指出，日本最重要的是认清日本制造业的优势，无需追随美国和德国的前进方向，虽然未明确提出相关智能制造战略，但日本政府仍然高度重视先进制造业的发展，并积极出台措施着力改变制造业比重不断降低的局面，将信息通信、节能、人工智能等产业作为国家重点培育领域。

3. 科技政策

日本颁布科技创新计划战略，政策重心进一步向能源、生物环境、信息通信等重点领域移动，以促进经济增长。在日本科技政策战略体系中，"科学技术基本计划"是最重要的中长期规划，每五年更新一次，是对日本科技未来五年发展目标、重点的总体规划。

2011 年，日本政府通过《第四期科学技术基本计划（2011—2015）》，发布"绿色创新""民生创新""灾后复兴"三项任务，提出展开科学技术创新、进一步重视人才和制定支撑人才发展的措施，促进科学技术创新，实现与社会共同推进创造。

2016 年，日本发布《第五期科学技术基本计划（2016—2020）》，提出了"社会 5.0"超智能的社会远景，确定强化基础技术研发、优化科技创新制度环境与促进人才培养发展三大方向，提出四大政策重点：一是致力于未来产业的创造和社会改革，使国家的科学技术能够引领新时代；二是优先解决经济、社会等课题；三是增强基础研究能力，并提升科技创新的实力；四是构建人才、智能、资金等良性循环的体系。除科学技术基本计划之外，日本每年还发布科学技术创新综合战略，明确科技发展的年度重点计划和具体实施细则。

2017 年，日本推进"社会 5.0"，为巩固和提高国家竞争力，发布了《科学技术创新综合战略 2017》并提出以下重点：①政府、学术界、产业界共同参与加快建设超智能社会，发挥日本在先进制造、材料、清洁能源等方面的优势；②相关省厅密切合作，将战略创新项目（Strategic Investment Program，SIP）等竞争性科研项目作为代表，打造一条从基础研究到实用化的创新链；③加大人工智能、物联网、大数据等核心技术的研发力度，提升日本科技和产业的核心竞争力；④建设智能交通体系、高效能源体系、新型制造业体系，实现安全且舒适的高品质生活。

2.3.4　中国政策重点与能力布局

近年来，为加快建设制造强国，中国制定了一系列具体的行动规划、政策措施来重点推动制造业的发展。自中共十八大以来，中国陆续出台了一系列振兴制造业、加快发展先进制造业的政策和规划。中共十九大更是将加快建设制造强国，大力优先发展先进制造业，推动互联网、大数据、人工智能和先进制造业深度融合作为重要的战略支撑。以下重点从四个方面分析和介绍中国支持先进制造业发展的重要政策（图 2-17）。

1. 加强制造产业发展顶层设计的政策

中国将智能制造、人工智能、高端装备等先进制造业列为未来重点支持发展的战略新兴产业，使其成为引领和支撑国民经济创新发展的重要战略支撑，提前部署先进制造国家发展战略，科学制定战略规划和进行顶层设计。为了应对全球金融危机和美国"再工业化"的冲击，中国在 2009 年颁布了《装备制造业调整和振兴规划实施细则》，2010 年《国务院关于加快培育和发展战略性新兴产业的决定》中，明确指出要将先进制造业列为重点发展行业。2015 年发布《中国制造 2025》战略规划，提出三个十年战略布局，指出通过依靠科技创新来实现中国迈向制造强国的战略目标，成为新时期指引中国先进制造业发展的行动纲领。2016 年颁布了《智能制造发展规划（2016—2020 年）》。2017 年颁布了《"十三五"先进制造技术领域科技创新专项规划》和《国务院关于印发新一代人工智能发展规划的通知》等战略规划。2020 年初步形成了从国家战略层面支持中国先进制造业发展的政策体系。

2. 提高制造产业技术创新能力的政策

为提高产业技术创新能力，政策重点围绕鼓励产业研发机构建设、加强产业技术基础研究、抢占产业技术制高点等方面展开。

（1）鼓励产业研发机构建设。《国务院关于加快培育和发展战略性新兴产业的决定》《中国制造 2025》均鼓励海外企业和科研机构在中国设立研发机构。

（2）加强产业技术基础研究。《中国制造 2025》指出要着力解决影响核心基础零部件的产品性能和稳定性的关键技术。《国务院关于全面加强基础科学研究的若干意见》要求重点发展智能制造、信息技术等领域，应用技术研究衔接原始创新与产业化。

（3）抢占产业技术制高点。国家发布关于高端装备制造、新一代人工智能、智能制造等产业发展规划，加强智能设备、机器人等先进制造产业核心技术的研发，打造高端装备和产品，占据产业技术制高点。

3. 强化制造产业配套支持的政策

积极发挥政府对制造产业发展的引导作用，重点围绕"国家财税支持与金融扶持、国家重大专项"等配套政策的广泛实施来支持和促进中国先进制造业的快速发展。

（1）制定财税支持政策。《关于深化"互联网＋先进制造业"发展工业互联网的指导意见》《关于深化制造业与互联网融合发展的指导意见》等文件指出：要充分发挥好财政资金导向作用，充分利用中央财政现有资金渠道，鼓励地方产业设立发展专项资金，加快落实企业研发费用加计扣除、固定资产加速折旧、中小企业税收优惠等政策。

（2）强化金融扶持政策。《增强制造业核心竞争力三年行动计划（2018—2020 年）》中提出：利用贷款贴息、担保等形式引导各类金融机构加大对行动计划实施的信贷支持。

（3）设立国家重大专项。2006 年发布的《国家中长期科学和技术发展规划纲要（2006—2020 年）》指出：设立了大型飞机等 16 个重大专项，其中包括数控机床、大飞机、集成电路装备、揽月工程等先进制造领域的重大专项。

4. 加强制造业人才培养的政策

为充分发挥人才对先进制造业发展的支撑作用，重点加强制造业发展所需的多层次人才、专业技能技术人才和高端人才的培养，引领制造产业创新发展。

（1）合理布局多层次人才培养。《中国制造 2025》《制造业人才发展规划指南》《智能制造发展规划（2016—2020 年）》等文件要求加大专业技术人才、经营管理人才和技能人才等的培养力度。

（2）加强专业技能人才培养。《中国制造 2025》提出鼓励开展现代学徒制示范试点。《制造业人才发展规划指南》提出要加强对人工智能劳动力的培训，建立适应智能经济和社会需要的终身学习和就业培训体系。

（3）加强高端人才培养。《新一代人工智能发展规划》《智能制造发展规划（2016—2020 年）》都要求加强智能制造高层次人才培训。《高端装备制造业"十二五"发展规划》《国务院关于加快培育和发展战略性新兴产业的决定》《机器人产业发展规划（2016—2020 年）》等文件，也强调加强先进制造业领域方面复合型人才、管理人才、服务业人才的培训。

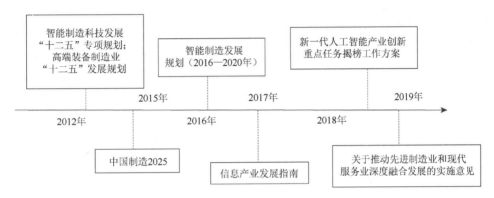

图 2-17　中国促进先进制造业发展的主要政策

第3章　国际经验探析：日本先进制造技术的追赶与发展

从第 2 章对先进制造技术主要领域的梳理中可以看出，先进制造技术具有复合性强、迭代速度快、对供应链生态及政策的依赖度高等特征[35,36]，因而通常是在具有较完整工业体系的国家或地区中得以发展[37]，逐渐形成了以美国、日本、德国相对领先，中国、印度、韩国紧随其后的发展格局[38]，这些国家在先进制造技术的不同子领域中各具优势。其中，日本在数控机床、材料受迫成形、高速加工等子领域处于世界领先水平[39]。但这种领先并非天然具备，其在 20 世纪末至 21 世纪初也曾经历过先进制造业的转型升级[40,41]。中国目前所面临的制造业转型升级与先进制造技术创新追赶情境和所处的追赶状态都与当时的日本很相似[42-44]，日本在先进制造技术领域的布局、关键技术的突破、自主与合作创新的策略选择等做法对中国当前先进制造技术的发展具有启示意义。

从理论视角看，技术引进和自主创新作为后发经济体技术追赶主要手段的有效性一直都是研究者们讨论的焦点话题。有的研究认为技术引进可以节省时间、人力资源等追赶成本，同时迅速拉近技术追赶者与技术领先者的差距，由此与"后发优势""机会窗口"等理论产生了一系列经典对话[45-50]；但也有研究认为从企业绩效和就业情况看，技术引进的作用效果只是短期存在，一味地强调技术引进甚至会形成路径依赖，进而抑制经济体的创新能力，因此，自主创新才是后发经济体从追赶到超越的主要手段，游离于贸易价值网络边缘和处于全球价值链低端的经济体都可以通过自主创新实现突破和追赶[51,52]。从技术领域异质性上看，有研究认为自主创新和技术引进是相辅相成的，两者交互作用对先进制造创新资源集聚与创新技术涌现更具效果[54-56]；追赶经济体通过技术引进与外界进行技术交流，紧跟世界前沿技术更迭，自主创新则使其"技术自由"，这两者的权重通常受技术生命周期、技术耦合度、经济环境等内外部因素影响[57-62]。在日本先进制造技术追赶与发展的进程中，曾采取过对技术引进吸收的策略措施①，展现出其显著的对外依存性，当然也有基于"科技立国"战略与产业政策激励的自主创新努力，二者共同作用推动先进制造技术持续创新并成为其获得领先优势的源泉[63-67]。但其在日本先进制造技术发展纵向上不同阶段和横向上不同领域中作用效率的异质性，以及政策引导和技术创新战略调整变换中作用的独立性与交互性等问题并不明了，均需要进一步梳理与证实。

基于此，本章在梳理日本 1996～2018 年先进制造技术领域技术引进投入、研发投入、原创性出版物等数据以及界定其发展周期和不同技术领域领先优势的基础上，尝试探讨自主创新与对外依存两种技术创新模式作用效率的差异，进而辨析先进制造技术发展过程中对外引进、自主创新策略的空间、时间情境约束，以期为中国当前先进制造技术创新路径的选择提供策略建议。

---

① 日本先进制造技术以向美国、英国等工业大国引进技术来起步，1949～1970 年，日本从国外引进的全部技术的研发费用需 1800 亿～2000 亿美元，而日本只为此花费了 57 亿美元，并且这些技术如果只靠自己研发，至少需要 5 倍的时间。

3.1　日本先进制造技术发展历程简要回顾

3.1.1　从学习模仿到自主领先

从时间维度看，日本先进制造技术经历了一个由引进模仿到自主创新的过程。日本先进制造技术前期的发展离不开从英国、美国引进的技术，而后期的自主创新则发挥了更加重要的作用。依靠这两种策略日本在近 20 年完成了产业转型升级，目前在数控机床、机器人等先进制造技术领域都位列前沿，成功从后发国家转变为领先国家。为了更清晰地了解日本在不同技术阶段选择对外技术依赖和自主创新的情况，本章对日本制造业从二战至今的历史进行了简单的梳理，并简要总结出该阶段的关键事件（表 3-1）。

表 3-1　近代日本先进制造技术发展关键事件

时间	事件
1940 年	成立工业技术厅，对科技组织进行改革
1950 年	《外国投资法》确定了"技术引进"为主要发展策略
1956～1961 年	企业研发投入每年以 30%～40% 的速度增加
1970 年	制造业向节能型、效率型转变，技术进一步升级；新技术的引进比重降低
1980 年	发布《科学技术白皮书》，强调科技立国
1982 年	车床产量位居世界首位，成为世界机器人的主要供应商
20 世纪 80 年代后期	制定科学技术政策大纲，利用自主技术成为半导体等先进制造领域的领军国
20 世纪 90 年代	泡沫经济的出现加快了制造业的转型升级
21 世纪初	倡导产、学、企之间的合作

通过对近代日本制造业关键历史事件的简单回溯可以发现，日本在二战后主要靠模仿创新的方式恢复制造业并振兴经济，在初期的主要表现形式为技术引进，向工业大国引进先进技术然后进行模仿创新。但落后的技术限制了产品的质量，这个时期日本制造的产品在质量上并不具有优势。为了摆脱"山寨"这一头衔，日本先进制造业的自主创新意识在 20 世纪 60 年代开始觉醒，由此提出了"科技立国"的发展策略[68]，开始大力发展教育，培养具有自主创新能力的人才。之后，政府相继出台有关政策鼓励自主创新，以提高创新的质量。

3.1.2　周期更迭

纵观近代日本制造业的历史，先进制造技术呈现出动态演变的特征。二战后，日本作为技术的跟随者将发展重心聚焦于先进制造技术领域，此时其工艺创新和产品创新具有反 A-U 模型的特征。而 20 世纪末，信息技术的兴起引导了新一轮的技术革命，日本此时也正式作为领导国进入新一代先进制造技术涌现的浪潮中。此时，日本的技术创新是标准的 A-U 模型，如图 3-1 所示。

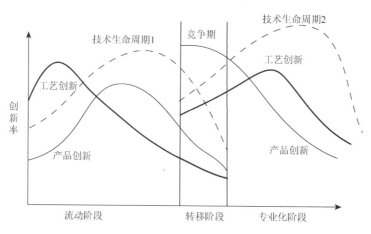

图 3-1　日本近代先进制造技术的 A-U 模型

　　结合产品创新与工艺创新的变换，日本近代先进制造技术的发展呈现出以下周期性特征：首先，日本制造业的先进制造技术创新在 1940～1990 年具有反 A-U 模型形态。此阶段中，日本在 20 世纪 40 年代的先进制造技术以技术引进为起点，技术引进初期的工艺创新率高于产品创新率，也就是对引进的工艺技术进行改进和创新，从而实现技术和产品的创新。其次，1990～2000 年是日本制造业 A-U 模型的竞争期，劳动生产要素的升级推动了新一轮工艺创新、产品创新的萌芽。竞争期也叫断裂期，突破原有技术轨道呈现出跳跃式技术创新是这个时期最明显的特点。最后，日本在 20 世纪末已经成为技术前沿国，前期技术引进是使国外技术本土化的必要手段，大量技术引进主要出现在技术生命周期的萌芽阶段，自主创新为先进制造技术进一步升级革新提供主要动力。因此日本新一轮的先进制造业革新以自主创新为主，从图形上看是一个标准的 A-U 模型。

　　综上，20 世纪 40～80 年代，日本先进制造技术完成了一个周期的变换，技术自主创新和对外依存交互作用确立了其在世界的领先地位。20 世纪 90 年代，新兴生产要素的出现推动了日本新一轮先进制造业的转型升级。目前日本先进制造技术处于蓬勃发展阶段，技术多样性也更加丰富。本章将基于此探讨日本先进制造技术多周期演化中对外引进与自主创新策略应用情况，以及这种差异的创新策略变换在推动技术水平提升中的作用情况，进而探讨技术追赶或领先情境下先进制造技术创新的策略选择等问题。

3.2　研　究　假　设

3.2.1　先进制造技术的自主创新与创新绩效

　　自主创新作为科技兴国的基础，其对于技术进步的促进作用不会受到时间或地域的限制。从时间上看，任何国家先进制造技术的发展在任何时间都离不开创新。从空间上看，无论是技术前沿国家还是追赶国家，自主创新都推动着技术的进步与升级。对于技术追赶国家而言，随着与先进制造技术前沿国家之间的技术差距不断缩小，自主创新的作用会越来越显著[69]。技术追赶初期，追赶国家通过协同创新、跨国研发来吸收技术前沿国家的知识和技术，但随着技术差距不断缩小，合作研发带来的技术溢出会越来越少[70]。而对于先进制造技术领先国家，在产业结构转型的关键时期，劳动力所带来的优势已经式微，自主创新则可以为经济发展带来新动力[44]。时间也是自主创新发挥作用的催化剂。自主创新从短期看不利于产业结构的升级，但从长期看，其对产业结构升级尤其是高科技产业具有正向的影响，而技术引进的作用机理正好相反[71]，所以先进制造技术若要实现长远发展目标，自主创新是必要的选择。有研究表明虽然短期内日本的国内生产总值与外商直接投资呈正相关关系，但是存在结构性吸收不明显和技术外溢等问题，完善自主创新生态系统才是发展的长久之计[72]。短期内技术引进促进了就业，但是就业的溢出效果并不明显，从长期看技术引进对就业有破坏效应。而自主创新虽然短期并不能促进就业，但是它构建了一个能长远促进就业的生态系统，而且就业的溢出效应更加明显[73]。基于以上研究，提出以下假设。

H1：在先进制造技术的发展中自主创新与创新绩效呈正相关关系。

3.2.2 先进制造技术的对外依存与创新绩效

对外依存的具体表现形式有技术引进、贸易合作、知识经验学习等。与其他技术领域一样，先进制造技术创新中开展合作的形式较多，常见的包括构建国际化研发网络、利用东道国优秀的技术人才和技术知识，进而实现母国技术的进步等[74]；贸易的对外依存是指进口其他国家的产品来满足本国的需求[75]；知识经验学习主要表现为引进国外前沿知识，通过本地吸收为技术研发提供有力的知识基础保障[76]。在先进技术创新过程中，技术的对外依存主要表现为与其他国家在先进制造技术上的交流合作，如进口其他国家的机械设备、引进吸纳其他国家的优秀人才等。对外技术依存是一种内向型技术创新，也是实现自主创新的一种途径。以日本为例，二战后日本以技术引进为基础，有效地利用了各国先进制造技术的既有成果，通过对外依存的方式节约了大量人力物力资源，并且使其先进制造技术在较短时间内实现了质的飞跃。所以经济体可以通过对外技术的依存，引进和吸收国外的先进技术，逐步实现自主创新。由此可知，合理地利用他国人力、物力资源是技术升级的一大捷径，从东道国引进先进技术可以促进母国技术的提升[77]。基于此，提出以下假设。

H2：先进制造技术的对外技术依存与创新绩效呈正相关关系。

3.2.3 技术生命周期的调节作用

先进制造技术的生命周期可分为萌芽期、成长期、成熟期和衰退期[39]。也可以根据技术成熟度和创新策略差异将先进制造技术的周期划分为发展期和衰退期。在先进制造技术发展期的初始阶段，创新主体自主创新能力不足，创新成功概率小，通过技术引进与其他国家进行合作，吸收国外先进技术知识，培养与国情相匹配的先进制造技术人才，引进国外先进的设备拆解、剖析，能够为自主创新战略阶段积累必要的知识基础[78]；在技术发展期的中后阶段，随着知识和技术的持续积累及研发投入的逐渐加大，自主创新的基础能力得到很大程度提升，此时，政府往往倾向于通过产业政策将资源引导进入先进制造领域，推动技术创新与工艺更替，催化技术应用生态，提高技术创新产出效率。在先进制造技术的衰退期，原有技术创新效率逐渐下降并且新兴生产要素也逐步涌入，自主创新能力对于生产要素的重新组合有着至关重要的作用，因此自主创新能力是新技术转化的基础。基于此，提出以下假设。

H3：技术生命周期正向调节先进制造技术自主创新和技术创新之间的关系。

在先进制造技术的发展期，由于对新技术缺乏认知，大多数国家都会将寻求对外合作作为发展先进制造技术的主要方法。当技术累积到一定程度时，过度依赖外来技术反而会抑制本国创新能力的提升，并且会产生技术创新惰性，负向影响产业的转型升级，导致本国一直处于先进制造领域追随者的状态。以中国为例，技术引进是中国先进制造技术前追赶阶段的主要驱动力，外商直接投资和建立国际化研发网络是获取先进技术的主要方式，依靠这两者的技术溢出效应，表面上看中国与发达国家的技术差距逐渐缩小[79]，但是中国在先进制造领域仍然没有话语权。虽然技术的对外依存是技术追随国迅速向技术前沿国靠拢的捷径[80]，但是后发经济体的创新绩效并没有得到实质性的提高，具体表现为专利数量多、质量差。在发展期，适当的对外技术依存可以提高技术创新效率，但是过度依赖外来技术会使技术的发展陷入引进—吸收—再引进的陷阱。母国的创新能力反而得不到提高，而且关键技术领域会出现"卡脖子"的现象。先进制造技术的特点之一是技术更迭快，所以衰退期持续时间非常短，颠覆性技术往往在现有技术的衰退期开始萌芽，新技术轨道应运而生，技术的依赖性会使母国成为技术跟随者并受制于技术领导国。基于以上结论，提出以下假设。

H4：技术生命周期负向调节先进制造技术对外合作和技术创新之间的关系。

综合以上分析与研究假设，得到本章研究的理论框架，具体如图3-2所示。

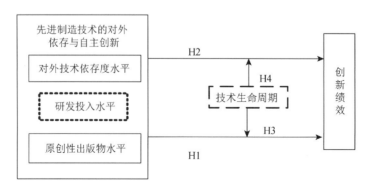

图 3-2　理论框架

3.3　研 究 设 计

3.3.1　模型构建

目前国内外在对外技术依存度的测量方法上还没有统一。对外技术依存度最原始的计算方法是用技术引进经费与研发投入的比例来衡量。在中国，有研究数据表明，把外商投资经费和技术引进经费这两个因素作为外来技术的衡量指标最可靠和最接近实际状况[81]。先进制造技术对外依存的主要表现形式是技术引进，包括设备和人才等的引进[82]。基于日本的实际情况和数据的可获得性，外商对内投资并不是近年来日本技术发展的主导方式，因此可以使用式（3-1）测量日本先进制造技术的发展水平。

$$\text{dependence} = \frac{F}{F + \text{R\&D}} \tag{3-1}$$

式中，F 为技术引进经费；R & D 为研发与试验发展经费。

对外技术依存度计算公式为

$$\text{dependence}_i = \frac{F}{F \times \dfrac{a_i}{A} + \text{R\&D}_i} \times \frac{a_i}{A} \tag{3-2}$$

式中，a_i 表示第 i 类先进制造技术设备进口的价值；A 为日本进口的低、中、高三种级别技术设备的价值总和。对外技术依存度的极大值为 1，极小值为 0。当其等于 1 时，国内研发投入为 0，说明技术发展完全依靠技术引进；当其等于 0 时，说明没有技术引进。

结合式（3-1）、式（3-2），可以得到式（3-3），并形成本章的数据分析基本模型。

$$y_{it} = \alpha_0 + \alpha_1 \text{dependence}_{it} + \alpha_2 kl_{it} + \varepsilon_{it} \tag{3-3}$$

式中，α_0 表示常数项，α_1、α_2 表示待估计参数，i 表示第 i 种技术；t 表示时间趋势；kl 表示原创性知识水平，用原创出版物的平均被引次数或者数量表示；ε_{it} 表示随机干扰项。

在基本模型的基础上引入控制变量和调节变量，其中调节变量为技术生命周期，根据技术创新、扩散的活跃程度选择发展期和衰退期两个阶段进行分析，用 0, 1 变量表示。具体结果如式（3-4）所示。

$$y_{it} = \alpha_0 + D(\alpha_1 \text{dependence}_{it} + \alpha_2 kl_{it}) + \alpha_3 \text{per}_{it} + \gamma D + \varepsilon_{it} \tag{3-4}$$

式中，D 表示技术生命周期，α_3、γ 表示待估计参数，per_{it} 表示研发投入水平。

3.3.2　变量定义与测量

1. 被解释变量

先进制造技术具有十分庞大的技术体系和知识理论基础，不同技术的技术属性具有显著差异。技术体系内不同技术领域存在着较显著的发展过程、演化轨道差异，可以进一步划分出多个技术子领域。有研究根据美国机械科学研究院（AMST）提出的三层次体系结构将先进制造技术划分为 11 个子领域，研究数据定义和收集都是基于 11 种先进制造技术。

先进制造技术的创新绩效主要表现为创新成果的转化，创新绩效一般用新产品销售收入或者专利来衡量，而专利更能表示产品的新颖性。对于单一行业而言，现有研究多采用专利授权量和专利申请量来衡量创新绩效[83, 84]。基于数据的可得性和连续性选取了日本11 种先进制造技术的专利申请量作为创新绩效的衡量标准。

2. 解释变量

自主创新。自主创新是国家内部独立进行创新活动，研发人员数量和投入经费数目是目前使用得最多的衡量自主创新的指标。但也有研究指出，对于技术前沿国家，吸收能力是技术创新不可或缺的要素，而知识的产出会极大影响技术的吸收能力[85-88]。因此，知识产出是技术创新的基础。所以使用 11 个先进制造技术子领域的高水平原创性知识成果，即日本在先进制造技术领域原创性出版物的水平作为衡量自主创新的指标[89]，主要是原创出版物的平均被引用次数（cited）以及原创出版物的数量（quantity）。

对外技术依存。现有研究对于外部技术的依赖程度主要用对外技术依存度来衡量。它表示一个国家技术的进步在多大程度上依靠外部技术的引进。对外技术依存指的是日本与其他国家实现优势互补的活动，即日本在先进制造技术领域引进设备等。所以选用对外技术依存度来表示对外合作的程度。因此解释变量为日本先进制造技术对外技术依存度（dependence）。对外技术依存度的主要数据包括日本技术引进经费、研发投入以及进口机械设备的价值。

3. 控制变量

除了知识的积累和技术引进，研发活动还会受到其他因素的影响，其中企业研发经费投入和研发人员投入会对企业的创新绩效产生直接影响[90]，但是在国家层面，不同国家人口基数和经济体量差别很大。在已有文献的基础上，本章用研发经费与研究人员的比值来表示研发投入水平（per），并将其作为控制变量。

4. 调节变量

先进制造技术生命周期。从日本先进制造业的发展历史看，对外依存与自主创新对于技术创新绩效的影响并不是一成不变的，随着技术成熟度的变化，日本也在调整自主创新与对外依存的占比，以保证技术的持续产出成果，不同技术周期下国家发展策略侧重也不一样。因此，本章引入先进制造技术生命周期这一指标，并将其作为调节变量。

各变量的详细描述及符号见表3-2。

表 3-2　变量描述

变量	变量名称	变量描述	表示
被解释变量	先进制造技术创新绩效	先进制造技术的专利申请量	y
解释变量	自主创新	先进制造技术出版物的水平,出版物的平均被引用次数和出版物的数量	cited quantity
	对外技术依存	先进制造技术的对外技术依存度	dependence

续表

变量	变量名称	变量描述	表示
控制变量	研发投入水平	先进制造技术领域研发经费与研发人员的比值	per
调节变量	先进制造技术生命周期	先进制造技术生命周期的发展期和衰退期	D

3.3.3 数据来源

本章的研究数据来源有以下五个。

（1）世界专利数据库（World Intellectual Property Organization，WIPO）。专利数据来源于 WIPO 数据库。具体做法是在 WIPO 检索页，将指标设置为申请的技术专利，类型设置为统计总数，时间为 1996～2018 年，组织为日本，然后按 11 个子领域进行技术分类，筛选出与日本先进制造技术相关的专利，最终形成能反映日本先进制造技术创新绩效的数据。

（2）"SCIMAGOJR"网站。出版物数据来源为"SCIMAGOJR"数据库。首先依次选择主体领域及其对应各个主题目录，然后选东亚国家。最后在列表中依次统计日本各学科领域 1996～2018 年出版物的数量和平均被引用的次数，再根据领域与先进制造技术的匹配程度，将其划分入 11 个先进制造技术子领域。

（3）经济合作与发展组织（Organization for Economic Co-operation and Development，OECD）官网。研发投入和研发人员数据来源于经济合作与发展组织数据库。在官网主页进入数据库，选择按主题分类的数据，将国家设置为日本，然后下载按照行业划分的研发支出表格和研发人员表格，最后分类汇总到 11 个子领域，由此得到每一个子领域的研发投入数据。

（4）联合国贸易发展数据库（United Nations Conference on Trade and Development，UNCTAD）。设备引进的数据来源于该数据库。在主页中进入"Statistic"，然后进入数据中心，在国际商品贸易的目录下选择贸易结构子选项，然后选择按照商品分类的进出口贸易表格。最后在表格的经济体一栏选择日本，进出口选项为进口，依次统计各先进制造技术设备的进口额，分类汇总到 11 个先进制造技术子领域，由此得到每一子领域在对外技术依存中所占的比例。

（5）相关日本数据库。其中技术引进经费来源于日本统计局。在其官网主页进入数据页面，再进入研究与试验发展（R&D）经费统计调查页面，在该页面中找到 1996～2018 年的技术引进经费。

3.4 数据分析与假设检验

3.4.1 趋势描述

首先对样本总体进行初步估计，利用样本数据绘制创新绩效与对外技术依存度的总体走势图，图 3-3 与图 3-4 分别是 1996～2018 年日本 11 种先进制造技术每年的专利申请数和每年先进制造技术对外依存度的百分比。专利的申请数和对外技术依存度在 2007 年达到峰值，不同的是专利申请量此后开始呈缓慢下降趋势，而对外技术依存度在 2010 年开始有所回升，两者间具体的关系还需要进一步验证。

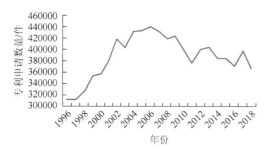

图 3-3　专利申请数量走势图

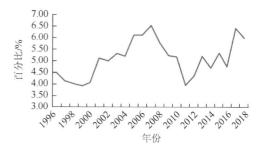

图 3-4　对外技术依存度走势图

各子领域的技术对外依存度见表 3-3。子领域的样本量都为 23，标准差都小于均值，说明不存在极端值。从均值看日本工业机器人技术的对外技术依存度最高，企业资源计划和高速加工技术的对外技术依存度最小。可能的原因是工业机器人在英美的工业系统中发展已较为成熟，日本更倾向于从技术更好的国家引进技术以实现工业的快速发展；而企业资源计划和高速加工技术在日本就很成熟，已经形成了属于自己的技术发展体系，不需要依赖于技术引进。工业机器人技术对外技术依存度的标准差最大，说明日本在发展该领域技术的过程中曾不断调整技术创新策略，试图找到最适合该领域技术发展的平衡点，这也表明了工业机器人是日本先进制造技术重点发展的领域之一。子领域间的对外依存度存在显著性差异，这表明日本对于不同领域先进制造技术的发展策略不同。

表 3-3　各子领域对外技术依存度的描述性统计

技术领域	样本量	均值	标准差	最小值	最大值
计算机辅助设计技术	23	0.157	0.052	0.093	0.318
材料受迫成形工艺技术	23	0.063	0.025	0.029	0.114
超精密加工技术	23	0.047	0.021	0.031	0.107
高速加工技术	23	0.012	0.003	0.006	0.018
增材制造技术	23	0.065	0.029	0.025	0.096
微纳制造技术	23	0.091	0.021	0.053	0.119
再制造技术	23	0.076	0.015	0.044	0.097
仿生制造技术	23	0.016	0.010	0.007	0.044
数控机床	23	0.155	0.080	0.031	0.241
工业机器人技术	23	0.283	0.116	0.088	0.446
企业资源计划	23	0.012	0.008	0.003	0.024

1996～2018 年各子领域论文平均被引用次数的变化趋势如图 3-5 所示。21 世纪开始各子领域的论文平均被引用次数都表现出下降趋势，自主创新程度下降，这可能与日本在

新纪元所面临的社会经济环境有关。其趋势与图 3-3 具有较高的一致性，两者之间的关系还有待进一步探索。

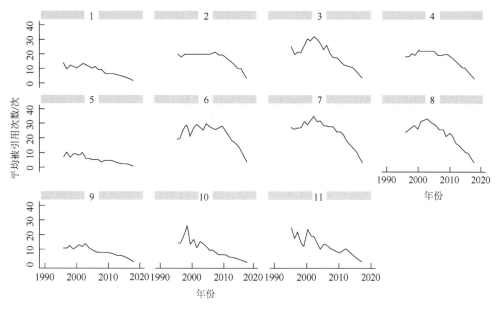

图 3-5 1996～2018 年各子领域论文平均被引用次数趋势

3.4.2 描述性统计与相关性分析

各变量的描述性统计结果见表 3-4，专利申请量、对外技术依存度、出版物平均被引用次数的样本量为 253，由于数据缺失，R&D 经费的样本量为 229。表中标准差都小于均值，说明不存在极端数值。对外技术依存度的最大值为 44.60%，最小值为 1.33%，而均值为 8.94%，这说明日本先进制造技术的对外依存度并不高，所以向其他创新主体引进技术不是其技术创新的主要路径。各变量的 VIF 值都小于 10，表明变量间不存在多重共线性。

表 3-4 变量的描述性统计

变量		样本量	均值	标准差	最小值	最大值	VIF
被解释变量	y	253	35329.22	20479	6604	86697	—
	cited	253	15.29	8.81	1.06	35.84	1.20
解释变量	dependence/%	253	8.94	8.82	1.33	44.60	1.16
	quantity	253	9256.85	7491.83	314	29450	1.08
控制变量	per	229	26.11	11.95	7.34	65.97	1.01
调节变量	D	253	—	—	—	—	—

由于数据采用 1996～2018 年的年度数据，截面是日本先进制造技术 11 个子领域，所

以是长面板数据。针对长面板数据会出现异方差、组内自相关、组间同期相关三大问题，需对相关指标进行检验，检验结果见表 3-5。三种检验的 p 值都为零，故拒绝原假设，即同时存在异方差、组内自相关、组间同期相关问题，所以需要对这三种问题同时进行矫正。故采用可行广义最小二乘法（feasible generalized least squares，FGLS）进行估计。

表 3-5　相关性与异方差检验表

检验	异方差检验	组内自相关检验	组间同期相关
p	Prob＞chi2 = 0	Prob＞F = 0	Pr = 0

表 3-6 为相关系数矩阵。从表中可以发现，创新绩效与对外技术依存度、原创出版物的平均被引用次数、原创出版物的数量，在 95% 和 99% 的置信水平下呈显著的正相关关系，结果初步证实了本章的推导，但具体的相关关系还需要在对其他影响因素进行控制的情况下进一步讨论。接下来将在控制相关因素后，检验先进制造技术对外合作与自主创新对创新绩效的影响。

表 3-6　相关系数矩阵

变量	y	dependence	cited	quantity	per
y	1				
dependence	0.2223***	1			
cited	0.1321**	−0.3497***	1		
quantity	0.2458***	0.0885	−0.0571	1	
per	0.3452***	−0.2079**	0.1615**	−0.0988	1

注：***、**、*分别表示 $p<0.1$、$p<0.05$、$p<0.01$。

3.4.3　回归结果

基于本章的数据集特点，采用最小二乘虚拟变量（least squares dummy variable，LSDV）法进行回归分析，即加入个体虚拟变量，而对于长面板存在时间效应的问题，则通过加上时间趋势项来控制。出版物的平均被引用次数和数量都可以在一定程度代表一个国家的知识创新程度，本章将对这两个指标分别进行检验。再采用逐步回归法在模型中加入控制变量，结果见表 3-7。其中模型 1 与模型 3 表示分别用原创出版物的平均被引用次数和数量作为自主创新指标的回归模型。回归结果表明原创出版物的平均被引用次数在 99% 的水平上显著，而原创出版物的数量并不显著，前者的拟合优度 R^2 也比后者大，时间效应也更加显著，说明原创出版物的平均被引用次数对创新绩效的影响更为显著，并且出版物的数量不能代表质量；模型 2 表示出版物的数量与先进制造技术的创新绩效没有显著的相关关系，所以将采用出版物的平均被引次数作为衡量自主创新的指标；模型 3 和模型 4 表示逐步加入控制变量的回归，结果表示在研发投入水平和技术生命周期不变的情况下，对外技术依存度和原创出版物的平均被引用次数在 99% 的置信水平下显著。也就是说，对外依存和自主创新都正向影响先进制造技术的创新绩效。因此，H1 和 H2 都成立。结合日本实际情况，日本的先进制造技术目前都位于世界前列，其对外依存所获得的技术溢出极小、边际成本高。其对外技术依存度很低，说明对外依存的程度不高，主要发展手段还是自主创新。所以自主创新是促进日本先进制造技术发展的主要手段。

表 3-7　变量的确定

变量	模型 1	模型 2	模型 3	模型 4	模型 5
dependence	205.2** 81.18	180.2** 76.63	259.5*** 84.44	213.9*** 79.15	262.7*** 85.14
cited	208.2*** 74.42		218.9*** 77.17	272.8*** 75.11	284.0*** 76.48
quantity		0.0669 0.2			
per			46.00** 20.82		48.88** 21.24
D				2819.2*** 1073.1	1830.3* 1076.9
t	320.3***	168	251.8**	387.4***	324.6***
R^2	0.885	0.787	0.913	0.916	0.932

注：***、**、*分别表示 $p<0.1$、$p<0.05$、$p<0.01$。

　　在技术生命周期的不同阶段，技术创新的创新绩效对其影响因素的反映程度也具有差异性。已有研究通过 logistic 模型将先进制造技术的生命周期分为萌芽期、成长期、成熟期、衰退期，在不同阶段，技术的主要创新路径和需要的创新资源都有所不同[4]。基于此本章将先进制造技术的生命周期作为控制变量，并将萌芽期、成长期、成熟期归类为技术的发展期，采用 0，1 虚拟变量进行回归，回归结果见表 3-8。技术生命周期与对外技术依存度的交互项在模型 6 与模型 8 中都具有显著性，且系数为负，说明日本先进制造技术的生命周期负向调节其对外技术依存度与专利被引用次数之间的关系，H3 成立。这表明在先进制造技术的发展期，对外部引进的依赖性越大，创新绩效越差。其可能的原因是日本作为世界先进制造技术的领头羊之一，其对外合作只能获得一些基础的人力和物力资源，关键核心技术不能直接获取，主要依靠自主创新。原创出版物的平均被引用次数与技术生命周期的交互项依然显著，并且系数为正，表明随着技术成熟度的增加，如果自主创新程度越高，那么创新绩效也会越好。H4 成立。

表 3-8　技术生命周期的调节作用

变量	模型 6	模型 7	模型 8
dependence	357.6*** 86.86	244.7*** 84.62	335.9*** 90.18
cited	338.4*** 75	121 128.2	248.9* 129.4
dependence*D	−277.2*** 80.68		−243.8* 86.69

续表

变量	模型 6	模型 7	模型 8
cited*D		202.2* 119.2	97.78* 119.3
per	32.87 21.03	44.11** 20.8	32.28 21.01
D	251 1179.8	−4831.7** 2261.6	−1437.7 2488.1
t	408.8***	351.0***	408.2***
cons	22317.3***	1473.6***	21850.4***
R^2	0.941	0.934	0.945

注：***、**、*分别表示 $p<0.1$、$p<0.05$、$p<0.01$。

3.4.4 稳健性检验

为了检验模型的可靠性，本章采用再次分类的方法进行稳健性检验。将 11 种先进制造技术按照加工工艺、制造工艺、设计工艺进行分类。此外，为了消除数据间的内生性问题，采用滞后一期、两期的方式来进行稳健性检验。两种检验模型如式（3-5）、式（3-6）所示，其中，$j=1, 2$。

$$\sum y_{it} = \alpha_0 + D\left(\alpha_1 \sum \frac{F}{F \times \frac{a_i}{A} + R\&D_i} \times \frac{a_i}{A}\right) + \alpha_2 \sum \text{cited}_{it} + \alpha_3 \text{per}_{it} + \gamma D + \varepsilon_{it} \quad (3\text{-}5)$$

$$y_{it} = \alpha_0 + D(\alpha_1 \text{dependence}_{it-j} + \alpha_2 kl_{it}) + \alpha_3 \text{per}_{it-j} + \gamma D + \varepsilon_{it-j} \quad (3\text{-}6)$$

首先，分别对这两种方法进行相关性检验和异方差检验，然后进行全面 FGLS 回归，回归结果如表 3-9 中模型 10 所示。结果显示，技术依存度在 99%的水平下显著，原创出版物的平均被引次数在 99%的水平下显著，说明对外依存和自主创新对创新绩效都有正向影响。加入调节变量后，技术生命周期正向调节出版物平均被引次数与先进制造技术专利之间的关系，负向调节对外技术依存度与先进制造技术专利之间的关系。分类重组也表明，在发展期自主创新对先进制造技术的创新绩效具有促进作用，而对外依存对先进制造技术的创新绩效具有抑制作用。与本章采用的模型结果一致。

表 3-9 稳健性检验表

变量	模型 9	模型 10	模型 11	模型 12
dependence	2801.4*** 707.6	2344.7*** 717.4	3365.0*** −780.2	2285.0*** 706
cited	2675.2*** 34104	2832.7*** 333.7	2552.1*** −330.6	2132.5*** 474.7
per	474.6 293.5	664.9** 296.9	501.5 −325.7	634.4** 296.0
D	−6776.9*** 2007.0	−16156.6** 6485.2	18892.0*** −6959.6	−28873.3*** 9357.8

续表

变量	模型 9	模型 10	模型 11	模型 12
dependence*D		1405.7 918.5		−1771.1* 917.8
D* cited			−1339.0** −529.7	718.7** 334.4
t	2883.8*** 322.4	3108.5*** 328.9	2470.7*** −300.9	2992.3*** 313.0
N	69	69	69	69
R^2	0.989	0.990	0.987	0.991

注：***、**、*分别表示 $p<0.1$、$p<0.05$、$p<0.01$。

其次，分别将被解释变量滞后一期和两期来检验解释变量与被解释变量之间的关系，结果见表 3-10。本章的一期指的是一年，滞后一年为短期，滞后两年为长期。模型 13 表示滞后一期无调节变量、模型 14 表示滞后一期并加入技术生命周期作为调节变量、模型 15 表示滞后两期无调节变量、模型 16 表示滞后两期有调节变量。从模型 13 中可以看到技术依存度显著正向影响先进制造技术的创新绩效，而出版物的平均被引用次数与专利申请数量没有显著的相关关系；模型 14 中，对外技术依存度和技术生命周期的交互项为负，说明技术生命周期负向调节对外技术依存度和先进制造技术与创新绩效之间的关系，而出版物的平均被引用次数与技术生命周期的交互项具有显著性；模型 15 中，对外技术依存度不具有显著性，出版物的平均被引用次数依旧显著；模型 16 中，交互项的显著性和模型 14 相同。从模型 13 和模型 14 可以得出结论，在先进制造技术的发展期，自主创新才是促进创新绩效的主要手段，以此证明本章模型的稳健性。从模型 13 和模型 15 可以得出结论，从长期看，自主创新才是提升先进制造技术的根本途径，而对外技术的依赖只是短暂地发挥了作用，并不具备长期效用。

表 3-10　滞后期检验

变量	滞后一期		滞后二期	
	模型 13	模型 14	模型 15	模型 16
dependence	97.66 （79.85）	212.2*** （80.15）	293.3 （84.07）	274.2*** （80.07）
cited	432.3*** （85.66）	386.7*** （122.5）	290.0*** （181.4）	159.7** （147.7）
dependence*D		−323.0*** −73.34		−203.9* −86.22
cited*D		49.78* −113		183.2* −134
per	16.78 （22.86）	2.451 （21.09）	49.99** （23.25）	38.78 （24.22）
D	−2944.4** （1213.1）	−220.3 （2334.9）	−3549.6*** （1150.4）	−4044.4* （2453.0）

变量	滞后一期		滞后二期	
	模型 13	模型 14	模型 15	模型 16
t	394.6*** （113.5）	428.6*** （106.8）	401.4*** （91.11）	441.5*** （88.97）
cons	25542.6*** （2429.5）	24193.7*** （2744.0）	25028.3*** （2290.6）	25733.3*** （2813.1）
R^2	0.933	0.937	0.941	0.947

注：***、**、*分别表示 $p<0.1$、$p<0.05$、$p<0.01$。

3.5　本章小结

本章基于 1996～2018 年日本 11 个先进制造技术子领域的统计数据，同时结合先进制造技术生命周期的调节作用，研究了日本先进制造技术对外依存与自主创新对先进制造技术创新绩效的影响，得到以下研究结论：第一，在日本，先进制造技术的对外技术依存水平正向影响其创新绩效，即国家采取技术引进策略可以提高先进制造技术的创新绩效。日本先进制造技术的对外技术依存度平均值是 8.94%，对比中国这样的发展中国家，这个数值说明日本的技术引进程度很低，技术引进并不是日本先进制造技术创新的主要途径。第二，在日本，先进制造技术领域原创出版物的质量正向影响其创新绩效，即国家的自主创新可以显著地促进创新绩效。而其原创出版物的平均被引用次数的均值为15.29，处于世界中上水平，这说明其自主创新能力强、质量高。对外技术依存度与出版物的平均被引用次数都对创新绩效有积极影响。即自主创新和对外依存都对先进制造技术的创新绩效有积极影响。但是日本的对外技术依存度较低，说明在研究年份日本先进制造技术的发展较少依赖其他国家。并且技术生命周期负向影响对外依存与先进制造技术创新绩效的关系，所以在现阶段，即先进制造技术的发展期，日本应该以自主创新为主要战略来发展先进制造技术。第三，通过对被解释变量滞后一期和两期的结果分析，从长期效果来看，自主创新对先进制造技术创新的促进效果更为持久，对外技术的依赖会对先进制造技术的创新效果产生负面影响。

结合研究结论，可以得出以下几方面启示：第一，基于目前的世界格局和中国关键核心技术发展的实际情况，自主创新应该成为中国现阶段发展先进制造技术的主要手段。自主创新不意味着闭门造车，在自主创新的同时保持一定程度的对外技术引进与合作交流将能更有效地促进创新绩效。真正的自主创新是在关键核心技术上实现"技术自由"，将与国家命脉相连的先进制造技术牢牢把握在自己手里。同时，与其他经济体进行技术交流，实现先进制造技术良好的互通也是国家发展的必要举措，使自己在互通中拥有话语权。值得注意的是，在先进制造技术的发展期，加大自主创新能更有效地促进创新绩效的提升。所以可以进一步探寻先进制造技术生命周期在中国国情下的特点并加以利用，使创新更具效力。中国借助对外合作已经实现了巨大的技术进步，现阶段有部分国家对中国实行了技术封锁，对外合作对于先进制造技术的促进作用减弱，关键核心技术已经不太可能通过对外合作来获得；第二，对外合作在一定程度上优化了本国企业创新数量和创新效率，但是过度依赖对外合作会恶化创新质量。在创新绩效的产出上表现为"重数量、轻质量"。所以中国应该重新审视对外合作对创新绩效的影响，适量地选择高质量的经济体进行对外合作，并对成果质量加以控制。同时依靠自主创新，加大研发投入，实现高效、有用的技术创新。双管齐下，加快推进中国技术创新的高质量发展。第三，在国内构建一个完备的"技术生态系统"。目前，中国掌握的技术主要集中在制造链的中低端环节，"高、精、尖"设备仍依赖于从技术强国引进，一旦出口国家对中国进行贸易封锁，中国的先进制造业就很有可能停摆，进而带来经济问题。因此构建一个属于中国的自下而上的"技术生态系统"十分必要。第四，注重原创性知识的积累和转化。原创性知识是指在不依靠他人的情境下，独立产出的、完全属于创作者的知识，它是国家自主创新能力的一种体现。本章研究的自主创新是基于知识的转化成果，研究结果表明出版物的质量对创新绩效有正向作用。知识是创新的源泉，技术引进本质就是引进国外的知识，全球化的重要作用之一就是实现全球知识的交互与共享，只有不断更新知识，技术才能不断进步。进一步地，知识转化能力比知识积累数量更能体现创新能力，知识的消化吸收才是提高创新绩效的切实路径。近年来，中国的专利数量呈爆发式增长，但是外观设计、实用新型专利占了绝大部分，实用的发明专利偏少。这是应用能力缺乏的表现之一，所以中国应该积极调整政策，将相关奖励和优惠政策向应用研究倾斜。

第4章 中国经验：人工智能技术领域技术追赶

当前，人工智能技术是先进制造技术的基本内核之一，也被广泛视为第四次工业革命的核心技术，在过去近半个世纪中得到了长足发展。预计至2030年，人工智能技术将为世界经济总量创造近16万亿美元增量产出[91]。因此，世界各主要国家都将人工智能技术视为构建先进制造技术体系的核心驱动力，并且相继出台国家级创新规划以助力人工智能技术的发展及产业化应用[92]，如美国在2016年发布《国家人工智能研究和发展战略计划》，英国在2018年发布《人工智能行业新政》，丹麦在2018年发布《丹麦数字技术增长战略》。而中国于2015年印发《中国制造2025》，并在其中确立了人工智能产业的重要战略地位；截至2019年，各地共出台276项涉及人工智能技术发展的相关政策[93]。如今中国人工智能技术发展速度迅猛，并在该领域取得了瞩目的成绩：人工智能技术领域论文发表量居全球首位，企业数量、融资规模位列全球第二，与美国一同成为人工智能领域全球范围内的领导者[94]。中国作为技术的后发国家，在人工智能技术部分领域的成果已实现了技术追赶，从其由"追赶"到"赶超"的发展历程中提取出普适性的追赶经验已成为实践界和理论界高度关注的核心话题。

值得注意的是，由于技术发展的长周期性及波段化演进特征，人工智能技术在后发国家先进制造技术追赶体系中与技术周期、领先与追赶间的交互效应显著，因此其技术追赶道路拥有更丰富的内涵。一是技术赶超路径理论模型的研究，Lee和Malerba提出部门系统框架以理解追赶周期，并指出行业在长期发展过程中可能出现的三种机会窗口[46]；Li等提出倒S曲线模型以反映技术进步与知识学习成本的关系，从而分析确定技术追赶的主要驱动力[95]。二是后发国家技术追赶模式选择的研究，吴晓波等通过回顾技术追赶经典理论和"二次创新"模式，分析后发企业所处情境特征，并提出以技术创新为主导、以商业模式创新为主导和技术创新与商业模式创新"双轮驱动"三种主要的"超越追赶"模式[96]；郭艳婷等通过整合中国企业创新实践和企业创新研究，揭示后发企业利用跨边界协同内外部资源，塑造新型追赶模式与路径[97]。三是技术追赶影响因素研究，黄永春等基于新兴产业的演化轨迹，结合后发国家企业在新兴产业中追赶的优劣势，研究追赶的最佳时机，指出先发优势较强国家应选择不稳定阶段进入，先发优势较弱国家应选择过渡阶段进入[98]；吴晓波等通过探究机会窗口与企业创新战略的匹配情况对后发企业追赶绩效的影响，提出技术机会窗口与技术探索性创新战略相匹配、需求机会窗口与市场探索性创新战略相匹配以及制度机会窗口与技术利用性创新战略相匹配对企业追赶绩效有积极作用[99]。

4.1 研 究 设 计

已往研究倾向于将产业化发展水平作为追赶程度的衡量指标，通过构造追赶理论模型，揭示后发国家技术追赶过程的一般规律；或通过对技术追赶模式的选择及其影响因素进行分析，阐释追赶路径、追赶时机的选择，为后发国家制定追赶战略提供参考。然而区别于一般技术演化轨迹，人工智能技术演化具有周期长、不确定性高等独特属性，后发国家如何把握机会窗口、利用后发优势整合资源实现技术追赶，仍需进一步探讨。同时，人工智能技术发展存在显著的动态累积过程，从实验室技术产生到产业化应用的过程较长，部分子领域技术或创新工艺甚至未能走出实验室就已被新技术更替，且不同国家在切入时点、技术优势显示度上均存在波动，后发国家更可能在其中寻找到技术追赶的机会窗口。因而，以专利数量作为衡量指标，对中国人工智能技术追赶路径分阶段研究不仅能更深刻地揭示人工智能技术领域技术追赶的过程，还可以更准确地对不同国家技术演化轨迹阶段性特征及技术差距进行对比分析，有利于深入研究后发国家实现技术追赶的原因。

因此，本章以专利申请存量衡量技术发展水平，基于 S 曲线模型对全球及中国的人工智能技术生命周期阶段进行划分，对全球及中国人工智能技术的演化轨迹进行回顾。依托双 S 曲线模型同时借助人工智能技术专利占比结构、显性技术优势（revealed technological advantage，RTA）指数等指标进行对比分析，并总结中国人工智能技术在部分领域实现追赶的主要影响因素，进而对后发国家新兴技术追赶战略提出相应建议，以期为后发国家实现新兴技术的追赶提供参考。

4.1.1　S 曲线模型描绘的技术生命周期

1997 年 Holger Ernst 率先利用 S 曲线界定技术生命周期的各个阶段，并通过观察指出：新生技术开始的发展都比较缓慢，经过一段时间超越某个技术界限后，其成长就变得特别迅速，而当其速度达到一定限度后，成长就会再度放缓，图形呈 "S" 状[100]。根据技术发展速度的变化，将技术生命周期划分为 4 个阶段，分别是导入期、成长期、成熟期和衰退期。

S 曲线主要包括 Logistic 曲线和 Gompertz 曲线[101]，前者是对称的，而后者是不对称的。其中，Logistic 曲线在实践中的应用更为广泛。Logistic 曲线由 Verhulst 在 1838 年提出，该曲线可用如下关于 t 的函数表示[101]：

$$Y = f(t) = \frac{l}{1 + \alpha e^{-\beta t}} \tag{4-1}$$

式中，Y 表示某项技术的专利累计申请量；l、α 和 β 为常数；t 为时间。本章以美国洛克菲勒大学（Rockefeller University）开发的 Loglet Lab4 软件作为运算工具，该软件可以通过数学计算推导出生命周期各阶段的分界点，并进行 S 曲线的拟合预测。结果如图 4-1 所示，其中，K 为 Y 的最大值，$f(t_{10}) = 10\%K$，$f(t_{50}) = 50\%K$，$f(t_{90}) = 90\%K$。t_{10} 之前为导入期，$t_{10} \sim t_{50}$ 为成长期，$t_{50} \sim t_{90}$ 为成熟期，t_{90} 之后则为衰退期。

由 S 曲线可知，新技术的演进发展具有阶段性特征，在技术演化初期阶段增长缓慢即导入期；此后随着累计效用率增大，成长期的技术水平迅速上升；而成熟期累计效用率逐渐减小，技术发展水平增速放缓；在衰退期，技术水平增长持续放缓，最后无限接近于极值达到最高技术水平[102]。基于 S 曲线模型这一特性，本章分别对全球以及中国的人工智能技术领域发展轨迹进行模拟，并分析其成长路径，以揭示两者间规律的演变，为本书的分析提供时间和趋势脉络参考。

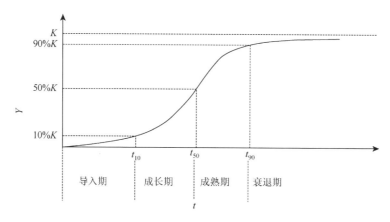

图 4-1　Logistic 曲线描绘的技术生命周期

4.1.2　双 S 曲线模型——改进后的 Logistic 曲线

双 S 曲线模型是改进后的 Logistic 曲线，即 S 曲线模型的延伸和拓展，具有以下特征。

（1）反映了同一技术在不同区域的发展轨迹及其组合关系的规律。从图 4-2 中 S_1 与 S_2 的纵坐标之差可以看出：在 M 点之前，相同横坐标上对应的纵坐标差距随时间推移而逐渐扩大；而 M 点之后，相同横坐标上对应的纵坐标差距随时间推移而逐渐缩小；M 点为纵坐标差距最大处。

（2）分析所选用的数据应该是较全面、较长期、综合性与稳定性较强的数据。Logistic 曲线的特性决定了只有较长时段的样本数据才能反映技术发展轨迹及其规律性特征。因此，选择较全面、较长期、综合性与稳定性较强的数据样本进行处理与分析是不可或缺的。

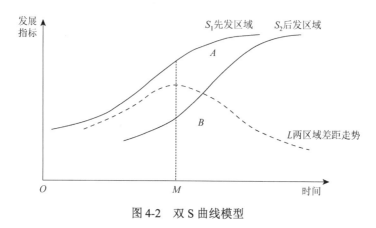

图 4-2　双 S 曲线模型

借助双 S 曲线模型，可以对相同时期内区域差异变化的一般规律进行有效的定量分析。运用该模型分析区域技术发展差距的变化，认识区域技术发展差异的必然性和规律性，有助于后发区域追赶先发区域，科学看待和处理后发区域实现技术追赶问题。换言之，通过对两区域的技术发展水平指标拟合所得双 S 曲线模型进行分析，可以了解两区域技术发展的差距和基本走向，帮助后发区域选择合适的追赶时机。因此，本章选取双 S 曲线模型来进行人工智能相同时间不同区域发展差距的分析，进而准确掌握技术发展差距的基本走势以及中国实现技术赶超的时机选择。

4.1.3　数据来源

权威专利数据库德温特专利索引数据库（Derwent Innovations Index，DII）具有两大优势：一是数据全面、准确可靠，收录了世界上 70 多个国家及组织的专利数据；二是检索方式多样，用户进行检索时不仅可以使用关键词、国际专利分类（International Patent Classification，IPC）码检索等传统检索方式，还可以选择德温特手工代码检索方式。其中，德温特手工代码由索引专家编制，其对技术类别的划分更细致，指代性更精确，可以准确反映专利的主要内容及其所属技术领域。故本章以德温特专利索引数据库作为数据搜索来源对人工智能技术领域相关专利信息进行检索。

人工智能技术领域涵盖的技术多，各技术领域关键词难以确定，所以以各技术领域关键词作为检索信息直接检索人工智能全领域的专利信息易导致数据缺失和不准确。此外，一项专利可以在多个国家或地区申请保护，故存在一项专利拥有多项专利号的状况，以专利号（PN）作为专利所有权检索条件不能准确表现专利来源国信息。而通常情况下专利权人将在其所属或常住国家首次申请专利，所以首次申请信息和日期（PI：包括首次申请专利号和申请日期）中的专利号可作为判断专利来源的重要依据。相比在检索表达式中以 PN 直接作为限制条件划分专利来源国来说，以 PI 中的专利号作为划分条件更为科学严谨。因此，本章通过查阅文献资料确定的数据检索处理方法如下。

首先，在德温特专利索引数据库中对人工智能技术全领域专利技术进行检索，并确定以手工代码 MAN =（T01–J16* OR T06–A05A* OR X13–C15B*）作为检索式，时间跨度为 1963～2019 年。其次，将检索结果的所有信息以文本形式下载并导入 ACEESS 数据库。然后对 ACEESS 自建数据库数据进行初步处理，筛选出各条专利数据信息中 PI 所包含的专利号及申请年份。最后，对前一步的筛选结果进行查询操作，将年份作为分类依据、国别作为限制条件，整理得出全球和中国、日本、美国三国历年在人工智能领域技术专利的累计申请情况。

4.2　人工智能技术发展阶段划分

4.2.1　人工智能技术发展阶段划分的理论解析

为了更准确地了解中国人工智能技术不同时期的发展状况、更好地掌握人工智能技术整体的发展脉络及其在世界竞争中的格局,需要进一步对全球人工智能技术的发展历程进行阶段性划分。然而人工智能技术的发展历程起伏不定,如何划分人工智能技术从1956 年以来 60 多年的发展过程,学术界也有诸多讨论和争议。有部分学者将人工智能技术的发展历程划分为萌芽发展期(1956 年至 20 世纪 60 年代初)、瓶颈发展期(20 世纪 60 年代至 70 年代初)、应用发展期(20 世纪 70 年代初至 80 年代中)、低迷发展期(20 世纪 80 年代中至 90 年代中)、平稳发展期(20 世纪 90 年代中至 2010 年)、繁荣发展期(2011 年至今)6 个阶段[103, 104]。也有学者基于人工智能技术专利年度分布情况,得到人工智能领域专利申请和授权变化趋势,进而初步判断人工智能领域技术成熟度的变化趋势,将人工智能技术的发展历程划分为萌芽阶段(1956~1996 年)、成长阶段(1997~2010 年)和快速成长阶段(2011 年至今)3 个阶段[105]。然而这些阶段划分均是基于专家的经验判断或反复观察形成的,这种划分在一定程度上缺乏预测性数据的支持。因此,本章尝试将人工智能技术专利累计申请量作为人工智能发展水平的衡量指标,在技术生命周期的视角下,同时基于 S 曲线模型对人工智能技术的演化历程进行阶段预测和划分。

4.2.2 人工智能技术发展阶段划分及预测

根据整理得出的全球人工智能技术专利申请信息,做出人工智能领域 1965~2019 年专利累计申请量散点图如图 4-3 所示。1989 年前人工智能领域专利累计申请量不超过1000 件;1989~1999 年的专利累计申请量为 1000~10000 件;2000 年以后专利累计申请量的增长速度逐步加快并在 2014 年迎来专利申请累计量的快速增长期。

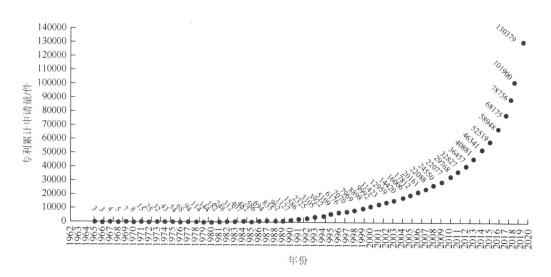

图 4-3　1965~2019 年人工智能领域专利累计申请量散点图

将专利信息数据导入 Loglet Lab4 软件进行拟合,得到人工智能技术演化的 S 曲线如图 4-4 所示,关键数据节点见表 4-1。

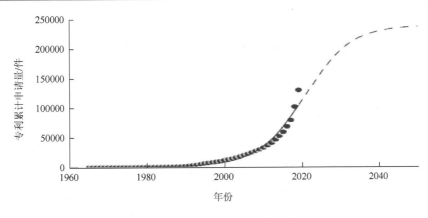

图 4-4 人工智能技术演化的 S 曲线

表 4-1 人工智能技术的关键数据点

项目	k/件	t_{10}/年	t_{50}/年	t_{90}/年
数据值	245700	1994	2014	2043

根据 S 曲线的特征并结合相关专利信息数据,可将人工智能技术的演化时期大致划分为以下 3 个阶段。

(1) 导入期:1956~1994 年,人工智能领域技术的专利累计申请量增长速度较为缓慢,处于技术发展初期。1956 年美国达特茅斯学院首次将人工智能确立为单独的研究方向和学科,之后人工神经网络模型的提出进一步推动了第一次人工智能研究浪潮的出现。该时期的研究内容以知识表达和启发式搜索算法为代表,许多研究人工智能领域的技术人员开发出各种人工智能系统并尝试将其投入市场商业化。但由于计算能力限制和硬件智能化实现程度不足,1960~1980 年多数人工智能项目被削减经费甚至停摆,人工智能的相关研究进入发展低谷[106]。

(2) 成长期:1994~2014 年,人工智能技术得到了新的突破和发展,专利累计申请量开始快速增长。由于网络技术特别是互联网技术的井喷式发展,人工智能相关研究由单个人工智能研究转向基于网络环境的分布式人工智能研究。在这个时期机器学习算法以及专家系统发展迅猛,推动人工智能领域研究迎来了第二次大的发展浪潮。

(3) 成熟期:2014 年至今,人工智能领域技术的专利累计申请量激增且发展势头强劲,相关技术有了极大突破,其中隐含的经济价值也逐步展露,参与进来的研究机构不断增多,相应的专利产出也不断提高。得益于云计算、大数据、移动互联网和深度学习等技术的兴起繁荣,极大地提升了计算能力和训练数据量,相关技术的飞速发展使得人工智能大幅缩小了研究与应用之间的技术鸿沟,诸如图像分类、无人驾驶、语音识别等人工智能技术实现了走出实验室并走向市场的重大突破,助力人工智能研究迎来第三次发展浪潮。

由拟合得到的人工智能技术 S 曲线还可以发现,从数据预测的趋势看,人工智能技术预计在 2043 年进入衰退期,最终该领域的专利累计申请量最大值为 245700 件。

4.2.3　中国人工智能技术发展的阶段性特征

在人工智能技术领域，中国在落后于技术先发国家 20 年的情况下，坚持政策推动、商业模式创新、二次创新、自主创新等技术创新战略，在部分人工智能技术领域实现了自主知识产权产出，达到了世界领先水平，在一定程度上实现了技术追赶。本章以 S 曲线模型为基础，划分出中国人工智能技术生命周期的各个阶段并对技术发展的区域性差异进行比较，分析中国实现部分人工智能技术的追赶条件与举措。为了更准确地把握中国人工智能技术的发展轨迹和特点以及在利用双 S 曲线进行人工智能技术的区域差距分析时拥有清晰、可参照的时间脉络，本章再次运用同样的方法模型对中国人工智能技术演化进行阶段性划分。

将整理得到的相关专利数据导入 Loglet Lab4 软件进行拟合，得到 1985～2019 年中国人工智能领域技术专利累计申请量散点图如图 4-5 所示，中国人工智能技术的 S 曲线如图 4-6 所示。

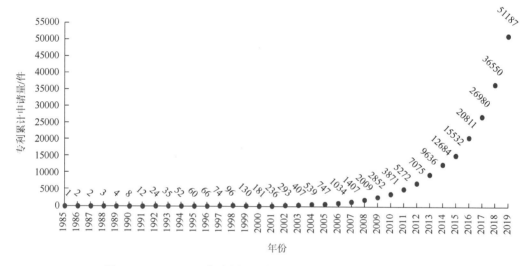

图 4-5　1985～2019 年中国人工智能领域专利累计申请量散点图

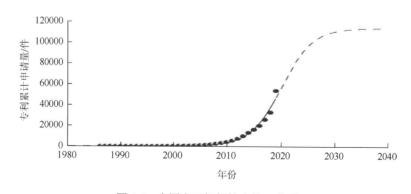

图 4-6　中国人工智能技术的 S 曲线

综合图 4-5、图 4-6 进行分析可以发现，中国人工智能技术在 2010 年左右进入成长期，成长期和成熟期的分界点在 2018 年，预计 2032 年前后进入衰退期，最终该技术领域最大专利累计申请量将达到 115000 件左右。目前，中国的人工智能技术仍有较大的发展空间和发展机遇，技术创新活跃。与此同时，越来越多的企业和研究机构也将涌入人工智能发展的浪潮中，竞争日益激烈。

4.3　人工智能技术发展的地域差异

在人工智能领域发展史上，美国和日本是最早发展人工智能技术的一批国家，具有较大的先发优势和有利的市场地位且技术发展水平一直都位列世界前沿。因此以美国、日本为参照对象，基于人工智能技术专利申请占比结构、RTA 指数分布、创新主体三项指标，并结合双 S 曲线模型来对比分析技术发展的区域差距变化趋势，深度剖析中国人工智能技术实现追赶的条件和举措。

4.3.1　技术专利占比

本章根据检索到的中国、美国以及日本人工智能技术专利信息计算出专利量占比情况，结果见表 4-2。

表 4-2　人工智能专利量占比（%）

时期	中国	美国	日本
导入期（1956~1994 年）	0.892	35.390	32.305
成长期（1994~2014 年）	22.634	43.584	13.869
成熟期（2014 年至今）	49.443	29.139	2.625

注：成熟期数据统计截至 2019 年，余同。

（1）导入期（1956~1994 年），人工智能技术专利多由美国、日本所申请，中国在该领域专利申请量极少。在此阶段，全球的人工智能技术专利申请累计量不超过 4000 件，其中约有 35%的专利由美国直接掌握。说明美国作为人工智能技术的发源地，拥有强大的研究基础和良好的市场环境，是人工智能领域的先行者和领导者。日本作为其早期跟随者，1967 年开始从美国引入机器人技术，紧接着不断深入发展人工智能技术并于 1969 年试制出第一台仿双脚行走的机器人，快速的投入发展使其在该阶段人工智能技术专利量占比超过 32%，取得了较大的技术优势，成为人工智能领域的准领导者。而此时中国作为后进者，存在市场环境低迷、技术基础薄弱、经济实力落后等问题，因此在人工智能领域专利申请量极低。

（2）成长期（1994~2014 年），美国已发展成为人工智能领域的绝对领导者。而中国借助技术学习，成为该领域的追随者，人工智能技术专利量占比不断提高并在部分技术上超过了部分先发国家。但由于中国进入该领域的时间较晚，与美国之间还是存在较大差距。

2014 年全球人工智能领域技术专利申请量累计已达 46341 件，相比导入期，实现了跨越式增长。在该阶段，美国的专利量占比为 43.584%，中国的专利量占比上升至 22.634%，而日本只占 13.869%。说明在成长期，中国在人工智能领域已有较大的专利量占比，正快速缩小与美国等发达国家的技术差距。

（3）成熟期（2014 年至今），中国在人工智能的部分领域已实现技术追赶，专利量占比约为美国的 2 倍，日本的 18 倍。该阶段人工智能领域的全球专利累计申请量有了更大幅度的增长，在 2019 年专利量激增到 130379 件，约是导入期的 33 倍，成长期的 3 倍。此时，美国人工智能领域的专利量占比降至 29.139%，日本的专利量占比降至 2.625%。而中国的专利量占比上升至 49.443%，较前一阶段有大幅上升，远超美国、日本等国家，位居人工智能领域技术专利量占比之首，这说明中国在一定程度上实现了对美国、日本等先发国家的技术追赶。

分析人工智能技术的专利量占比结构可知，在人工智能技术的导入期，中国整合优势资源学习吸收基础技术从而拉开人工智能技术追赶的序幕。在人工智能技术的成长期，中国利用后发优势实现了在人工智能领域对部分先发国家的技术追赶。在人工智能技术的成熟期，中国利用长期技术经验累积，全面实施人工智能技术的追赶并实现了众多突破，进而成为人工智能领域技术的领先者。

4.3.2　显性技术优势指数差异

显性技术优势（RTA）指数即某区域在该技术领域的专利占比除以同一时期该区域所有技术领域专利总量所得的占有份额。当 RTA 指数大于 1 时，说明该地区在相应的技术领域具有技术优势；当该指数小于 1 时，说明该地区在某技术领域处于相对劣势的地位。在检索相关文献后发现，人工智能领域核心技术主要包括语音识别、计算机视觉和图像识别、机器学习和基础算法、自然语言处理、智能机器人及自动驾驶等技术。因此，本章通过检索相关技术的专利申请量计算出 1956～2019 年各类技术的 RTA 指数，结果见表 4-3。

表 4-3　1956～2019 年人工智能专利的显性技术优势（RTA）指数

类型	专利量占比/%	中国	美国	日本
1956～1994 年（导入期）				
语音识别	27.66	0.722949	1.283912	0.833075
计算机视觉和图像识别	11.98	0.238419	0.583166	0.638859
机器学习和基础算法	0.25	0	1.130259	0.928650
自然语言处理	10.73	0.624274	1.298696	1.224404
智能机器人及自动驾驶	0.92	0	0.627922	1.031834
1994～2014 年（成长期）				
语音识别	42.12	0.545311	1.165032	0.811772
计算机视觉和图像识别	14.49	0.873484	0.6509	1.753695

续表

类型	专利量占比/%	中国	美国	日本
机器学习和基础算法	3.26	0.769179	2.136324	0.313637
自然语言处理	16.79	1.354861	1.331777	1.226081
智能机器人及自动驾驶	2.13	1.252598	0.854463	0.446927
2014 年至今（成熟期）				
语音识别	18.98	1.173165	0.935948	1.317131
计算机视觉和图像识别	13.89	1.425464	0.671664	1.485111
机器学习和基础算法	31.28	0.964405	1.436752	0.830025
自然语言处理	8.32	1.527618	1.154502	0.767997
智能机器人及自动驾驶	10.78	0.991123	1.713646	0.295741

（1）导入期，中国人工智能领域各项关键技术发展均处于起步阶段，RTA 指数均低于 1，主要原因是中国进入人工智能领域的时间较晚。同时机器学习和基础算法以及智能机器人及自动驾驶这两项关键技术的 RTA 指数为 0，说明该时期中国尚未进入这两个技术领域。而美国语音识别、机器学习和基础算法、自然语言处理的 RTA 指数均大于 1，由此可见美国是该时期人工智能领域技术的绝对领导者。日本自然语言处理、智能机器人及自动驾驶的 RTA 指数均大于 1，说明日本在人工智能部分技术领域已取得先发优势，是部分技术的先行者和准领导者。由此可见，在此阶段美国和日本掌握了全球人工智能领域的主要技术，而中国处于相对劣势地位。

（2）成长期，中国人工智能技术的 RTA 指数总体较导入期有较大增长，并且自然语言处理、智能机器人及自动驾驶这两个技术领域的 RTA 指数均大于 1，处于优势地位。在该时期通过导入期采用的技术跟随模式积累足够的技术经验，利用后发优势，二次创新从日本、美国等发达国家引入先进的技术，消化吸收后实现了人工智能领域的部分技术突破。

（3）成熟期，美国在机器学习和基础算法这一核心技术领域仍处于优势地位。但中国在语音识别、计算机视觉和图像识别、自然语言处理这三个技术领域的 RTA 指数均大于 1。由此表明，虽然中国在核心算法方面仍与美国有一定差距，但在更偏向于产业化应用的技术领域已走在世界前列。中国在成长期取得局部技术突破的基础上，对创新能力进行了增强和延展，通过自主创新实现更深层次的技术追赶和突破，摆脱了受制于先发国家的劣势地位。

对各阶段人工智能技术 RTA 指数进行对比分析，算法技术作为人工智能领域的核心技术具有较高的技术壁垒，而中国作为后发国家在实施人工智能技术追赶的过程中，在导入期基本都采取模仿创新的方式，即引入先发国家的先进技术，重点发展人工智能领域应用层的关键技术，积累一定的技术经验后在成长期取得局部突破。在成熟期时主要利用自主创新，将发展重心逐步转向算法研发，进而实现了更深层次的技术赶超和突破，在语音识别、计算机视觉和图像识别等领域取得了明显优势，并缩小了与美国在核心算法上的差距。

4.3.3　技术创新主体分布

基于相关专利数据，整理并排列出中国、美国、日本三国市场的人工智能技术主要创新主体及其专利申请量，结果见表4-4。

表4-4　中国、美国、日本三国人工智能专利申请前20位的专利权人及专利申请数量（截至2019年）

中国		日本		美国	
专利申请人	数量/件	专利申请人	数量/件	专利申请人	数量/件
国家电网公司	1030	日本电报电话公司	576	国际商业机器公司	4489
浙江大学	720	日本东芝公司	537	微软公司	1294
腾讯科技有限公司	714	富士通有限公司	488	英伟达公司	992
西安电子科技大学	648	日立制作所	373	谷歌股份有限公司	744
电子科技大学	616	日本电气公司	354	三星电子公司（韩）	485
北京航空航天大学	576	索尼公司	237	康卡斯特公司	459
天津大学	524	佳能公司	235	英特尔公司	403
清华大学	511	三菱电机公司	230	亚马逊技术公司	347
东南大学	491	松下电器公司	212	西门子股份公司（德）	339
平安科技有限公司	485	理光株式会社	200	施乐公司	302
华南理工大学	477	富士施乐有限公司	196	纽昂斯通讯公司	281
阿里巴巴集团公司	455	微软公司（美）	165	富士通有限公司（日）	278
南京邮电大学	435	国际商业机器公司（美）	149	甲骨文国际公司	271
上海交通大学	384	西门子股份公司	129	思爱普股份公司（德）	247
北京工业大学	366	夏普株式会社	127	高通公司	237
广东工业大学	361	飞利浦公司（荷）	122	惠普发展有限公司	236
百度公司	359	丰田汽车公司	111	通用电气公司	235
浙江科技大学	340	高通公司（美）	104	索尼公司（日）	217
微软公司（美）	334	欧姆龙集团	101	日本东芝公司（日）	213
杭州电子科技大学	332	明电舍株式会社	94	脸书公司	209

从表4-4可以看出，截至2019年，在美国、日本国内申请人工智能技术专利的创新主体前20名均为企业，并且其中不乏外国企业。而在中国人工智能技术创新主体专利申请量前20名中只有微软1家国外机构，并且绝大部分是大学，企业数量偏低。由此可见，中国、美国、日本三国人工智能技术创新主体的类型存在巨大的差异。美国、日本以企业为主导进行技术创新，不仅注重本国专利市场，还在世界其他重要区域如中国等进行专利布局，更是吸引了德国、韩国等国的高科技企业如三星、西门子等公司到美国、日本市场进行专利技术布局，以期在市场运作和竞争过程中促进人工智能技术的开发和革新。而中

国则是以高校为主导进行技术创新，侧重将教育和科技创新相结合，最大化利用高校这种学术氛围浓郁和知识积累丰富的创新环境、处于技术研究前沿的人才资源，进而促进人工智能技术的开发和革新，提升专利产出。

4.3.4　技术发展的双 S 曲线特征

将整理得到的中国人工智能专利数据分别与美国、日本的人工智能专利数据通过 Loglet Lab4 软件进行双 S 曲线拟合，分别得到中国与美国、中国与日本的人工智能技术发展差距双 S 曲线，如图 4-7、图 4-8 所示。

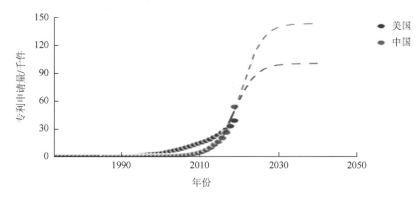

图 4-7　中国与美国人工智能技术发展差距的双 S 曲线

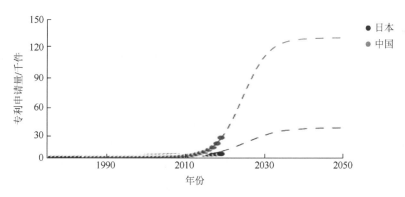

图 4-8　中国与日本人工智能技术发展差距的双 S 曲线

从专利搜索的结果看，中国最早的人工智能专利申请数据在 1985 年出现，而美国早在 1965 年就拥有了人工智能技术的专利产出。美国人工智能技术起步比中国早 20 年，这与美国雄厚的科技和经济实力密不可分。作为世界排名首位的科技与经济强国，美国在互联网、计算机等技术领域一直处于全球领先地位，而人工智能技术是计算机科学中的一个分支，其发展程度与计算机科学和技术的发展基础有直接关联，这奠定了美国在人工智能技术发展前、中期的领导地位。此外，美国作为最早开展人工智能技术研究的国家之一，一直引领着全球人工智能技术的发展趋势，因此，其技术起步阶段快于中国。虽然中国的专利产出比美国晚 20 年，但是由于技术瓶颈的限制，美国的专利申请数量在 1992 年之前都不多，先发优势并不明显，所以两者在前期的差异并不显著。美国的人工智能技术在 1992～2010 年开始迅速发展且发展速度不断加快，而中国在 2010 年之前一直处于人工智能技术发展的萌芽期（1985～2010 年），发展进程十分缓慢。因此，这一时期中国与美国在人工智能领域的差距不断扩大且在 2010 年达到峰值，专利数量差距约 1.1 万件。但中国在经历了长期技术跟随的萌芽期以及以二次创新为重点的成长期（2010～2018 年）后，充分利用后发优势，在 2018 年中国的人工智能技术专利数量开始超过美国。若这个发展趋势能够得到有效保持，中国的人工智能技术专利产出将在未来较长时间内处于领先状态。

从专利搜索的结果看，日本在 1975 年首次出现人工智能技术专利产出，比中国早 10 年。虽然日本作为人工智能技术的追随者和准领导者，在人工智能领域具有较大的先发优势和较高的发展水平，但是日本的专利申请数量一直比较稳定，且发展较平缓，2005 年，中国和日本人工智能技术发展达最大差距，专利数量差约为 5300 件，是中国和美国最大人工智能技术发展差距的一半。两者在发展趋势保持稳定的前提下，中国将在一定程度上保持领先。

对中国和美国、中国和日本人工智能技术发展差距双 S 曲线的分析可知，由于人工智能技术发展具有长周期性的特征，美国和日本的先发优势并没有导致永久技术垄断的局面形成，这也为中国实现对先发国家的技术赶超提供了机会窗口。与此同时，中国在本国人工智能技术发展的萌芽期，通过技术追随渐进性积累技术经验以及成长期采取如二次创新等的创新模式等技术追赶举措，都为中国实现人工智能技术专利产出激增和完成技术追赶奠定了基础。

4.4　结果讨论：中国人工智能技术赶超中的驱动因素

实践结果证明，中国人工智能技术选择了正确的发展路径，不仅最大限度地利用了后发优势，较短时间内实现了技术突破；还精准地抓住了人工智能发展多阶段性和长周期性的特点所带来的机会窗口，在人工智能技术发展进入衰退期之前成功实现技术赶超。为了更深层次地剖析中国在人工智能领域进行技术追赶的经验和规律，由与美国、日本的人工智能技术区域发展差异分析入手，本节从技术演化轨迹、技术追赶时机和政策驱动三个视角探究中国人工智能技术进行技术追赶的因素。

4.4.1　技术演化轨迹

中国之所以能在人工智能部分技术领域实现技术赶超，与人工智能技术自身的发展特征有着密不可分的关系。对人工智能技术发展的 S 曲线进行分析可知，人工智能技术发展具有显著的长周期性和多阶段性特点。在导入期人工智能技术发展缓慢，即便是对于具有先发优势的美国、日本这些发达国家，人工智能技术在发展的前期也成效甚微，这也为中国实现技术赶超提供了机会窗口。不仅如此，如果在考虑技术路径依赖特征的情况下，那么对旧技术的投入很可能会阻碍新技术的研发和应用。虽然大量的新兴技术最初主要出现在发达国家，但这些新技术的发展和应用很可能在某些发达国家中受阻，这是因为对原有技术的大量投资是不可逆转的[107]。这表明新技术很可能在对旧技术路径依赖较小的后发国家得到快速扩散和应用。与此同时，随着新技术的扩散，大量用户的动态反馈和相应的工艺改进很可能会将新技术的优势转移至技术发散较快的国家（后发国家）[108]，为后发国家实现技术追赶提供了可能。根据人工智能技术发展的特性，其发展前期技术研究的阶段性缺失并未导致先发国家永久垄断相应技术发展的局面形成。虽然大量新技术最初在先发国家出现，但后发国家受既有技术体系的路径依赖效应影响较小，因此能比先发国家更快适应新技术发展的条件和要求，反而为后发国家提供了后发优势。中国向技术领先者学习，既可以规避研发风险，减少研发成本，获得溢出效应，又能在学习引进技术的基础上进行二次创新[98]，进而在技术创新能力得到渐进性累积的条件下在人工智能技术发展的成熟期完成技术追赶。

相比之下，由于汽车制造领域技术没有类似于人工智能技术的长周期性和多阶段性特征，所以中国在汽车制造领域很难实现技术赶超。虽然 1986 年中国就将汽车产业列为支柱产业，并在国家政策支持体系中一直占据重要地位，但中国汽车产业不仅存在创新能力不足、核心技术和配件组装对外依赖度极高等问题，还存在国产汽车品牌边缘化、市场竞争力低等发展瓶颈，后发优势远小于后发劣势。在该领域，先发国家已占据了技术的制高点，技术垄断的局面已然形成，由于"赢者通吃"的效应，无论后发国家怎样努力都难以缩小与发达国家之间的技术差距[108]，中国作为后发国家难以突破技术发展瓶颈实现技术追赶。因此，中国能在人工智能技术部分领域实现技术发展和突破，完成技术追赶，不仅与中国的发展举措息息相关，也与人工智能技术本身的发展特点密不可分。

4.4.2　技术追赶时机

中国选择在人工智能技术发展导入期尾端进入该领域，在一定程度上为中国实现技术追赶奠定了基础，使中国能顺利跟上人工智能技术的发展并准确地把握住了机会窗口。有研究表明，如果后发国家能较早进入新兴技术领域，可积累丰富的技术经验并建立知识目录[109]，参与主导技术的规范设计[110]，抢占市场份额，从而获得先发优势[111]；但同时也面临较大技术不确定性、成本风险、动态市场等技术研发风险。如果后发国家进入新兴技术领域的时机较晚，虽可以通过模仿学习、技术引进和资源利用降低技术追赶的风险和成本[112]，但面临较高技术壁垒核心技术获取受阻、市场份额低等后发劣势[113]。因此，选择恰当的追赶时机对后发国家的技术追赶能否实现尤为重要。

导入期的全球人工智能技术体系还处于较低级的状态，科技知识大都停留在公共知识和实验室阶段，技术壁垒和知识接受的难度都较低，在这一阶段，几乎所有国家的技术水平"都在同一起跑线上"[114]。同时市场和生产率提升空间极大，潜在利润极高，这些都为中国实现技术追赶提供了机会。不仅如此，由于中国的进入时间在导入期后期，此前先发国家的探索为中国提供了经验参考，也降低了中国获取技术知识以及管理经验的成本，因此中国能迅速地进入人工智能技术研究的体系之中并实现追赶。

4.4.3　政策驱动

在政策驱动上，中国结合自身国情，根据人工智能技术不同的阶段性特征，在各阶段颁布了具有针对性的助推政策。在这种政策体系的调控下，中国人工智能技术逐步发展，并在中国人工智能技术的成熟期实现技术突破，进而实现对美国、日本等技术强国的技术追赶。

中国人工智能技术发展的导入期主要以技术追随为主，侧重引进国外先进技术、强调技术运用和技术人才的培养。如中国自 1980 年起派遣大批留学生赴西方发达国家学习新知识、新技术，研究现代化科技，其中也包含人工智能和模式识别等学科领域。这些人工智能"海归"人才，如今已成为中国人工智能领域研发与应用的中坚力量，为中国人工智能领域的发展做出了举足轻重的贡献。

中国人工智能技术发展成长期的相关政策重心在于消化吸收引入技术、商业模式与技术共同创新以及科技成果的转化。通过对导入期积累的技术经验进行消化吸收后，再进行二次创新，强调自主研发能力的提升，避免被锁定在价值链低端位置。例如中国在 2015 年颁布的《中国制造 2025》中强调"建立一批产业创新联盟，开展政产学研用协同创新，攻克一批对产业竞争力整体提升具有全局性影响、带动性强的关键共性技术，加快成果转化"[115]；国务院印发的《新一代人工智能发展规划》中强调鼓励产品研发以人工智能技术为重点应用，使商业模式能够与人工智能技术共同创新发展，促进创新产品这一新兴产业生态的培育，合理打造人工智能产业链，开发智能机器人、智能运载工具、智能终端、智能软硬件等具有重大引领和带动作用的人工智能产业[116]；国家发改委等四部门在《"互联网＋"人工智能三年行动实施方案》中提出通过多条保障措施更深层次发展人工智能这一新兴领域技术，大力推进终端产品智能化水平提升项目，建立人工智能产业生态链，打造大规模的人工智能技术应用市场。

中国人工智能技术进入成熟期后侧重于核心技术的研发，以巩固后发优势，实现技术追赶。颁布的政策主要是围绕核心技术开发，共同推动应用技术研究、软硬件技术开发、共性技术、人工智能基础理论、支持开源软硬件平台及生态建设等，例如在《促进新一代人工智能产业发展三年行动计划（2018—2020 年）》中提出加强研发人工智能的算法库、开发框架、工具集，鼓励建设开源开放平台，研发出具有人工智能特质的软件是中国人工智能发展计划之一[117]。

4.5　本　章　小　结

本章利用在德温特专利索引数据库检索到的专利数据，使用 S 曲线中的 Logistic 模型分析国际和中国人工智能领域的技术发展轨迹，并基于双 S 曲线模型，借助专利占比结构、RTA 指数等指标对比分析中国与美国、日本两个先发国家的人工智能技术发展状况，探究中国在人工智能领域实现技术追赶的重要影响因素，主要得到以下结论。

（1）人工智能技术特殊的发展特征为中国实现技术追赶提供了巨大的机会窗口。以往研究表明，高技术机会、低专有性和低累积性是进入壁垒相对较低的技术发展条件[118,119]，而从人工智能技术的 S 曲线看，人工智能技术正呈现出萌芽期持续时间长、增长慢、阶段性强的发展特征。相比之下，如汽车制造等技术的发展则不具备这样的发展特性，技术发展成熟快、阶段性模糊，使得后发国家难以打破先发优势实现技术追赶。

（2）正确地选择进入时机增加了中国实现人工智能领域技术追赶的成功率。中国在人工智能技术发展的导入期尾端进入该领域，此时技术垄断尚未形成，中国抓住了机会窗口，利用后发优势成功实现弯道超车，既保持了较小的技术差距又规避了一定的研发成本和风险，最终成为该领域的领先者。

（3）政策与技术协同演化，高效助推技术追赶进程。纵观中国人工智能技术发展的整个过程，政府政策和技术发展的协同演化发挥了很大作用。在萌芽期，人工智能技术的发展主要依靠技术引入，模仿先发国家；而到了导入期，政策多激励企业进行二次创新，将引入的先进技术进行内化；成熟期则开始加大自主创新的程度，技术追赶不再只集中于低价值链环节中，而是侧重于通过提升自身的技术能力以实现技术追赶。

第 5 章　中国企业先进制造技术赶超中的能力跃升

对后发经济体企业怎样才能成功追赶甚至超越领先企业的技术发展水平这一问题的探索，实际上是一个宏观增长动力与微观技术路径相结合的领域，既需要以微观技术进步的模式作为宏观赶超的路径机制，更需要以宏观赶超的要素条件和阶段性战略导向作为微观主体的技术发展依据和方向。无论是后发经济体企业技术赶超的动力机制还是路径模式，现有研究都进行了较为深入的讨论，但这一理论框架对处于制造业转型升级大背景下的中国先进制造企业是否适用仍需进一步讨论。另外，已有研究注意到先进制造业可能是后发企业实现技术赶超的最优行业选择，探讨了产业中技术演化的非线性特征及机会窗口，以及在赶超使命约束下先进制造业中企业资源基础、创新战略、商业模式等要素的交互作用如何推动技术向国际前沿收敛，但对中国先进制造企业技术能力跃升的阶段特征、路径选择以及情境条件等问题缺乏进一步的探索。

基于此，本章使用纵向单案例分析与隐马尔可夫模型相结合的研究方法，以三一重工股份有限公司为案例研究的样本企业，识别中国先进制造企业技术赶超中能力跃升的阶段特征，并根据阶段划分探索企业技术能力跃升的路径选择以及情境条件，尝试探讨如何解析中国先进制造企业技术赶超中资源与能力累积演化历程，识别企业技术能力跃升的阶段特征与路径选择，并从中提炼出影响后发企业技术赶超效果的情境条件，为国家和企业制定相关政策与赶超战略提供依据。

5.1　技术追赶阶段、行业属性与能力依赖

5.1.1　技术追赶阶段与能力依赖

1. 技术追赶与赶超中的驱动因素

发展经济理论认为后发企业与领先企业的经济差距从根本上归因于技术水平的差距，后发企业通过技术赶超可以缩短甚至反转与先发企业之间的技术差距[120]，最终实现技术进步与经济增长。后发企业的技术赶超有着丰富的内涵，主要包括技术赶超的起源、技术赶超的主体以及技术赶超的分类[121]。

（1）技术赶超的起源。技术赶超的理论思想起源于宏观视角下经济增长理论中技术进步对经济增长的决定性作用的探索，并逐渐向技术进步的内生动力、生产效率收敛和技术模式转变等微观视角延伸[122]。早期的研究基于西方工业国家的经济赶超现象从外生性技术进步的角度出发，将技术进步作为一个主要的解释变量，用以建立技术进步与经济增长之间的连接，并由此提出了技术赶超的概念[123]。随着研究的深入与推进，外生性技术进

步对经济增长动因解释的局限性开始浮现，于是研究者们开始从微观视角探索后发企业技术赶超的内生动力与模式转变等问题，以期更好地解释后发企业与领先企业之间的发展动态变化与位置交替[124]。后发企业技术赶超的内生动力包括经济收敛、后发优势、制度转型和技术移植等，这些因素与市场需求和国家发展战略有机结合，共同驱动后发企业技术赶超与经济增长[125]。差异化的资源基础和驱动力形成机制决定了差异化的技术赶超模式，选择不同的技术赶超模式会产生不同的技术赶超效果，但无论是以固定轨道为前提的"引进—消化—吸收"，还是以技术演变非连续过程为前提的"破坏性技术创新"，均受到内生决定变量和外生情境的双重制约[126]。总体来看，后发企业的技术赶超包含追赶和超越，技术追赶是后发企业借由后发优势缩短与领先企业之间技术差距的动态过程，技术超越是后发企业通过对前沿技术的引进、模仿与自主创新实现赶超的最终目标，二者共同推动后发企业的技术进步与经济增长[127]。

（2）技术赶超的主体。技术赶超的主体是后发国家或企业，技术赶超的对象是先发国家或企业。后发国家或地区即后发经济体，代表在某一特定时期内经济和技术水平相对落后的国家或地区[128, 129]。先发国家或地区即先发经济体或前沿经济体，代表在某一特定时期内经济和技术水平相对领先或处于前沿的国家或地区[14]。后发企业与先发企业是一对广义的、相对动态的概念，表征特定时期内经济和技术发展水平的差异性[130]。从宏观上讲，后发企业与先发企业在时间和空间维度上存在经济水平的差距，后发企业借助后发优势与自主创新带来的超高经济增长速度与机会窗口可以缩短甚至反转与先发企业的经济差距[57]。就微观而言，后发企业与先发企业在市场和技术层面面临不同的需求与进步空间，先发企业因为创新成本高、创新风险大、技术黏滞性强等特征导致其技术进步空间狭小、经济增长速度缓慢，这为后发企业实现技术赶超提供了可能[131]。近年来有研究对后发企业技术赶超主体与对象的定义进行了补充，认为技术赶超的主体为后发企业，但技术赶超的对象可以是先发企业或领先企业，也可以是后发企业自身技术发展的不同阶段[132]。这些研究拓展了对后发企业技术赶超主体与对象的概念界定，为衡量后发企业技术赶超的成效提供了新的方向。

（3）技术赶超的分类。后发企业的技术赶超按照路径选择的不同可以分为跟随型技术赶超与颠覆型技术赶超，选择不同的赶超战略与模式会带来差异化的技术赶超效果[99, 133]。跟随型技术赶超是指后发企业在原有的技术轨道上赶超先发企业，这种模式以技术引进、模仿以及模仿基础上的再创新为主要技术进步路径，充分利用后发优势带来的技术进步速度实现对先发企业的赶超[134]。该模式适宜于技术基础薄弱、市场占有率低的后发企业[135]。颠覆型技术赶超是指后发经济体将技术进步与技术创新相结合，通过抓住产业升级带来的机会窗口实现对先发企业的技术赶超。这种破坏性创造新技术轨道的技术赶超模式大多出现在资源要素禀赋丰富、技术创新意愿强烈的后发企业的技术赶超进程中[97]。

2. 技术赶超的长期性与驱动因素动态变化

（1）技术赶超历程的长期性。企业技术赶超是一个长期、动态的过程，不同时期会有不同水平的资源要素储备与技术知识积累。从时间进程上看，后发企业的技术赶超往往会经历战略与资源准备、快速追赶与后追赶三个阶段[1]。首先，在战略与资源准备阶段，后发企业借助市场和技术方面的双重后发优势积累原始技术资源并制定适宜的技术赶超战略目标，通过加大固定资本与人力资本的前期投入来推动对行业内成熟技术的引进吸收与模仿学习，进而实现规模经济与高速发展[136]；当后发企业完成了原始资源的积累与赶超战略的准备后，企业的技术赶超开始步入快速追赶阶段，此时企业的经济增长速度不断加快、技术掌握程度不断提高，其技术进步的模式也由"引进—模仿"向"引进—二次创新"转变[137]。随着技术赶超历程的推进，后发企业的技术能力接近国际前沿，其后发优势带来的边际收益显著下降，技术赶超进入缓慢靠近前沿技术的后追赶阶段。这一阶段企业面临"引进—落后—再引进"的技术追赶困境，只有通过自主研发与技术创新才有可能缩短甚至反转与领先企业的技术差距，创造打破技术赶超瓶颈的可能[52]。从产业或经济体相对地位动态演化视角看，后追赶阶段是后发企业技术追赶过程中的必经阶段[138]。在后追赶阶段中，基于环境、市场及技术能力相对位势等的变化，后发企业需要重新审视技术追赶机会窗口选择、阶梯化跃迁等问题[139~140]。这也促使企业寻找突破型技术追赶方式，实现从"外部依赖"型追赶向"内生创造"型追赶的转换[141]。

（2）技术赶超驱动因素的动态变化。后发企业技术赶超的实现会受到外生可行性因素、内生性条件因素与制度因素的影响。这些因素分别从主观与客观的角度决定后发企业技术赶超的进程与效果[142]，为后发企业制定技术赶超战略、选择赶超模式、增强赶超动力等提供了理论依据[143]，也在一定程度上解释了后发企业在技术赶超中遇到的驱动与制约[144]。

企业技术赶超的可行性影响因素主要体现在技术差距与后发优势两个方面，二者分别从宏观与微观的维度影响后发经济体技术赶超的进程[58]。技术差距主要体现在空间与时间两个方面，空间技术差距是后发企业与先发企业之间在某一特定时期内技术水平的差异性；时间技术差距是某一后发企业在不同发展阶段技术进步速度的差异性。空间层面的技术差距促进后发企业的技术引进与扩散进而带来技术赶超的机遇，时间层面的技术差距推动后发企业新老技术更迭的多点持续发生进而加快后发企业的技术进步速度，空间技术差距与时间技术差距共同为后发企业技术赶超的阶段性转换提供逻辑基础[145]。有研究从技术差距的思想出发提出了后发优势理论，认为后发企业可以直接引进和利用先发企业已有的先进技术、知识和管理经验，在减少试错成本与研发风险的基础上转化为自身高效率的产能，为企业技术赶超提供潜在的相对优势[146]。后发企业技术赶超中的后发优势主要体现在技术模仿与技术创新成本投入的差异性，以及技术发展轨迹和技术进步路径选择的借鉴性上，二者均可加快企业技术赶超的速度和效率。也有研究指出，后发优势对企业技术赶超进程的影响不总是促进作用，这种影响会因企业技术赶超阶段的转变而呈现相应的变化[147]。具体表现为，后发企业在远离技术前沿时可以凭借后发优势加速技术进步，但在接近或处于技术前沿时，后发优势的促进作用会因为技术引进成本增加与技术扩散空间变小而逐渐消失殆尽甚至产生抑制效应。后发优势理论为后发企业在技术差距较大时的技术赶超提供了可行性理论支持，但后发优势的释放能力会随着企业间技术差距的缩小而逐渐趋缓，始终无法消除后发企业与先发企业之间技术差距的"最后最小距离"[148]。

企业技术赶超的条件性影响因素主要有资源积累与投入、行业结构特征与技术能力水平。早期的大推动理论、内生增长理论等揭示了后发企业技术进步与资源积累之间的联系,资本资源与人力资源的投入是企业资源积累的主要表现形式,资本的投入与积累可以促进技术的购买、引进和研发,进而为后发企业技术赶超的起步与发展提供生产要素准备,而人力资源积累对后发企业技术赶超的作用主要体现在劳动生产率和技术水平上[149]。新结构经济学理论指出后发企业技术赶超的发展对行业结构特征存在很强的依赖性[150],不同行业技术赶超的模式、路径与效果存在一定的差异。后发企业在不同行业中的技术赶超应符合其要素禀赋结构特征,否则易导致资源配置的结构矛盾甚至减缓技术赶超的进程。技术能力是技术赶超的基础,后发企业技术赶超的阶段发展取决于技术能力的不断积累与升级,技术能力通常具有选择、模仿、吸收、创新四个层次,分别对应后发企业技术赶超的不同阶段并影响着技术赶超的阶段性动态效应。

制度环境在后发企业技术赶超进程中是一把双刃剑,适宜的政府制度体系能够不断调动技术水平的发展活力同时为技术进步提供必要的制度保障,不当的制度因素会将技术赶超路径锁定于较低水平并制约技术发展阶段的升级。制度体系的建立是政府干预的直接手段,主要体现在技术资源分配、竞争环境调节以及知识产权保护三个方面[151]。后发企业与先发企业的技术差距源于技术资源的多寡,因此技术资源的分布是否均衡与合理直接影响到后发企业的技术变迁轨迹,政府的制度体系可以引导技术资源的分配与流动进而激发和形成某种具有赶超潜力的技术杠杆[152]。后发企业与先发企业的竞争环境复杂而多变,仅依赖市场规则自主竞争易引发"低端锁定"与"市场失灵"等问题,政府可以在市场竞争基础上制定适宜的引导政策与制度体系,推进建立公平、开放、有序的竞争环境。良好的竞争环境可以激发不同经济体之间的技术扩散和转移,并为后发企业的技术赶超提供坚实的条件基础与广阔的机遇空间[153]。

5.1.2　技术能力驱动赶超中的行业差异

行业特征是影响后发企业技术赶超进程重要的外生性因素。后发经济体中不同行业的技术赶超轨迹与赶超效果存在差异,优先选择适宜的行业进行技术赶超有助于后发经济体在某一领域内实现技术领先,进而带动其他行业的技术进步与整体的经济增长。早期对后发经济体技术赶超中行业选择的研究主要以巴西、俄罗斯、印度、南非等新兴经济体国家为讨论对象[154],随着中国企业赶超美国、德国、日本等发达国家企业的事例与日俱增,越来越多的研究开始关注并聚焦于中国企业技术赶超的行业选择。

1. 新兴经济体技术赶超的行业选择

新兴经济体技术赶超大多发生在农牧业、采矿业、制造业和军工业等领域,选择这些行业进行技术赶超主要源于资源禀赋的积累和国家制度与政策的支持。巴西虽拥有富饶的土地资源、生物资源、水资源与适宜的自然气候,却面临农业资源利用率低、经济发展不均衡等难题，曾经是世界上最大的粮食进口国。1995年，巴西政府出台了土地改革计划、家庭农业支持计划等一系列农业政策，并引进了生物技术、转基因技术等新型农业技术，这些举措与得天独厚的自然资源共同推动巴西农牧业实现了技术赶超[155]。南非的矿产资源丰富，国家鼓励自主研发高效、安全、低成本的采矿技术并大力扶持采矿业的发展，使得南非的多项采矿技术在全球范围内取得了领先地位。印度在20世纪60年代早期开始选择制药行业对欧美国家进行技术追赶，最终技术赶超得以实现主要得益于巨大的市场需求、政府的强力推动以及仿制药的创新转型。印度的软件产业同样经历了漫长的技术赶超历程，凭借政府扶持政策的有效引导、决策定位的得当准确以及有限资源的汇聚，奠定了其软件开发技术的领先优势[156]。俄罗斯的自然资源丰裕但资本和劳动力相对短缺，其经济的比较优势在于发展以油气行业为代表的资源型产业，俄罗斯的核工业、军工业、航天工业等也是其进行技术赶超的重要行业选择，依靠对外合作与政府扶持结合的相对自治、独立的方式来支持工业的运作和发展[157]。

总体来看，新兴经济体技术赶超中的行业选择主要集中在农林渔牧业、传统制造业和采矿业等相对成熟的产业领域。在这些行业中实现技术赶超大多依赖于原始资源禀赋积累、政府政策扶持与引进吸收创新。正因如此，新兴经济体中不同的国家倾向于选择不同的行业进行技术赶超，充分发挥先天的技术资源优势。

2. 中国技术赶超的行业选择：先进制造业

后发企业的技术赶超不仅发生于成熟产业，也可能发生在处于快速成长期的行业如先进制造业，尤其是对着力从制造大国向制造强国转型升级的中国来说，选择先进制造业对欧美等发达国家进行技术赶超，可能面临巨大的潜在比较优势和更多的机会窗口。先进制造业是指不断吸收电子信息、计算机、机械、材料以及现代管理技术等方面的高新技术成果，并将这些先进制造技术综合应用于制造业产品的研发设计、生产制造、在线检测、营销服务和创新管理的全过程，实现优质、高效、低耗、清洁与灵活生产并取得很好经济社会和市场效果的制造业总称[158]。由于先进制造业知识技术密集，技术和市场都存在极大的不确定性，尤其是对于身处制造大国向制造强国转型大背景下的中国企业，先进制造业会带来更多潜在的比较优势[15]，成为摆脱全球价值链低端锁定，实现价值链攀升、市场突围和技术追赶的可能路径[159]，也是布局高梯级技术、创造追赶路径的关键条件[160]。此外，先进制造业中的技术追赶与后发追赶情境下中国企业技术追赶的范式转变高度契合。先进制造业技术追赶的源泉在于自主知识，依赖于基于科学的技术体制和高强度学习机制的自主创新模式[149]。中国企业需要抓住先进制造技术非线性迭代机会窗口，突破"引进—消化—吸收"的超越模式[17]，应用独特市场系统和制度系统支撑才能实现技术赶超[18]。

现有关于中国先进制造业技术赶超的研究主要集中在国家政策激励、行业技术特征与企业技术能力成长等方面[161]。这些研究分别从宏、微观的视角探讨了中国企业选择先进制造行业进行技术赶超的理论依据，以及实现技术赶超的可能努力方向。首先，中国制造业大而不强的现状没有发生根本性改变，积极寻求从制造大国向制造强国转变的发展新方向，推动资源约束型、出口依赖型的传统制造业向技术密集型、环境友好型的先进制造业转变，是中国制造业高质量发展的必由之路；其次，诸如《中国制造 2025》等国家发展战略的提出与相关政策的出台，为中国先进制造业的蓬勃发展提供了适宜的政策引导与制度激励；再者，先进制造业的主导设计还不成熟、技术和市场的不确定性高、发展空间与发展潜力巨大。这些特征均可能为中国企业实现对领先企业的技术赶超提供更多的机会窗口。此外，随着产、学、研合作的广泛开展与深入推进，中国培育并积累了大量精通先进制造技术、掌握创新管理技能的高素质人才，为先进制造业的创新发展提供了足够的人才储备。有研究从企业内生性的技术能力成长维度探索中国先进制造企业实现技术赶超的可能努力方向，研究发现，企业技术能力的持续性提升可以为其提供强劲的赶超动力[162]。由此可见，先进制造业是中国企业实现技术赶超的重要行业选择，先进制造企业的技术能力提升是其突破技术赶超陷阱的主要动力来源。

5.1.3　先进制造企业技术赶超中的能力跃升

先进制造企业的技术赶超高度依赖于企业技术能力的提升，先进制造业特殊的行业特征也在一定程度上影响企业技术能力跃升的轨迹。从宏观层面看，后发经济体技术赶超的目标在于缩小甚至反转与先发经济体之间的技术差距，从而实现技术进步与经济增长[162, 163]。就微观层面看，后发经济体各行业中企业的技术赶超依赖于其技术能力的提升与阶段性跃迁[164]。先进制造企业的技术赶超不局限于对技术前沿的追随和靠近，同时强调技术体系的创新与技术能力的升级。此时的技术赶超既可以利用固定技术轨道上的速度优势，也可以通过跳跃某些技术阶段并创造新的技术轨道来实现[14]。技术能力跃升不仅是经济增长的动力，也是先进制造企业实现技术赶超的关键，企业技术赶超的阶段发展取决于技术能力的不断积累和升级，而技术能力的成功跃升将帮助企业跨越增速放缓的后追赶阶段，进而实现向前沿技术收敛并完成对领先企业的技术赶超[165]。

1. 技术能力跃升的内涵

先进制造企业的技术能力跃升是指企业通过技术选择引进、模仿吸收、适应性创新等方式，推动其技术能力由较低水平向较高水平转变。企业技术能力跃升是一个动态的、复杂的非线性过程，依赖于技术能力的特征及其阶段性变化[166]。技术能力通常涵盖生产绩效、投资能力和创新结果三个方面，分别指企业维护和操作生产设备的能力、扩大产能和建立新生产设备的能力以及开发新技术并商业化的能力[167]。早期的研究指出，企业技术能力是一种由企业自主做出技术选择、采用和改进所选的技术和产品，并最终内生地创造出新技术的能力。例如，Costa 和 Queiroz 将技术能力界定为技术的创造、运营和改进[168]；彭灿和杨玲认为企业技术能力是一系列能力的总称，包括技术识别、选择和跟踪、吸收和运用、改进和创新等[169]。这些企业技术能力特征从资源禀赋积累、生产要素投入以及引进技术创新等角度表征了后发企业的能力阶段，也在一定程度上揭示了企业技术赶超的历程与状态，因此有关企业技术能力跃升的研究多是基于企业生产绩效、投资能力和创新结果的演化过程开展的[170]。企业在处于技术赶超准备阶段时主要进行成熟技术的引进模仿与基本的生产运作，通过提升企业的生产绩效来积累原始技术能力[171]。随着技术赶超进程的深入推进，企业开始加大对外资本投入力度、加深国际化研发合作、加强对引进技术的吸收与改造，依靠生产绩效向投资能力的转化来获取企业技术能力跃升的动能[172, 173]。然而企业在技术赶超的后追赶阶段易陷入价值链低端锁定状态，着力推进核心部件的自主研发与关键技术的原始创新是打破这种锁定状态的可能途径，因此有研究开始探索技术创新能力的基本特征及其对企业技术能力跃升的推动作用[85]。例如，有研究将技术创新能力界定为在对成熟技术进行搜索引进与模仿学习的基础上创造出新技术的能力，认为技术创新能力是指企业利用资本要素与人力资源来创造企业异质性技术的能力[174, 175]；也有研究从企业技术需求与过程观视角出发，将技术创新能力定义为企业获取、吸收和转化技术的能力，这种能力特征主要表现为对现有成熟技术的吸收、掌握与本土化改进[176]。总体上看，从以资源原始积累为主的生产投资到以技术创新为驱动的自主研发，先进制造企业技术能力的跃升是企业技术能力成长过程非线性与阶梯性的外在体现，这种跃升主要表现为企业技术能力的阶段性提升。

2. 技术能力跃升的阶段

先进制造企业的技术能力跃升是一个复杂的、非连续的动态过程，表征企业技术能力层级的阶段性提升。因此，准确识别和划分企业的技术能力阶段，是研究后发经济体企业技术能力跃升的重要前提，也是厘清企业技术能力前进方向的外在逻辑。现有研究根据先进制造企业的技术能力在生产、投资和创新三个维度上的具体表现，将其依次划分为经验、搜索和研究三个阶段[167]。

（1）经验阶段。后发企业的先天技术劣势使得技术引进成为其追赶初期的主要发展方式，并在此基础上进行经验学习与技术模仿。以国家为边界，按照学习活动发生在边界的内部和外部分为内向与外向学习。外向学习能让后发企业从更广阔的视野出发探索全球范围内的先进技术与现代管理知识，但这种开放性的学习会增加企业资源整合利用的难度，进而影响技术吸收转化的效率[177]；内向学习是指企业以市场需求为导向整合其自身所掌握的技术资源，这种学习方式对外部环境的依赖度较高[178]。从外向学习与内向学习程度的不同来看，企业的技术学习主要有并进式、内控式、外植式和采购式四种模式，不同的企业会选择特定的技术学习方式来积累优势资源。随着企业追赶进程加快，其技术学习的方式也由依赖投资溢出效应的利用式学习向以自主创新为主导的探索式学习转变。双元性学习组合了探索式与利用式两种不同学习方式的优势，因而成为后发企业突破超越追赶困境的关键机制[179]。不过，组织行为往往有自我增强的惯性趋向，双元性学习很不容易实现[180]。企业可能会由于过分追求新知识、新技术而陷入探索性学习的"失败陷阱"[181]，或由于过分关注和依赖现有技术而陷入利用性学习的"成功陷阱"[182]。此外，新兴市场技术获取型跨国并购的逆向学习机制提出了后探索式学习、后利用式学习以及后利用探索并举式学习的模式[183]。

（2）搜索阶段。随着先进制造业的快速发展与企业国际化程度的不断加深，经验学习将难以维系企业经济增长动力，导致其陷入与"中等收入陷阱"类似的"技术追赶陷阱"，技术能力层级踏入探索研究阶段，开放式创新成为打破技术隔离的有力武器。企业通过经验阶段的技术学习积累了大量的资源要素与深厚的知识基础,这些能力禀赋为企业技术能力向搜索阶段跃迁提供了资源准备[184]。但是,随着企业技术赶超进程的加快,仅仅依靠对领先企业的技术引进与模仿学习不能为后发企业创造足够的技术赶超动力,积极寻求突破技术依赖的可能路径可以为企业创造更多的发展空间[185]。后发企业突破路径依赖往往需要克服较多的困难,超前布局高梯级技术是后发企业实现路径创造的关键条件。路径创造依循路径探索、路径开拓和路径嬗变三个阶段,各阶段应具备战略耐力、主动试错能力以及异质技术搜索能力[160]。现有对企业技术赶超中惯性传导路径的研究指出,惯性因素在一定程度上可以为企业技术赶超的实现提供重要的推动力量。这种推动力量在企业技术赶超的不同阶段会表现出不同的特征,原因在于企业不同的主导惯性会产生差异化的效果与不同程度的交互作用[186]。企业对技术的搜索按照边界的不同可以分为本地搜索与跨界搜索,本地搜索主要是通过对企业内部技术要素与知识资源的整合,创造出推动企业技术能力提升的新知识与新技术;而跨界搜索则需要跨越企业的组织边界与知识边界,从更大的范围内搜索改进企业固有生产模式与管理范式的技术资源。可以看出,企业的技术搜索阶段是在经验阶段基础上的延伸与强化。

（3）研究阶段。全球化创新活动引领技术能力层级跃升,企业技术能力的性质由依赖技术引进的探索性创新向完全独立的自主性研发转变。从国内外后发企业的技术赶超历程可以看出,是否将企业的技术进步模式由引进模仿创造向独立自主研发转变,一定程度上决定了其技术赶超的成功与否[187]。企业通过进行独立自主的技术研发活动创造出适宜企业本土特征的异质性技术与新产品,可以为其提供技术能力跃升的驱动力量,同时企业的技术创新也会随着技术能力的提升而向前推进。随着中国先进制造企业参与全球化竞争程度的加深,企业技术赶超的轨迹会受到全球战略布局的影响与全球价值链治理的约束,技术赶超的效果取决于参与全球生产网络带来的红利效应、吸纳效应与挤出效应的综合作用[188]。因此,企业提前布局高梯级技术战略,加大自主研发的技术要素投入与人才资源储备,可以推动企业技术能力跃升进而实现技术赶超。

3. 技术能力跃升与技术赶超

后发企业通过推动技术赶超缩短与先发企业之间的技术差距,先进制造企业通过技术能力跃升促进技术进步,进而实现对领先企业的技术赶超。然而技术能力的跃升不总是能够顺利发生,会受到多种因素的单向或者交叉影响。整合已有文献资料发现,影响先进制造企业技术能力跃升的要素条件主要包括企业持续的资源积累、吸收能力及其阶段性变化、产业链上下游技术进步的刺激、产业内竞争压力的刺激以及产业内技术溢出与转移等,这些因素间接影响后发企业的技术赶超效果[189,190]。企业持续的资源积累包括知识、资本和人力资源,后发企业与领先企业之间的技术差距不仅可用物质资本来解释,也可通过人力资本投入的多寡来衡量,增加人力资本投入能够提升劳动生产率、激发技术创造力进而推动技术进步。人力资本对技术进步的作用方向受人力资本的层次结构和经济发展方向影响,可能存在一定阈值。技术创新活动需要更多的高等人力资本发挥作用,而技术模仿活动则更依赖于低等人力资本积累。

吸收能力是企业认识、吸收和利用外部知识资源的能力,企业技术吸收能力的强弱影响其对引进技术的利用效率。通常,后发企业通过技术溢出效应获取的技术要素多为显性知识,而那些相对难以言述的隐性技术知识才是促进企业技术能力跃升与技术赶超的主要驱动因素,这种隐性知识的转移效果取决于企业技术吸收能力的强弱。从宏观上讲,吸收能力是后发企业跨越技术壁垒的桥梁与纽带,就微观而言,企业的技术吸收能力存在一定的门槛水平,只有突破这种最低吸收能力的约束才有可能打破领先企业的技术封锁,进而通过对外直接投资、国际化研发合作等途径获取高效的技术溢出。

从产业整体的技术水平看,行业上下游的技术进步会刺激企业技术能力的提升,产业链上各类企业技术水平的差异既能产生正向的技术溢出效应,同时也可能导致企业间的恶性竞争,正确引导二者之间的关系发展是促进行业技术进步的关键所在。随着经济全球化与企业跨国研发合作的深入推进,后发企业拥有了更大的技术学习优势,以市场需求与自身发展战略为导向切入全球价值链,可以助其培育新的技术赶超动力。后发企业优势和劣势按照来源分为企业、市场和竞争者三个层面,优势与劣势在某种条件下能够相互转换。

值得注意的是,后发企业要想依靠技术能力跃升来实现技术赶超,不仅需要足够的技术资源要素与适宜的技术进步模式,更需要创造积极的外部条件与良好的政策环境。积极的外部条件包括完善的市场机制与友好的行业竞争关系,这些外部条件为企业技术能力的成长提供了条件基础与发展机遇;良好的政策环境主要体现在制度体系的合理有效与政策激励的开展落实,制度体系的不断创新可以匹配企业技术赶超的不同阶段,政策激励的正确引导可以为企业技术能力的阶段性成长提供源源不断的发展动力[191]。

由此可见,企业内部条件的创造与吸收能力的准备是其提升技术能力的基础,行业外部环境的构建与更新是企业实现技术赶超的重要前提,政府机制的促进和引领能够激发和形成某种具有追赶潜力的技术杠杆,政府干预手段可以在一定程度上解决"市场失灵"。

5.2 研 究 设 计

本章基于前述关于先进制造企业技术赶超历程与技术能力特征阶段性演化的理论分析,探讨中国先进制造企业技术能力的阶段特征与阶段划分,以及企业技术能力阶段性跃升过程的外在表现与内生影响因素。该研究内容涉及的情境新颖生动、解决的问题纵向深入、探讨的构念难以界定,因此选择案例研究与模型分析相结合的研究方法可以在一定程度上实现优势互补,提升研究的信度和效度。具体来说,本章旨在探讨中国先进制造企业技术能力的阶段性变化与跃升机制,一个重要的前提就是对企业技术能力的阶段特征进行识别,然而中国先进制造企业的技术能力特征会随着企业技术赶超过程的推进而动态变化,因此需要生动而具象的案例呈现来回溯企业的技术能力成长轨迹,进而归纳总结出中国先进制造企业技术能力特征的基本理论体系。案例研究可以识别企业技术能力的阶段特征并在某种程度上刻画企业技术能力的阶段性跃升,但这种技术能力跃升是一系列复杂而动态的演化过程,处于不同技术能力阶段的企业会有差异化的外在表现并受到多重因素的促进或抑制,仅仅依靠案例分析与归纳总结不能很好地体现这种差异化特征与动态的过程，因此选择适宜的模型进行深入、定量的分析可以拓展研究的深度与广度，也可强化案例分析得出的结论。

5.2.1　案例研究

1. 探索性案例

案例分析法是实地研究的一种，研究者选择现实中某一复杂、具体的现象进行深入和全面的实地考察，并进行系统深入的资料收集与数据处理，进而挖掘出现象背后的深层次因素与内在联系。案例研究的本质在于创建构念、命题和理论，当现象与实际环境边界不清或研究者无法设计准确、直接又具有系统性的控制变量时，通过对案例进行厚实的描述和系统的理解可以帮助研究者掌握动态的相互作用过程与所处的情境脉络，从而获得一个较为全面与整体的观点。相较于传统定量研究方法对既有理论框架与数理统计方法的依赖，案例研究有助于研究者对案例企业进行深度的调查与分析，打破固有研究的刻板思维与理论壁垒，灵活有效地补充相关研究理论并构建具有普遍解释能力的理论体系。

案例研究法既灵活有效又具有丰富的内涵，研究内容、案例数量以及研究维度的差异体现了其多元化的特征。根据研究内容与研究目的的不同，案例研究通常可分为探索性、描述性和解释性三类。探索性案例研究是指当研究者对于个案特征、问题性质、研究假设及研究工具不是很了解时所进行的初步研究，以提供正式研究的基础；描述性案例研究是指研究者对案例特性与研究问题已有初步认识，而对案例所进行的更仔细的描述与说明，以提升对研究问题的了解；解释性案例研究旨在观察现象中的因果关系，以了解不同现象之间的确切函数关系[192]。根据案例对象数量的多寡，案例研究可分为单案例研究与多案例研究两类。单案例研究更加聚焦于研究对象的深度，以丰富的案例数据支撑模型的构建与分析；多案例研究要求在单案例分析的基础上进行交叉案例研究，通过对所有案例进行统一的抽象归纳得出更具体的描述和更精辟的解释。根据案例研究深度与广度的差异，案例研究可分为横向案例研究与纵向案例研究两类，横向案例研究强调研究内容的充实与丰满，纵向案例研究有利于对时间序列中的关键事件及其因果逻辑进行观察。

探讨中国先进制造企业技术赶超过程中能力跃升的阶段性特征是本章研究的重要前提，该部分涉及的研究现象新颖独特、需要的数据资料纷繁驳杂、研究的内容纵向深入，因此选择探索性纵向单案例研究法识别中国先进制造企业技术能力的各个阶段具有很强的理论性与实践性。首先，中国先进制造企业起步较晚、发展时间较短、成长环境复杂等特征均带来其技术能力成长轨迹与其他企业的差异，也造成现有研究对中国先进制造企业技术能力阶段特征的认识不够清晰，没有形成完整理论脉络的研究现状，而探索性案例研究作为构建理论体系的重要方式，有助于本章在新涌现的事实基础上结合已有理论进行命题的提炼与归纳；其次，分析企业技术能力的阶段特征与阶段划分需要收集大量的支撑性数据材料，并对这些数据材料进行细致的数据编码与归纳整理，若采取多案例研究方法将导致巨大的工作量且增加理论梳理的难度，因此选择单案例研究法对单个企业的技术赶超轨迹进行回溯并识别其技术能力的阶段性特征，具有更强的可操作性；

最后,中国先进制造企业的技术赶超历程具有明显的阶段性特征与时间维度上的层层深入,这也要求对研究方法的选择需满足在时间序列上纵深推进的条件,纵向的案例研究有助于帮助研究者对案例企业进行纵深、细致化的探讨,在一定程度上契合了本章对中国先进制造企业技术能力阶段划分的研究需求。

综上所述,选择探索性纵向单案例研究法分析中国先进制造企业在技术赶超过程中的技术能力阶段特征与阶段划分,具有很强的理论意义和实践价值。

2. 案例设计

采用探索性纵向单案例研究法分析中国先进制造企业技术能力的阶段特征和阶段划分,需要进行案例对象选择与数据收集、案例数据编码以及案例分析与讨论。具体的案例设计如下。

(1)案例对象选择与数据收集。案例对象的选择需根据研究目的与研究内容的设计来进行,总体上应满足典型性、启发性、适配性以及资料可得性等条件。典型性指案例对象在本研究领域具有一定的知名度与代表性,可以通过追溯该案例在本章研究命题中某些相关方面的具体表现与动态特征,归纳总结出整个领域在某个维度上的具体特征;启发性指案例对象的某些特征可以拓展研究的广度,使研究该案例的结论更加充实与饱满;适配性指案例对象的性质与本章研究主题的契合程度,选择高度适配的案例对象将提升研究结论的普适性;资料可得性指从现有文献研究、网络资源以及选择的案例对象处获得相关研究资料与研究数据的难易程度,这将直接决定研究的质量与效果。案例的数据收集依赖多重证据来源,不同资料证据必须能在三角检验的方式下收敛并得到一致性结论。三角检验通常要求案例证据的收集至少来源于三种不同的途径,主要包括内部文件收集、科研文献整理、专家访谈等。

(2)案例数据编码。将收集到的案例资料与案例数据整合成文本材料,并结合研究命题需求对整合好的文本数据进行开放式编码、主轴式编码以及选择式编码。开放式编码是案例研究中数据处理的初始环节,目的在于定义现象、发展概念和提炼范畴,其具体步骤包括:①概念化。将原始资料进行分解并进行逐行逐字分析,对发现的类似现象加以命名从而把资料上升为概念。②范畴化。把同一现象的相关概念归纳到相应范畴之下并为其命名,进而将概念浓缩为范畴。③充实范畴。案例研究的资料分析与搜集同时进行,正在分析的资料如果可以被已有的概念或范畴涵盖则归入相应的概念或范畴,否则就建立新概念并于必要时增加新范畴[135]。主轴式编码的任务是在不同范畴之间发现并建立联系,将开放式编码中被拆分出来的资料按照"因果条件—互动决策—结果"的范式模型进行整合,并挑选与研究问题最贴近的范畴形成主范畴,原来的范畴成为副范畴。选择式编码旨在提炼囊括其他范畴的核心范畴,开发出一条描述整个现象的"故事线",从而把核心范畴与其他范畴有机联系起来,通过对概念和范畴的不断比较与修正找出范畴之间的逻辑联系。

(3)案例分析与讨论。根据案例对象的数据编码结果,结合本章研究命题对案例现象进行描述与归纳并得出启发性的研究结论。案例的数据编码得到的是从现实背后抽象出来的构念结果,对这些结果需结合研究主题进行现象化的描述,分析其内在的逻辑联系与隐含的理论启示,进而推断出合理的普适化结论。

5.2.2　隐马尔可夫模型

1. 模型选择

在采用探索性纵向单案例分析中国先进制造企业技术能力特征的基础上,进一步使用隐马尔可夫模型探讨企业技术能力跃升的外在表现与内生条件,并尝试以此来打开中国先进制造企业技术能力跃升机制与路径选择的"黑箱"。隐马尔可夫模型起源于一般的马尔可夫链,是一种由描述隐含状态转移的马尔可夫链和描述隐含状态与观测状态间关系的一般随机过程构成的双重随机过程。该模型适用于研究对象的状态不易观察而只能通过这些状态的概率函数对该状态进行反向推演的情境。如前所述,先进制造企业的技术能力可能存在经验、搜索和研究等阶段,但这些可能的技术能力层级阶段不能被直接观测、识别和界定,只能根据企业在生产绩效、投资能力与创新结果等可观测因素方面的表现来进行推测。这一特点与隐马尔可夫模型相适应,它能够发掘那些难以刻画的状态与可具象化描述的维度之间存在的某种联系,并通过这些关系反向推演出隐含状态之间的转换与演化。由此可以看出,隐马尔可夫模型的应用场景与本章研究的核心问题高度契合,通过构建隐马尔可夫模型来探究中国先进制造企业技术能力阶段性跃升的外在表现与内生机制,具有很强的理论合理性与现实可操作性。

2. 模型设计

隐马尔可夫模型一般可由 $\lambda = (N, M, \boldsymbol{\pi}, \boldsymbol{A}, \boldsymbol{B})$ 表示,其中各参数定义如下。

(1) 隐含状态数量 N。模型中状态集合表示为 $S = \{S_1, S_2, \cdots, S_N\}$,其中 $S_i (i = 1, 2, \cdots, N)$ 代表独立的状态,将 t 时刻的模型状态值表示为 q_t。

(2) 观测状态数量 M。观测状态是模型的输出部分,用 V 表示观测符号集合 $V = \{V_1, V_2, \cdots, V_M\}$,其中 $V_i (i = 1, 2, \cdots, M)$ 表示由隐含状态产生的观测符号,模型在 t 时刻的观测值表示为 O_t。

(3) 初始状态概率向量 $\boldsymbol{\pi}$。向量 $\boldsymbol{\pi} = \pi_i$ 表示在 $t = 1$ 时,模型处于状态 S_i 的概率。

$$\begin{cases} \pi_i = P(q_1 = S_i) \\ \displaystyle\sum_{i=1}^{N} = 1 \end{cases}, \quad 1 \leqslant i \leqslant N \tag{5-1}$$

(4) 隐含状态转移概率矩阵 $\boldsymbol{A}$。用状态转移概率矩阵 $\boldsymbol{A} = a_{ij}$ 表示模型在 t 时刻处于状态 S_i, $t + 1$ 时刻转移到状态 S_j 的概率, $t = 1, 2, \cdots, N$,并有

$$\begin{cases} a_{ij} = P(q_{t+1} = S_j \mid q_t = S_i) \\ \displaystyle\sum_{j=1}^{N} a_{ij} = 1 \end{cases}, 1 \leqslant i, \quad j \leqslant N \tag{5-2}$$

(5) 观测状态概率矩阵 $\boldsymbol{B}$。矩阵 $\boldsymbol{B} = b_{jk}$ 表示模型在状态为 S_j 时产生观测值 V_k 的概率:

$$\begin{cases} b_{jk} = P(O_t = V_k \mid q_t = S_j) \\ \sum_{k=1}^{M} b_{jk} = 1 \end{cases}, \quad 1 \leqslant j \leqslant N, 1 \leqslant k \leqslant M \tag{5-3}$$

例如，隐含状态数量 N 为4、观测状态数量 M 为3的隐马尔可夫模型如图5-1所示。其中，S_i（$i=1,2,3,4$）与 V_j（$j=1,2,3$）分别表征模型的隐含状态与观测状态。各隐含状态之间可以相互转换，转换的可能性用隐含状态转移概率元素 a_{ij} 表示；各观测状态与隐含状态之间存在一定的对应关系，这种关系用观测状态转移概率元素 b_{jk} 表示。

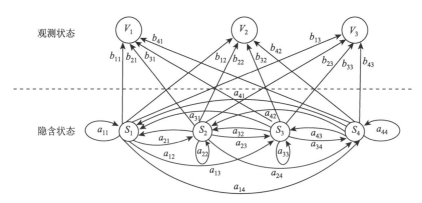

图5-1　隐马尔可夫模型图

一个完整的隐马尔可夫模型包括隐含状态数量 N 和观测状态数量 M 两个参数，以及隐含状态转移概率矩阵 $\boldsymbol{A}$、观测状态概率矩阵 $\boldsymbol{B}$ 和初始状态概率向量 $\boldsymbol{\pi}$ 三个概率分布。在给定隐马尔可夫模型的基本结构后，可以应用其处理估计、解码和学习三类基本问题。

（1）估计问题。给定观测值序列 $O = O_1, O_2, O_3, \cdots, O_T$ 和模型 $\lambda = (\boldsymbol{A}, \boldsymbol{B}, \boldsymbol{\pi})$，怎样有效计算某一观测序列的概率，进而对该模型进行评估，通常使用前向或后向算法进行测算。

（2）解码问题。给定观测值序列 $O = O_1, O_2, O_3, \cdots, O_T$ 和模型 $\lambda = (\boldsymbol{A}, \boldsymbol{B}, \boldsymbol{\pi})$，如何选择一个对应的隐含状态序列 $S = \{q_1, q_2, \cdots, q_T\}$，使得 S 能够最为合理地解释该观测值序列 O，通常使用维特比（Viterbi）算法求得。

（3）学习问题。即隐马尔可夫模型的参数 $\lambda = (\boldsymbol{A}, \boldsymbol{B}, \boldsymbol{\pi})$ 未知，如何调整这些参数以使观测序列 $O = O_1, O_2, O_3, \cdots, O_T$ 的概率尽可能地大，通常使用鲍姆-韦尔奇（Baum-Welch）算法解决。

根据本章研究需要，主要进行模型评估与模型解码。

5.3　案例分析：三一重工技术赶超中的能力跃升

5.3.1　案例选择与数据收集

1. 案例对象选择

依据理论抽样原则，使用探索性纵向单案例研究法时，选择的案例应当具有典型性、启发性、适配性以及资料可得性等特点。基于此,本章选择三一重工股份有限公司作为案例研究的样本企业,主要依据如下。

(1)案例的典型性。三一重工是典型的传统制造业应用先进的制造、管理技术进而转型升级的先进制造企业,研究该企业的技术能力跃升能为更广泛的中国先进制造企业的技术赶超提供借鉴,并间接提高研究结论的普适性。

(2)案例的启发性。三一重工经历了全球制造大环境的起伏更迭与中国制造业的转型升级,这与本章探索中国先进制造企业技术赶超中能力跃升机制的研究主题高度契合,蕴含很大的理论构建空间与研究价值。

(3)适配性。三一重工对国外先进企业技术追赶的历程清晰并最终实现了技术赶超,其技术能力特征在企业的整个技术赶超过程中也发生了明显的阶段性变化,这些现象在很大程度上与本章的研究期望重合。

(4)资料的可得性。三一重工的技术赶超受到了业界与国家的高度重视与广泛关注,关于三一重工的新闻报道为数甚多,相关的学术研究也有迹可循。此外,本书研究团队与三一重工的数位技术人员保持着密切的联系,便于进行深度的沟通、交流与访谈。

以上特征与条件均为本章选择三一重工作为案例企业,提供了理论与实践依据。

2. 案例数据收集

为提升案例研究的信度和效度,本章在样本企业的案例数据收集方面使用内部文件收集、科研文献整理、专家访谈三种方式,通过不同来源数据之间的三角检验来确保数据的准确性和真实性,具体的数据来源与编号见表 5-1。

(1)内部文件收集。从案例对象的角度出发搜集企业的内部文件与材料,具有稳定、确切、非涉入式、范围广泛等特点。本章主要收集并整理了三一重工官方网站公布的数据和资料,整合了三一重工年度报告中的数据和资料,观看了三一重工的内部影像资料与相关的公司刊物。这些资料是三一重工这些年来追赶并超越行业内技术领先企业的真实写照,反映了企业技术能力的阶段性变化。

(2)科研文献整理。通过梳理现有关于中国先进制造企业技术赶超以及企业技术能力提升的文献材料,有助于把握数据收集的侧重与边界,构建一个粗略的理论网络体系进而厘清研究的逻辑方向。整理已有研究对三一重工相关方面的探讨,可以从学理界印证企业的成长并追溯其发展轨迹。

(3)专家访谈。本章分别对三一重工的两名资深技术人员以及两名业内研究人员进行了共计 16 小时的非正式访谈,访谈主要通过电话、微信和 QQ 等途径进行,访谈内容围绕本章的研究目的涉及对三一重工技术赶超历程的看法、对三一重工技术能力提升的认识、对中国先进制造企业技术赶超的预测以及对影响企业技术能力提升的外在环境与内生因素的认识等。

综上,将收集到的数据、材料、录音和照片等资料整理成文稿,最终形成的一手资料1 万余字、二手资料 2 万余字。这些材料均不受研究者个人主观意见的影响与主导,为探索性纵向单案例研究的进行提供了丰富、真实的数据库。为使研究结论科学可靠,从所有资料中随机抽取部分资料作为前测样本，对编码结果依据相互同意度及信度公式进行计算，编码结果一致性较高，可进行正式编码。

表 5-1　数据来源与编号

数据来源	数据性质	编号
专家访谈（电话、微信和 QQ 等）	实时性数据	F1
内部文件（公司年报、内部刊物、企业新闻等）	回溯性数据	S1
科研文献（CNKI、百度学术等平台的相关研究文献）	回溯性数据	S2

5.3.2　案例数据编码

1. 开放式编码

按照开放式编码的操作步骤对三一重工的案例资料数据进行编码，直至码号饱和。本章将"概念化"得到的概念冠以前缀"a"，"范畴化"得到的范畴冠以前缀"A"。经过反复分析及讨论从原始资料中提取出了 202 个概念，这些概念共计形成 72 个范畴，部分开放式编码结果见表 5-2。

表 5-2　开放式编码示例

证据事例、原始记录（资料来源）	概念化	范畴化
当时的中国工程机械市场几乎被国外企业占据，如混凝土机械市场，国外品牌占了 95%以上	a1 国内企业市场占有率低 a2 国外品牌占有率高	A1 市场占有差距
在巨大的需求之下，中国传统企业开始进入这个市场，但是企业员工积极性不高，对产品的改进速度慢	a3 行业市场需求大 a4 传统企业进入晚 a5 企业员工不积极	A2 后发劣势明显
起步之初，所有国内企业几乎都采用关键部件进口的生产方式，即没有做或很少做本土化改造	a6 关键部件依赖进口 a7 本土化改造程度低	A3 技术依赖度高
中国的设备产品被贴上了"品质低劣"的标签，三一重工做出进入大城市和大产业的"双进"决定	a8 产品质量不高 a9 企业战略调整	A4 产品质量差距
摆在三一重工面前的选择似乎只有两种：要么巨资引进跨国公司的技术，走引进—消化—吸收的"拿来主义"路子；要么与国外企业合资合营，用市场换技术	a10 引进国外技术 a11 与外企合资合营 a12 用市场换技术	A5 技术引进方式
当时的拖泵，尤其是核心部件集流阀组，制造技术一直被国外企业掌握，并通过采用非标准件设计构建了技术门槛，后来者想要简单模仿，几乎不可能	a13 缺乏核心制造技术 a14 制造技术门槛高 a15 技术模仿难度大	A6 制造技术壁垒
北京机械工业研究所的专家易小刚提出自行设计，用标准件来组装这个核心部件，这样三一重工才有可能在市场上买到稳定的零件	a16 提出自行设计 a17 自行组装部件 a18 积累零件材料	A7 技术本土设计
三一重工通过自主创新，成功研制集流阀组，一举打破了国外品牌的垄断，技术上的突破打造出了三一重工的核心竞争力，带动了行业技术升级，构筑了安全的产业链	a19 尝试自主创新 a20 孕育核心竞争力 a21 带动技术升级	A8 寻求技术突破
更为重要的是，破局集流阀，打破了"国外还没那么做，我们也不能这么做"的信心壁垒	a22 萌发探索意识 a23 增强发展积极性	A9 技术探索意识

2. 主轴式编码

主轴式编码旨在厘清各个概念之间的相互关系，进而整合出更高层次的范畴并发展出主要范畴。将开放式编码中被拆分出来的资料按照"因果条件—行动/互动决策—结果"的范式模型进行整合，并挑选与研究问题最贴近的范畴形成主范畴，原来的范畴成为副范畴。其中"因果条件"涉及某一现象发生的情境，"行动/互动决策"是指在该情境下所采取的管理、处理或执行的策略，"结果"揭示"行动/互动"的最终表现。例如"产品质量差距""成熟技术引进""技术依赖度高" 3 个范畴可以整合为：三一重工的产品质量与业内领先企业存在较大差距，于是公司加大对国外成熟技术的引进与学习，这种不断的技术引进使得企业对国外技术的依赖程度逐渐增大。该过程反映了三一重工在进入行业的初期对国内外领先企业的技术引进与模仿，因此将这些范畴整合在"技术引进模仿"这一主范畴下，原来的范畴成为描述该主范畴的副范畴。类似地，本章按照这种步骤与范式最终提炼出 23 个主范畴，部分主轴式编码结果见表 5-3。

表 5-3　主轴式编码示例

主范畴	副范畴		
	因果条件	行动/互动决策	结果
资源禀赋差距	市场占有差距	进入时间较晚	后发劣势明显
技术引进模仿	产品质量差距	成熟技术引进	技术依赖度高
初步技术探索	制造技术壁垒	技术本土设计	萌发探索意识

3. 选择式编码

通过对概念和范畴的不断比较与修正，寻找范畴之间的逻辑联系。类似地，本章采用"因果条件—行动/互动决策—结果"的范式模型，构建核心范畴之间的逻辑联系。例如：三一重工受限于原始资源禀赋的积累而与领先企业存在技术能力的差距，于是公司在对国内外成熟技术引进与模仿的同时，开始结合自身优势进行初步的技术探索，这就是一个经验学习的过程。部分选择式编码见表 5-4。

表 5-4　选择式编码示例

因果条件	行动/互动决策	结果
资源禀赋差距	技术引进模仿 初步技术探索	经验学习

5.3.3　案例分析与讨论

1. 案例分析

三一重工股份有限公司由三一集团投资创建于 1994 年，目前是全球装备制造业领先企业之一。公司自成立以来取得了持续快速发展，2003 年 7 月 3 日，三一重工在上海 A 股上市并于 2005 年 6 月 10 日成为首家股权分置改革成功并实现全流通的企业；2011 年 7 月，三一重工以 215.84 亿美元的市值，入围《金融时报》全球 500 强，是当时唯一上榜的中国工程机械企业；2012 年，三一重工并购混凝土机械全球第一品牌德国普茨迈斯特，改变了行业竞争格局；2015 年，三一重工成为行业内首批入选工信部智能制造试点示范项目名单的企业，奋力带领"中国智造"换道超车；截至 2017 年，三一重工累计申请专利 7501 项，授权专利 6218 项，申请及授权数均处于行业领先地位。因此，本章通过梳理现有研究理论并依据行业技术变革结点与企业的重大历史事件，将三一重工的技术赶超历程划分为战略与资源准备、快速追赶、缓慢靠近以及技术超越四个阶段（表 5-5），然后在此基础上进行案例数据的编码与整合，并据此分析三一重工技术能力的阶段特征。

表 5-5　三一重工的技术赶超历程

划分依据	战略与资源准备阶段 （1994～2002 年）	快速追赶阶段 （2003～2011 年）	缓慢靠近阶段 （2012～2016 年）	技术超越阶段 （2017 年至今）
行业技术水平	美国、日本、德国、法国	美国、日本、德国、法国	美国、日本、德国、法国	美国、日本、德国、法国
企业重大事件	公司成立并进入工程机械行业	三一重工 A 股在上海上市	收购德国品牌普茨迈斯特	深耕"一带一路"推动国际化研发
企业技术水平	国内一般水平	国内领先水平	国际一般水平	国际领先水平

（1）战略与资源准备阶段（1994～2002 年）。追赶企业的后发劣势使得技术引进成为其追赶初期提高技术能力的主要方式，并在此基础上进行模仿与经验学习。该阶段，企业大量引入国外成熟的产品、设备和技术人员作为其原始的资源与技术积累。三一重工在 1994 年进入工程制造领域，当时的中国工程机械市场几乎被国外企业占据，如混凝土机械市场国外品牌占据了 95%以上的份额，国产设备大多被贴上了"品质低劣"的标签。面临市场与技术的双重后发劣势与巨大的资源禀赋差距，三一重工提出"双进"战略，并开始结合自身的后发优势与所处的产业背景进行原始资源要素积累。与此同时，三一重工开始在集流阀组等核心零部件方面进行本土化的设计，既满足了自身发展的需求，也开始萌发了技术探索的意识。通过数据编码可以发现，三一重工在战略与资源准备阶段的技术能力处于经验学习阶段，企业依靠零部件购买与成熟技术引进的方式进行生产，并开始初步的技术探索与改造。

（2）快速追赶阶段（2003～2011 年）。随着企业快速发展与国际化程度加深，经验学习带来的技术溢出效应将难以维系企业的经济增长，技术能力层级踏入探索研究阶段，开放式创新成为打破技术隔离的有力武器。2003 年 7 月，三一重工在上海 A 股上市并于 2005 年 6 月 10 日成为首家股权分置改革成功和实现全流通的企业，公司进入快速发展阶段。随着全球化浪潮的继续深入，三一重工的经营得到了全球市场、资源和人才的支持，因此公司加大了国际化投资与国际化研发的力度，并通过在全球建立研发体系、保持与知名研究机构的合作以及与国内外供应商建立产业联盟的方式，构建全球化研发网络进而开拓国际化市场。公司积极进行优势资源整合并推动精益制造,在引进、消化和吸收国外先进技术的同时进行初步的技术创新,这种反向的技术探索为企业改进产品质量、提升生产能力进而推动企业技术能力发展,提供了强劲的推动力量。

(3)缓慢靠近阶段(2012~2016年)。从表面上看,受限于国际经济的低位复苏与国内宏观经济的增速回落,三一重工的发展在2012~2016年经历了阶段性的低谷,但公司抓住了此次挑战背后的发展机遇,以核心技术自主研发为主推动企业的核心业务转型与盈利模式创新,同时进行企业管理的优化和研发人员的引进与培养。这段时期企业的发展遇到瓶颈,整体的技术赶超历程进入缓慢靠近阶段,但从对这一时期案例资料数据的编码结果看,企业的技术能力得到了重大提升并进入了自主研发阶段。

(4)技术超越阶段(2017年至今)。通过扩大海外市场、完善研发体系、构建人才体系与研发核心技术等途径,三一重工实现了对国内外领先企业的全面技术超越,企业的技术能力也进入了技术引领阶段。经历了阶段性的发展低迷期后,三一重工迎来了新的发展机遇。国内外经济同步复苏,工程机械制造行业的市场需求激增,三一重工的转型升级也基本完成,公司进一步扩大海外市场并推进海外人才本地化与制造本地化。同时完善全球化研发体系,包括研发机制的升级、研发能力的提升与先进制造工艺的开发等。在技术人才资源积累方面,三一重工继续培养和引进核心创新人才、数字化人才和经营管理人才,并成功实施员工持股计划,对研发人员、潜力人才与企业再造人才进行股权激励,构建了多元的人才体系。三一重工充分运用数字化与智能化开发平台组建技术研发中心,大力研发核心、关键技术。从整体上看,三一重工的技术能力在企业技术超越阶段实现了技术引领。

三一重工的案例资料数据编码结果显示,企业的技术能力随其技术赶超历程的推进实现了相应的阶段性跃升。如表5-6~表5-9以及图5-2所示,三一重工的技术能力依次经历了经验学习、探索研究、自主研发和技术引领四个阶段,各个阶段的技术能力特征在生产绩效、投资能力以及创新结果三个维度上具有不同的表现。经验学习与探索研究阶段主要进行基本的生产制造与技术引进模仿,自主研发与技术引领阶段则侧重于深度的技术研发投入与创新结果产出。

表 5-6　战略与资源准备阶段的典型例证及编码

证据事例	来源	副范畴	主范畴	核心范畴
全球化浪潮继续深入经济社会生活的每个角落,企业经营得到全球市场、资源和人才的支持	S1	国际化机遇		
公司对国际市场的开拓取得了突破性进展,构建了国际营销网络,营销能力得到进一步整合	S1	国际化进展	国际化投资	
公司拖泵获得CE认证,拖泵的国际化进程迈上了一个新台阶	F1	国际化成果		
在产品链延伸和国际业务开拓方面取得的实质性突破,极大地拓展了公司的发展空间	S1	国际市场开拓		探索研究
公司建立敏捷、高效的技术研发体系,系统开发一系列基于公司核心能力、满足客户需要以及具有竞争优势的战略技术单元	F1	建立研发体系	国际化研发	
保持与知名高校、研究机构的合作,强化产品技术领先优势,推动与国内外供应商的产业联盟,构筑具有核心竞争力的产业供应链	S2	构建研发网络		

续表

证据事例	来源	副范畴	主范畴	核心范畴
全球经济的增长，造成原材料、关键零部件供应紧张，而公司对部分国外原材料和零部件的依赖将形成未来发展的挑战	S2	生产资源受限		
进行优势资源集中与有限资产整合，丰富公司领先产品的品种，并拓展公司的发展空间和产品链	F1	优势资源整合	提升生产能力	
全力推动研发、制造、服务三大核心能力建设，推进精益化制造	S2	推动精益制造		探索研究
国内工程机械企业众多，国际工程机械巨头进入国内市场，加剧了行业竞争程度，可能引发恶性竞争	F1	市场竞争加剧		
研发创新获新成就，产品研发与技术创新持续向前推进，核心零部件研发进展显著，部分已实现量产	S1	初步技术创新	改进产品质量	
制造能力得到进一步加强，生产设施达到国内同行业先进水平	S1	提升制造能力		

表 5-7　快速追赶阶段的典型例证及编码

证据事例	来源	副范畴	主范畴	核心范畴
当时的中国工程机械市场几乎被国外企业占据，如混凝土机械市场，国外品牌占了 95%以上	F1	市场占有差距		
在巨大的需求之下，中国传统企业开始进入这个市场，但是企业员工积极性不高，对产品的改进速度慢	S2	进入时间较晚	资源禀赋差距	
中国的设备产品被贴上了"品质低劣"的标签，三一重工做出进入大城市和大产业的"双进"决定	S1	产品质量差距		
摆在三一重工面前的选择似乎只有两种：要么巨资引进跨国公司的技术，走引进—消化—吸收的"拿来主义"路子；要么与国外企业合资合营，用市场换技术	S1	成熟技术引进	技术引进模仿	
起步之初，所有国内企业几乎都采取了关键部件进口的生产方式，即没有做或很少做本土化改造	S2	技术依赖度高		经验学习
当时的拖泵，尤其是核心部件集流阀组，制造技术一直被国外企业掌握，并通过采用非标准件设计构建了技术门槛，后来者想要简单模仿，几乎不可能	F1	制造技术壁垒		
北京机械工业研究所的专家易小刚提出自行设计，用标准件来组装这个核心部件，这样三一重工才有可能在市场上买到稳定的零件	S1	技术本土设计	初步技术探索	
更为重要的是，破局集流阀，打破了"国外还没那么做，我们也不能这么做"的信心壁垒	F1	萌发探索意识		

表 5-8　缓慢靠近阶段的典型例证及编码

证据事例	来源	副范畴	主范畴	核心范畴
国际经济低位复苏、国内经济增速放缓、市场竞争加剧、原材料和零部件价格波动以及人工成本上升等因素，可能影响公司的销售效益	S1	市场风险		
智能渣土车等新业务实现突破	F1	新业务突破	核心业务转型	自主研发
公司将借助互联网思维，加快转型，培育市场空间大、增长潜力大的新业务，培育新的利润增长点	S1	核心业务转型		

续表

证据事例	来源	副范畴	主范畴	核心范畴
受宏观经济增速回落、固定资产投资特别是房地产投资持续放缓的影响,工程机械产品需求不振	S2	行业降温		盈利模式创新
加强产业链建设和核心零部件的研发,建立了较为完整的产业链	F1	一体化建设		
创新盈利模式,通过研发创新提升产品竞争力,降低成本费用	S1	创新盈利模式		
公司提出新"双进"战略,进入更大的城市,获得更好的发展战略要地;进入更大的市场,丰富并优化产品组合,进一步整合产业资源	F1	企业资源整合		
全面推进数字化管理,强化逾期货款、存货及成本费用管控,公司风险意识与抗风险能力加强,公司管理运营更加高效、健康、可持续	S1	数字化管理	优化企业管理	
公司将利用互联网思维重新思考并打造三一重工文化和管理体系,构建拥抱变革、年轻开放的互联网企业文化,推动一批管理转型项目	S2	创新管理体系		自主研发
新城镇化、新农村建设、水利设施投资建设等带来需求,全球原材料供给充裕,带来了成本优势	S2	行业回暖		
面对复杂的经营环境,公司及时调整并优化人员结构,创新核心人才培养和完善人才选拔机制	F1	人才培养创新	推进人才培养	
公司结合人力资源发展趋势和当下时代特征,重新设计薪酬与激励机制,计划把股权激励打造成为三一重工独特的人力资源优势	S1	激励机制创新		

表 5-9　技术超越阶段的典型例证及编码

证据事例	来源	副范畴	主范畴	核心范畴
受基建投资增速、设备更新升级、人工替代、出口增长等因素影响,工程机械行业市场高速增长	S2	行业环境复苏		
公司积极推进海外人才本地化与制造本地化,普茨迈斯特、美国、印度的管理团队本地化基本完成	S1	海外生产本地化	扩大海外市场	
截至 2017 年,公司累计申请专利 7501 项,授权专利 6218 项,居国内行业第一	S1	专利申请与授权		
继续深化研发体系变革,持续完善研发流程 3.0,推动研发组织方式升级,提升研发组织的活力	S1	研发机制升级		
2019 年公司大幅增加研发投入,推动数字化研发、开放式研发,升级研发工具,提升研发效率	S1	研发能力提升	完善研发体系	
"混凝土泵关键技术研究开发与应用""工程机械技术创新平台"等荣获国家科技进步奖二等奖	F1	制造工艺领先		技术引领
培养与引进核心创新人才、数字化人才、经营管理人才及优秀技术工人,实施潜力人才的培养与提升	S2	人才引进与培养		
公司成功实施员工持股计划,对研发人才、营销人才、潜力人才及企业再造人才实施股权激励	F1	人才激励创新	构建人才体系	
公司秉承"一切源于创新"的理念,致力于研发世界工程机械最前沿技术与最先进产品,每年将销售收入的 5%以上投入研发,形成集群化的研发创新平台体系	S1	产品与技术创新		
公司全面推进包括营销服务、研发、供应链、财务等各方面的数字化与智能化升级,实现产销互联	S2	数字化与智能化		
拥有 2 个国家级企业技术中心、3 个国家级博士后科研工作站、4 个省级企业技术中心、2 个省级重点实验室、4 个省级工程技术中心	F1	技术研发中心	研发核心技术	
加大智能化、节能环保产品研发力度,相关技术处于行业领先水平	S1	行业技术领先		

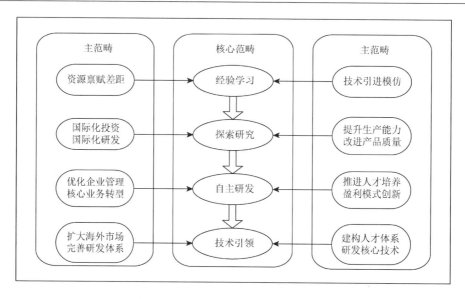

图 5-2 三一重工技术赶超中的能力跃升

2. 案例讨论

通过对三一重工技术赶超历程的回溯与梳理,发现企业的技术能力会依次经历经验学习、探索研究、自主研发和技术引领四个阶段。企业在经验学习阶段进行成熟技术的引进、吸收和模仿,以此来积累原始技术资源要素并完成简单的制造与生产;当技术资源积累到一定程度后,企业开始利用经济全球化的机遇进行国际化投资与探索研究,寻求更多的逆向技术溢出;随着技术能力不断接近行业内领先企业、探索研究阶段的逆向技术溢出边际效用递减,企业只有对核心部件和关键技术进行自主设计与研发创新,才能跨越"技术赶超陷阱",实现对领先企业的技术赶超;持续的研发投入与完善的人才培养体系助力企业突破核心技术壁垒,进而取得行业内的技术领先地位。

无独有偶,三一重工这种包含技术引领或行业标准制定的四阶段技术能力跃升模式,与中国高铁的试验性探索、引进学习、正向设计和标准体系建设四阶段技术能力成长历程有极大的相似之处。基于上述分析以及对现有关于企业技术能力特征与成长体系的讨论,本章归纳出中国先进制造企业技术赶超过程中技术能力的四阶段特征如图 5-3 所示。得出该结论的依据主要有:①三一重工是中国典型的传统制造企业依托先进制造与管理技术转型升级的先进制造企业,其技术能力的阶段特征与阶段划分可以作为识别中国先进制造企业技术能力特征的重要依据;②本探索性纵向单案例研究的设计与执行均严格按照已有研究的建议,即数据的收集满足三角检验条件、数据的编码满足信度与效度的相关要求、数据编码结果的分析真实客观,故案例研究的结论具有很强的参考意义;③对比现有研究的相关结论发现,在本章案例分析识别出的企业技术能力四阶段特征中,前三阶段与已有研究得出的经验、搜索和研究三阶段特征具有一致性,而第四阶段的出现是由于中国先进制造企业技术能力的特殊性,这在对中国高铁技术赶超能力成长的研究中已有体现,也在一定程度上印证了本章结论。

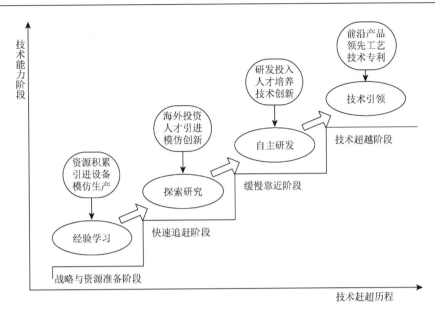

图 5-3 中国先进制造企业技术赶超过程中技术能力的四阶段特征

5.4 能力跃升模型与分析

5.4.1 模型定义

1. 隐含状态与转移概率矩阵

结合现有文献研究成果与前述关于三一重工技术能力演化历程的讨论，本章设想中国先进制造业企业技术能力可能会经历经验学习、探索研究、自主研发与技术引领四个主要阶段，分别进行不同程度的技术引进模仿、消化吸收、正向设计和自主创新。在此基础上，基于隐马尔可夫模型各要素规则，将隐含状态数量 N 设为 4，隐含状态集合 $S = \{S_1, S_2, S_3, S_4\}$，具体见表 5-10。

表 5-10 隐含状态向量表

隐含状态向量	技术能力阶段	相关描述
S_1	经验学习	技术引进模仿
S_2	探索研究	技术消化吸收
S_3	自主研发	技术自主创新
S_4	技术引领	技术知识专利

1）隐含状态矩阵

中国先进制造业发展初期，企业主要针对其发展战略进行初步的技术引进，并在此基础上开展模仿与经验学习。经验学习阶段为企业技术能力跃升的初始阶段。在该阶段，随着技术要素的累积，企业开始结合国内需求进行适应性生产即"国产化"，同时加大对外投资与购买力度并尝试进行引进—消化—吸收基础上的再创新。历史的经验教训表明，企业如果只顾埋头引进而忽视在消化吸收中实质性地提升自身技术能力，终将陷入不断引进不断落后的"技术追赶陷阱"。所以及时转变发展意识与战略，借助后发优势引导企业由引进基础上的二次创新向原始创新过渡，才有可能助力企业技术能力跃升至自主研发阶段甚至更高的层级。中国高铁与汽车领域企业的技术能力发展轨迹表明，自主研发可能并不是企业技术能力的最终归宿，因此可以设想，企业借助生产要素积累、投资引进吸收与自主研发过程中的原始创新，其技术能力将有可能超越先发企业实现后来居上达到更高层次的技术引领阶段。隐含状态矩阵如表 5-11 所示。

表 5-11　隐含状态矩阵表

	经验学习	探索研究	自主研发	技术引领
生产绩效	低	中	高	高
投资能力	中	高	中	中
创新结果	低	低	中	高

2）隐含状态转移概率矩阵

根据隐马尔可夫模型特征与中国先进制造业企业技术能力演进的层级阶段设想，技术能力各阶段之间的转换过程具有遍历性，即每个技术能力阶段都可能过渡到其他任何阶段。基于此，将各阶段之间相互转换的可能性作为隐含状态转移概率矩阵的各元素，构建中国先进制造业企业技术能力层级跃升的隐含状态转移概率矩阵：

$$A = \begin{pmatrix} a_{11} & a_{12} & a_{13} & a_{14} \\ a_{21} & a_{22} & a_{23} & a_{24} \\ a_{31} & a_{32} & a_{33} & a_{34} \\ a_{41} & a_{42} & a_{43} & a_{44} \end{pmatrix}$$

其中 $\sum_{j=1}^{N} a_{ij} = 1$，　$N = 4$，　$i \in [1,4]$；元素 a_{ij} 表示在 t 时刻处于 S_i 状态，$t+1$ 时刻转移到 S_j 状态的隐含状态转移概率。

2. 观测状态与概率矩阵

与上节类似，基于相关文献梳理与理论概化，本章将中国先进制造业企业技术能力在隐马尔可夫模型中显性识别为生产绩效、投资能力和创新结果三类，分别对应一类观测状态。因此，观测状态数量 $M = 3$，观测状态集合为 $V = \{V_1, V_2, V_3\}$（表 5-12）。

表 5-12　观测状态向量表

观测状态向量	技术能力维度	相关描述
V_1	生产绩效	基本生产
V_2	投资能力	技术引进
V_3	创新结果	自主研发

1）观测状态矩阵

企业技术能力体现在对现有资源的优化配置、外部资源的获取吸收以及在此基础上的产品创新和工艺优化，因此可以分别从生产绩效、投资能力和创新结果三个维度上对各可观测因素的表现进行测算。先进制造业的先进性表现为技术的高精尖和产品的异质性，其技术能力更加依赖于附着在内部人员、生产设备与组织机构中的所有内生化知识存量，但随着技术能力的积累，企业的生产过程会由人力劳动为主转向机械化与智能化，同时加强组织资源的配置与管理。投资能力体现在人才引进、设备购买和研发投入方面，大量引入业内高素质人才与先进设备能够帮助企业快速进入并适应行业发展，促使企业技术能力不断跃升，然而企业要想跨越"技术追赶陷阱"，必须加大研发投入，以自主创新的核心技术推动企业技术能力实现"换道超车"。这里的创新结果包括前沿产品、领先工艺和技术专利。企业技术能力在经历从经验学习、探索研究到自主研发和技术引领阶段的过程中，其创新模式与路径将由引进基础上的二次创新向全要素原始创新以及全生命周期的基础创新过渡。在此期间，企业创新结果中异质化产品、特殊工艺与核心技术的不断积累是其技术能力向自主研发演化，进而最终实现技术引领的支撑性要素。具体的观测状态矩阵如表 5-13 所示。

表 5-13　观测状态矩阵表

观测状态		隐含状态			
维度	指标	经验学习	探索研究	自主研发	技术引领
生产绩效	销售收入	低	中	高	高
	营业利润	低	中	中	高
	员工规模	低	中	中	高
投资能力	人才引进	中	高	中	中
	在职培训	低	中	高	高
	研发投入	低	中	高	高
创新结果	前沿产品	低	低	中	高
	领先工艺	低	低	中	高
	技术专利	低	低	中	高

2）观测状态概率矩阵

与隐含状态转移概率矩阵类似，观测状态概率矩阵描述技术能力在经验学习、探索研究、自主研发以及技术引领四个阶段时，企业分别进行生产、投资和创新活动的配比。将各阶段中表征生产绩效、投资能力和创新结果三类活动发生的概率作为观测状态概率矩阵元素,通过隐含状态与观测状态之间的联系,刻画中国先进制造业企业技术能力的阶段性变化。

$$B = \begin{pmatrix} b_{11} & b_{12} & b_{13} \\ b_{21} & b_{22} & b_{23} \\ b_{31} & b_{32} & b_{33} \\ b_{41} & b_{42} & b_{43} \end{pmatrix}$$

其中 $\sum_{k=1}^{M} b_j(k) = 1$, $k \in [1, M]$, $M = 4$;元素 b_{jk} 表示 t 时刻模型在隐含状态 S_j 产生观测状态 V_k 的概率。

5.4.2　模型评估

1. 参数赋值

在进行模型评估和解码之前,需要对模型的相关参数进行初始的赋值。通过整合现有采用扎根理论、文献计量、实证研究和案例分析法对中国先进制造业与企业技术能力定义、特征和内涵的研究成果,并基于上述企业技术能力四阶段隐马尔可夫模型的构建,分别对其初始状态概率矩阵 π、隐含状态转移概率矩阵 A 与观测状态概率矩阵 B 进行参数赋值,具体如下。

(1)初始状态概率矩阵 π。模型中隐含状态的起始位置即初始状态,其概率分布构成初始状态概率矩阵。资源禀赋的原始积累差异与复杂多变的外部环境影响使得目前中国先进制造业发展极不均衡,不同类别中企业的技术能力层级阶段也会因此而处于不同的位置,忽略这种差异化的存在而一概而论地探讨企业技术能力阶段性演化的特征与机制,是盲目且不合理的。因此可以将初始状态概率矩阵分别赋值为:$\pi = (1, 0, 0, 0)$;$\pi = (0, 1, 0, 0)$;$\pi = (0, 0, 1, 0)$;$\pi = (0, 0, 0, 1)$,依次表征企业起始处于经验学习、探索研究、自主研发以及技术引领阶段。

(2)隐含状态转移概率矩阵 A。企业技术能力会随着模仿生产、投资引进和自主创新活动的推进产生阶段性变化,从而实现各个阶段之间的状态转移。这种转移的可能性称为状态转移概率,所有阶段之间的状态转移概率元素构成隐含状态转移概率矩阵。具体来说,技术能力发展的黏滞现象会导致企业倾向于固守原有的技术能力水平,并且这种黏性会随之增强,故将此模型中隐含状态转移概率矩阵的对角线元素分别设为 0.40,0.45,0.50,0.60;同时,企业技术能力需要突破"技术追赶陷阱"与核心技术缺乏的束缚才能实现向更高阶段跨越,并且其向高级阶段转移的概率呈下降趋势,因此可以按照这种趋势对相关概率元素进行赋值。此外,基于模型的全面性考虑,假设企业技术能力在各阶段之间均有可能实现状态转移,但已有案例表明,高阶段技术能力的黏性与惯性会对其形成状态保护,也就是说,自主研发或者技术引领阶段的技术能力极少可能甚至几乎不会向经验学习与探索研究阶段转移。因此，结合现有理论研究成果与现实案例分析对隐含状态转移概率矩阵 A 赋值如下。

$$A = \begin{pmatrix} 0.40 & 0.30 & 0.20 & 0.10 \\ 0.20 & 0.45 & 0.25 & 0.10 \\ 0.05 & 0.25 & 0.50 & 0.20 \\ 0.00 & 0.10 & 0.30 & 0.60 \end{pmatrix}$$

（3）观测状态概率矩阵 B。类似地，讨论企业在经验学习、探索研究、自主研发以及技术引领阶段分别进行不同程度的模仿生产、投资引进与自主创新活动，并将这些程度转化为概率，以此形成观测状态概率矩阵。首先，对于企业生产活动而言，随着技术能力的阶段性变化，企业会逐渐减少其大规模的基础性模仿生产，转而保留维持企业持续性发展与自主研发需求的个性化生产活动；其次，企业在早期的发展过程中，为填补原始资源积累与成熟技术储备的空缺，会加大对外投资引进的力度，而当企业各生产要素积累到一定程度时，限制其技术能力前进步伐的关键要素会转变为核心技术的研发与应用，这种核心技术很难通过购买的途径获取，故在发展后期企业会减少投资活动转而增加自主研发与创新的投入；最后，技术创新活动很大程度上影响企业技术能力的演化进程，早期的创新主要表现为技术引进基础上的二次创新，这种模仿为主、创新为辅的模式很难支撑企业技术能力向更高层次迈进，完全自主的原始创新是企业突破技术封锁与市场壁垒的关键路径，本章对此不作具体讨论，将其黑箱化为技术创新活动。因此，对观测状态概率矩阵 B 赋值如下。

$$B = \begin{pmatrix} 0.60 & 0.30 & 0.10 \\ 0.40 & 0.45 & 0.15 \\ 0.25 & 0.30 & 0.45 \\ 0.15 & 0.20 & 0.65 \end{pmatrix}$$

2. 评估

对于隐马尔可夫模型中的初始参数赋值是否合理需通过模型评估进行有效性检验，本章选用前向算法进行模型评估，并在 Python3.7 中的 IDLE 集成开发环境下进行程序编译与算法实现。定义 t 时刻观测序列 $O = (O_1, O_2, \cdots, O_t)$，隐含状态 $S_t = q_i$ 的概率为前向概率，并记作：$\alpha_t(i) = P(O_1, O_2, \cdots, O_t, S_t = q_i \mid \lambda)$，则前向算法的具体步骤如下。

（1）计算初值：$\alpha_1(i) = \pi_i b_i(O_1)$，$i = 1, 2, \cdots, N$。

（2）递推求解：$\alpha_{t+1}(i) = \left[\sum_{j=1}^{N} \alpha_t(j) a_{ji} \right] b_i(O_{t+1})$，$i = 1, 2, \cdots, N$，$t = 1, 2, \cdots, T-1$。

（3）终止循环：$P(O \mid \lambda) = \sum_{i=1}^{N} \alpha_T(i)$。

在已知模型 $\lambda = (N, M, \pi, A, B)$ 各参数值的前提下，前向算法可递归计算出给定初始状态下各观测序列发生的概率。根据中国先进制造业企业技术能力跃升的四阶段隐马尔可夫模型假设，测算出四类不同初始状态即经验学习、探索研究、自主研发与技术引领阶段，企业进行不同程度的模仿生产、投资引进和技术创新活动从而产生包括 $O = [V_1, V_2, V_3]$在内的 6 组观测序列发生的概率。从表 5-14 可以看出：①初始状态为经验学习阶段的企业将精力主要放在基本的生产活动上，并进行行业成熟共性技术的模仿学习进而积累更多的原始技术资源要素；②随着资源要素的快速积累，企业技术能力迈入探索研究阶段，基本的模仿生产活动已经不能满足其日益增长的发展需求，足够的资本积累助力其加强对外投资引进与自主研发的萌芽；③受限于市场垄断与技术封锁的后发追赶劣势，简单地模仿生产与一味地投资引进会导致企业技术能力停滞不前甚至陷入"技术追赶陷阱"，此时只有依靠主动的技术创新并加大自主研发的投入力度，才可能跨越技术能力发展的鸿沟进而实现技术赶超和技术引领。

从上述对前向算法所得模型评估结果的分析可以发现，这与已有相关研究的主流结论和现实案例的具体表现都极为吻合，在一定程度上证明了该模型构建的合理性与有效性，也为模型解码奠定了坚实基础。

表 5-14　四类不同初始状态下各主要观测序列发生的概率

观测序列 初始状态	S_1: $\pi = (1, 0, 0, 0)$	S_2: $\pi = (0, 1, 0, 0)$	S_3: $\pi = (0, 0, 1, 0)$	S_4: $\pi = (0, 0, 0, 1)$
$O = [V_1, V_2, V_3]$	0.0595	0.0435	0.0287	0.0169
$O = [V_1, V_3, V_2]$	0.0448	0.0333	0.0299	0.0222
$O = [V_2, V_1, V_3]$	0.0352	0.0492	0.0299	0.0178
$O = [V_2, V_3, V_1]$	0.0219	0.0357	0.0321	0.0248
$O = [V_3, V_1, V_2]$	0.0143	0.0192	0.0419	0.0397
$O = [V_3, V_2, V_1]$	0.0123	0.0191	0.0449	0.0437

5.4.3　模型解码

在上述模型评估的基础上进行模型解码，考察中国先进制造业企业技术能力处于不同初始阶段的前提下，通过不同程度地模仿生产、投资引进与技术创新活动，能否以及如何实现技术能力层级阶段的跃升。本章采用 Viterbi 算法对模型进行解码，主要方程如下。

$$(S_1, S_2, S_3, \cdots, S_T) = \arg\max P(S_1, S_2, S_3, \cdots, S_N \mid O_1, O_2, \cdots, O_T) \tag{5-4}$$

为记录中间变量，引入 δ 和 ψ，定义 t 时刻状态 S_i 的所有单个路径中最大概率值为

$$\delta_t(i) = \max P(S_t^i, S_{t-1}^i, \cdots, S_1^i, O_t, O_{t-1}, \cdots, O_1 \mid \lambda), \ i = 1, 2, \cdots, N \tag{5-5}$$

式中，S_t^i 表示 t 时刻隐含状态为 S_i；O_t 为观测状态。根据式（5-5）得出变量 δ 的递推公式：

$$\delta_{t+1}(i) = \max[\delta_t(j)a_{ji}]b_i(O_{t+1}) \tag{5-6}$$

式中，$i = 1, 2, \cdots, N$；$t = 1, 2, \cdots, T-1$。定义 t 时刻状态 S_i 所有路径中概率最大的第 $t-1$ 个结点：

$$\psi_t(i) = \arg\max_{1 \leqslant j \leqslant N}[\delta_{t-1}(j)a_{ji}] \tag{5-7}$$

由上述两个定义给出 Viterbi 算法的具体步骤。

（1）参数初始化：$\delta_1(i) = \pi_i b_i(O_i)$，$\psi_1(i) = 0$，$i = 1, 2, \cdots, N$。

（2）递推计算：$\delta_t(i) = \max[\delta_{t-1}(j)a_{ji}]b_i(O_t)$，$\psi_t(i) = \arg\max[\delta_{t-1}(j)a_{ji}]$。

（3）终止状态：$P^* = \max \delta_T(i)$，$i_T^* = \arg\max[\delta_T(i)]$。

（4）最优状态回溯：$i_t^* = \psi_{t+1}(i_{t+1}^*)$，$t = T-1, T-2, \cdots, 1$。

（5）求得最优状态路径：$I^* = (i_1^*, i_2^*, \cdots, i_T^*)$。

使用 Python 语言编写 Viterbi 算法程序代码测算中国先进制造业中各类企业在不同初始状态下技术能力的阶段性演化情况，得到如表 5-15 所示的仿真结果。

表 5-15　各初始状态下企业技术能力的阶段性演化

观测序列 初始状态	S_1: $\boldsymbol{\pi}_1 = (1,0,0,0)$	S_2: $\boldsymbol{\pi}_2 = (0,1,0,0)$	S_3: $\boldsymbol{\pi}_3 = (0,0,1,0)$	S_4: $\boldsymbol{\pi}_4 = (0,0,0,1)$
$O_1 = [V_1, V_2, V_3]$	$S_1 \to S_2 \to S_3$	$S_2 \to S_2 \to S_3$	$S_3 \to S_3 \to S_3$	$S_4 \to S_4 \to S_4$
$O_2 = [V_1, V_2, V_2]$	$S_1 \to S_1 \to S_2$	$S_2 \to S_2 \to S_2$	$S_3 \to S_3 \to S_2$	$S_4 \to S_4 \to S_4$
$O_3 = [V_1, V_3, V_2]$	$S_1 \to S_3 \to S_3$	$S_2 \to S_3 \to S_3$	$S_3 \to S_3 \to S_3$	$S_4 \to S_4 \to S_4$
$O_4 = [V_1, V_3, V_3]$	$S_1 \to S_3 \to S_4$	$S_2 \to S_3 \to S_4$	$S_3 \to S_3 \to S_4$	$S_4 \to S_4 \to S_4$
$O_5 = [V_1, V_1, V_2]$	—	—	—	$S_4 \to S_4 \to S_3$

依据模型评估所得结果，主要考察以下四类观测序列情况，即 $O_1 = [V_1, V_2, V_3]$、$O_2 = [V_1, V_2, V_2]$、$O_3 = [V_1, V_3, V_2]$、$O_4 = [V_1, V_3, V_3]$。具体来说：①对于初始状态为 S_1 的企业，其技术能力在观测序列 O_1、O_2、O_3、O_4 下均能从 S_1 跃升至 S_2 阶段及以上，且在 O_1 和 O_3 情况下能够跃升至 S_3 阶段，而在 O_4 条件下甚至可以跨越 S_2 并经由 S_3 到达最高的 S_4 阶段；②就初始状态为 S_2 的企业而言，观测序列 O_2 已经不能支撑企业技术能力向更高的阶段跃升，O_1 与 O_3 也分别表现出不同程度的黏滞性，仅 O_4 能够支撑企业的技术能力迈向 S_3 和 S_4 阶段；③若企业初始状态为 S_3，则其技术能力极有可能被限制在该阶段而停滞不前，甚至在 O_2 的条件下出现由 S_3 跌落至 S_2 的情况，只有 O_4 能够使企业的技术能力在经历短暂的滞留后从 S_3 阶段跃升至 S_4；④当企业技术能力达到 S_4 阶段后，O_1、O_2、O_3、O_4 四类观测序列条件下均能维持企业当前的状态，因此可以考察第五类观测序列 $O_5 = [V_1, V_1, V_2]$，即企业放弃技术创新转而进行模仿生产与投资引进。结果发现，处于 S_4 阶段的企业仍然有跌落至 S_3 阶段的风险。

根据以上模型解码得出的结果分析发现，基本的模仿生产与投资引进活动仅能帮助企业实现技术能力从经验学习向探索研究阶段跃升；持续性的技术创新才是助力企业摆脱技术封锁与路径依赖进而跃升至自主研发甚至技术引领阶段的关键。反之，若放弃自主创新而执着于投资引进模仿，企业将陷入"技术赶超陷阱"，其技术能力也将跌落甚至囿于低级阶段。

本节基于中国先进制造企业技术赶超中能力跃升的阶段特征，构建了企业技术能力跃升的隐马尔可夫模型，并通过模型定义、模型评估和模型解码对企业技术能力阶段性成长的动态过程进行了模拟与仿真，仿真结果揭示了中国先进制造企业技术赶超中能力跃升的外在表现与内生影响因素。模型定义部分主要对表征企业技术能力阶段的隐含状态及其转移概率矩阵，以及表征企业技术能力成长外在表现的观测状态及其概率矩阵进行相关的概念界定与简单描述。模型评估部分首先根据已有研究成果与本章研究实际对模型的相关参数进行了初始赋值，然后使用前向算法对模型进行了有效性检验。模型解码部分采用 Python 语言编写 Viterbi 算法程序代码，测算出中国先进制造业技术能力的阶段性演化情况。结果表明，技术能力处于不同初始阶段的企业其技术能力跃升轨迹存在差异，低阶段的企业依赖于原始资源积累，而高阶段的企业倾向于自主研发与技术创新。

5.5 本章小结

本章基于技术赶超视角探讨中国先进制造业企业技术能力的基本要素特征及其阶段性变化，以三一重工股份有限公司为切入点采用探索性纵向单案例研究的结论为基础，采用隐马尔可夫模型与之相结合的分析方法，通过构建企业技术能力层级阶段的隐含状态与观测状态矩阵，并对模型进行评估和解码。研究发现，企业更倾向于沿着模仿生产—投资引进—自主创新的技术进步路径提升技术能力，这与现有的演化路径理论具有一致性。与以往研究不同的是，本章在此基础上继续探索中国先进制造业中不同类别的企业在身处不同状态的情境下，按照此路径实现技术能力阶段性跃升的内生要素，以及这种跃升的外在表现，得到的主要结论如下。

（1）企业的技术能力可依次划分为经验学习、探索研究、自主研发与技术引领四个阶段。其中，前三个阶段的划分方式支持了现有关于中国企业技术能力演进的研究成果，后一阶段的提出则是本章基于三一重工技术赶超历程案例分析得到的新启示。

（2）技术能力处于经验学习阶段的企业在技术赶超过程中能够依次跃升至探索研究、自主研发以及技术引领阶段，也能通过提前布局主动创新战略跨越探索研究进而跃升至自主研发甚至更高的技术能力阶段。经验学习阶段的企业可以利用后发优势吸收模仿行业内成熟的共性技术，这既降低了成本，也在一定程度上规避了研发的风险，助其快速积累技术资源并实现技术能力跃升。

（3）探索研究阶段的企业在技术能力成长过程中开始表现出一定程度的黏滞性，技术创新是其突破路径锁定与技术依赖的重要举措。该阶段，企业可以继续沿着模仿生产和投资引进的技术能力成长轨迹延续低成本的后发优势，也可通过二次创新将引进吸收的成熟技术要素转化为自身的优势资源积累。

（4）自主研发阶段是企业实现技术赶超的关键，持续的技术创新是企业弥补后发劣势进而突破技术壁垒与追赶陷阱的必要选择。反之，一味地引进学习将导致企业技术能力跌落甚至囿于低级阶段。这一阶段的企业在经历了前两阶段的高速发展后积累了大量的知识资源与研发资本，为自主研发奠定了足够的物质基础，正确把握这些优势资源能够助力企业实现技术赶超。

（5）实现技术赶超后，企业技术能力跨入技术引领阶段。这是企业技术能力成长的最高状态，既能获得行业领先优势，同样也面临被其他企业赶超的风险，只有永远保持创新的活力与热情不断探索并掌握领先的核心关键技术，才能助推企业技术能力的长久稳定发展。

中国先进制造企业技术能力跃升的四阶段模型较完整地刻画出企业在技术赶超过程中的成长轨迹，这种动态演进过程在企业处于不同技术能力阶段时表现出不同程度的跃升状态。处于低级阶段的企业可以凭借后发优势沿着既定技术轨道进行资源要素投入，也可提前布局主动创新战略另辟蹊径进行核心技术的自主研发，前者易导致企业陷入"技术赶超陷阱"，而后者是其跨越"技术赶超陷阱"的重要路径选择。技术能力处于较高阶段的企业需要加大研发投入并进行持续的技术创新，突破核心技术的壁垒进而实现技术赶超。本章的研究在一定程度上丰富了中国先进制造企业技术赶超与企业技术能力成长的理论体系，为处于不同成长阶段的企业提升技术能力进而实现对领先企业的技术赶超提供了实践建议。

第6章　中国企业先进制造技术赶超时机的存在性

以信息技术为核心推动现代科学技术和工业创新成果融合中,制造技术不断优化和推陈出新而形成先进制造技术。在世界迈向第四次工业革命的征程里,先进制造技术承载着技术创新与经济效率收敛的重大期待,并在全球制造业变革与经济发展过程中对于提高产品制造质量、降低交易成本有着重要作用,承担着重塑国家制造系统竞争力的重大责任[38],因而引发世界主要经济体的高度关注。2011年,美国"AMP2.0"报告明确先进制造伙伴战略运作机制和行动策略,并建立增材制造、数字化制造、新材料、电子元器件、生物医药等多个先进制造技术领域的创新研究中心[193];2013年,德国"工业4.0"战略重点支持生物技术、微电子和纳米技术、新材料、信息与通信技术等领域创新发展[194];2014年,日本推出超精密3D造形系统技术开发、3D打印制造革命计划等重大项目,以推进机器人、超高精度机床、纳米级加工精度、粉体加工机、高端锻件领域关键核心技术的研发[195]。

作为制造业门类齐全的国家,中国非常重视先进制造技术的发展,《中国制造2025》明确指出,通过资源整合、国家制造业创新中心建设、智能制造创新工程实施等措施,推动以新一代信息技术产业为引领的十大重点领域突破发展[196],以提升国家制造业竞争实力。在国家政策的激励下,全社会对于先进制造产业的良好发展前景都达成一致共识,使得赶超能力不同的企业倾向于同时进入技术领域。据中国统计年鉴显示,2015年中国在汽车制造业、运输设备、电气机械和器材制造业、计算机、通信和其他电子设备制造业以及仪器仪表制造业等领域,国有控股工业企业数量的增长率达到3.62%,超过以前年度的平均增长率1.36%;私营工业企业数量的增长率为3.82%,超过以前年度的平均增长率2.24%,进而导致同一时段内,部分战略性新兴产业出现投资潮涌的现象。然而在技术和市场未充分成熟的情况下,过快的投资扩张可能分割有限的产品市场和创新资源、摊薄有序竞争的预期利润、掣肘企业的创新能力,造成企业将赶超焦点从技术突破转向产能扩张和价格竞争,致使产能过剩的情况频发,进而导致市场价格下降企业发生亏损的严重后果[146, 159]。2015年,与以上产业所对应的国有控股工业企业亏损数增长率猛然提高,由以往年度的平均值1.16%增长至22.6%,私营工业企业亏损数增长率也从以往年度的平均值9.71%上升至19.09%。因此中国企业在先进制造技术赶超过程中不适宜在同一阶段涌入,应该根据技术发展的特征与企业赶超资源,理性地进行技术赶超。

企业是否要进行技术赶超时机选择以避免陷入赶超泥泞状态,多数研究给出了正面回答,赶超能力参差不齐的企业需要结合技术演化开启的机会窗口有选择地进行技术赶超,以避免赶超过程中出现的"羊群行为"所带来的技术创新"非理性繁荣"陷阱[197]。对此,面向先进制造技术赶超,技术周期化演进无疑是把握机会窗口的重点。然而,先进制造技术是新兴技术群,存在系列相对独立的技术子领域,这些子领域在一个长周期中并不是同步发展的。基于此，本章以先进制造技术子领域的界定为切入点，通过对子领域生命周期的解析，展现先进制造技术纵横发展的现实形态，探寻技术子领域的国家分布与周期演进中是否为中国实现先进制造技术赶超提供机会窗口。

6.1　机会窗口的空间存在性：技术体系的内部结构差异

6.1.1　不同属性视角下的先进制造技术

先进制造技术体系内部结构中的异质性、子技术领域间的边界存在性为后发经济体企业实现追赶提供了更大的可能。从技术属性上看，先进制造技术是在传统制造技术基础上充分吸收机械、电子、信息、材料、能源以及现代管理技术的成果，将其综合应用于产品设计、加工装配、检验测试、经营管理、售后服务乃至产品报废回收，以实现高效、清洁、灵活的生产，提高企业对动态市场的适应性和竞争能力[198, 199]。正是因为先进制造技术复杂的概念设定使其拥有丰富的属性，主要体现在科学技术、社会经济、可持续发展三方面。

先进制造技术是独立机械向多维度学科融合延伸的科学技术。早期的制造技术基于效率提升目标，将机械动力广泛应用于纺织、炼铁和其他工业，实现了有限劳动向无休止生产的突破，形成了规模化的标准生产[200]。机械技术拓宽了市场利润的增长空间，在收益大幅增长的激励下技术创新活动在多领域充分展开，资本输出国家也因此加速形成完整的工业体系[201]。在 20 世纪 50 年代，计算机与数控技术逐步进行创新实践，单一机械技术对制造业快速发展的局限性愈发突显，技术创新主体尝试打破制造技术的孤立边界，将机械、材料、电子信息等多学科知识进行融合，推动制造技术的进步[202, 203]。进入 20 世纪 80 年代，众多创新设想的碰撞与实践使得高新技术成果涌现，并渗透进计算机、微电子、信息通信与自动化等领域，促进制造技术在制造系统建立的宏观层次与精密加工的微观层次蓬勃发展[204]。纵观工业革命的历史进程，第一次工业革命借助蒸汽动力技术实现机械化生产，第二次工业革命通过电力技术实现大规模生产，而第三次工业革命利用信息技术实现自动化生产，当前正进行的第四次工业革命则以信息物理系统为核心[205]，加速制造技术智能化发展。从工业革命的技术发展特征看，先进制造技术的演进也是从单一制造技术总括到多元化复杂技术。

先进制造技术是市场化经济形势下制造企业立足的重要工具。自20世纪80年代以来，商品市场的供给者与需求者地位发生颠置[206]。一是全球市场的形成加速企业间的透明竞争，同时创新资源动态性流入不同组织，商品同质化现象从以往的微乎其微到如今的比比皆是，丰富的物质商品拓宽了消费者的选择空间。二是技术进步带来的产品生命周期缩短与更新速度加快，无疑给传统的单品种、小批量生产制造企业施加压力。因此，制造企业急需引入新技术工具，在交货周期、产品质量、产品成本、客户服务以及环境保护等方面满足消费者日趋个性化与多样化的消费需求，同时转换多品种、大批量的生产方式。如此情境下，引入先进制造技术是制造企业最好的选择。正如先进制造技术能够跨学科、跨领域地进行融合，它能保障标准化、批量化、精密化的生产操作过程，也能够支撑起不同消费场景的客户管理与贯穿全流程的组织协调，使得企业主动适应并快速响应市场变化，进而获得竞争优势[207]。

先进制造技术是日益严峻的环境问题下的战略导向。制造业的发展满足人们的物质需求，但超标碳排放、水体污染、工业垃圾等环境问题已威胁到人类生存[208-210]。在环境问题受到国际社会的广泛关注下，多数研究面向工业领域的"可持续发展"，强调工艺技术设计考虑对资源环境的影响、环境因素融入材料选择过程、采用物料和能源消耗少及废弃物少的制造方式，以达到绿色设计、绿色选材、循环再制造的效果[211, 212]。先进制造技术正是强调技术发展应当由掠夺式开发向集约型、可持续发展模式转变，力求降低生产制造过程对环境的负面影响，提升有限资源的利用率，实现清洁生产与绿色制造的目的[213]。在跟踪先进制造技术的应用研究中，发现使用先进制造技术的产品与其他产品相比，可节能 60%、节材 70%、节约成本 50%、大气污染物排放量降低 80%以上[214]。先进制造技术为社会带来的是循环经济"再利用"的高级形式，以发展先进制造技术为战略导向是建设资源节约型、环境友好型社会的客观要求。

6.1.2　先进制造技术体系内部结构解析

先进制造技术在技术集成、应用范围、流程控制等方面区别于传统制造技术，受到制造企业的青睐。在技术集成方面，传统制造技术涉及的学科单一且独立，相互间界限分明，而先进制造技术强调学科间的不断渗透、交叉和融合，技术界限逐渐淡化甚至消失，已发展成为集机械、电子信息、材料和管理技术为一体的新型交叉学科[215]。在应用范围方面，传统制造技术通常应用于加工车间内原材料转换为产成品的过程，而先进制造技术则涉及产品设计、生产设备、加工装配、销售服务甚至回收再生的产品全生命周期[216]。再者，传统制造技术驾驭制造过程中的物质流和能量流，而计算机技术、信息技术、传感技术、自动化技术以及先进管理的引入，使得先进制造技术在物质流、信息流和能量流的循环流动中发挥张力[217]。更为明显的是，先进制造技术重视技术与管理的结合、制造组织与管理体制的简化[218]，以技术进步推进企业生产制造与组织管理，提升企业生产效率和经济效益。

因技术概念设定符合全球化竞争制高点的情境，先进制造技术一经提出便得到制造企业的积极响应。为获取理想的企业绩效，早期研究围绕适合先进制造技术发展的企业行为规范与组织原理展开，其中有机型组织结构、自主反馈的工作特性、动态人员管理被视为技术发展的重要因素[219-221]。但是先进制造技术并不是指某一具体技术，而是一群代表特征强的技术的总称，在先进制造技术大框架下细分技术类别，针对性地挖掘潜在影响因素更行之有效。关于技术分类，现有 FCCSET 体系架构与 AMST 体系架构均可用于对先进制造技术进行分层次解析。

FCCSET 将先进制造技术分为主体技术群、支撑技术群和基础技术群三大组成部分[198]。其中，主体技术群是核心，包含以产品工艺设计、快速成型技术、并行设计组成的设计技术群，以材料生产工艺、加工工艺、连接和装配、测试和检验、环保与维修技术组成的制造工艺技术群；支撑技术群是主体技术群赖以生存并不断取得发展进步的相关技术，包括接口通信、决策支持、人工智能、数据库等技术；基础技术群囊括的质量管理、用户与供应商交互作用等相关技术，使先进制造技术适用于制造与管理的多重场景。

AMST 提出的先进制造技术体系结构，由里到外包括基础制造技术、新型制造单元技术和系统集成技术三个层次，反映了先进制造技术由基础到单元，再到系统集成的发展过程[198]。其中，基础制造技术层是核心，包含机械加工、铸造、锻压、焊接、热处理、表面保护等领域的制造技术；传统制造技术与电子、信息、新材料、新能源、环境科学、系统工程、现代管理等高新技术相结合所形成的新型制造单元技术层，包括计算机辅助设计（computer aided design，CAD）技术、计算机辅助制造（computer aided manufacture，CAM）技术、数控技术、机器人技术、系统管理技术、柔性制造单元、新材料成型技术、高能束加工技术等；系统集成技术层，主要指应用信息技术、网络通信技术以及系统管理技术将独立的单元制造技术进行有效集成，形成大制造系统，如计算机集成制造系统、敏捷制造系统等。

6.2　机会窗口的空间存在性：技术生命周期演化

类似于生命体在自然定律下会经历出生、成长、成熟、衰退、死亡的演进过程，技术作为人类社会系统中相对独立的子系统，其发展也会随着知识量的连续积累遵循一定的规律，即技术生命周期[222]。技术发展的轨迹类似于 S 曲线，开始时发展相当缓慢，接着快速前进，而特定的性能参数受到物理或者自然条件的制约后技术进步减缓，最后为技术投入的努力迅速下降，可将其分为萌芽期、成长期、成熟期和衰退期[102]。

6.2.1　新兴技术的周期化演进

技术周期化演进需要借助可观察数据进行判断，技术专利特有的时域性能够突出技术在时间推进下的变化趋势，因而成为研究者判断技术所处阶段的主要工具。研究者将专利累计授权量作为技术发展的衡量指标，通过专利商标局的数据刻画出美国各领域技术的发展轨迹，发现美国仅在通信设备技术领域处于成长期，多数技术领域处于成熟期，反映出美国技术创新体系仍以电子信息、互联网为主导[223]。在射频识别技术生命周期的预测中，成长期充足的发展空间反映出射频技术产业宽阔的成长空间[224]。新兴技术的生命周期预测总是引起研究者的关注。在乙肝药物技术中核苷和核苷酸类似物以及保肝类药物的技术发展阶段预测中，技术尚处于成熟期阶段[225]；氢能源与燃料电池等领域中储氢技术尚存在技术突破的难题，燃料电池技术接近技术瓶颈期[222]；工业机器人技术领域中，感知机器人技术发展处于成熟期而智能机器人发展处于萌芽期，预测智能机器人成长期较长，技术创新空间充足[226]。

技术发展最终服务于人类社会，研究者借助技术生命周期探讨企业的战略制定以及投资机构的资金投入方向问题。在电子信息、新材料、装备制造、纺织服装等领域，技术生命周期与企业的技术研发投入呈倒 U 形关系，企业对于技术的获取方式在技术生命周期前期倾向于"企业出资金、合作伙伴出技术"，后期倾向于外部购买以快速解决技术难题，在技术趋于成熟时进行技术升级投资，以提升企业的竞争优势[227]。面向快递物流领域，运输规划技术处于成长期，拥有持续的生命力和影响力，是最值得投资的技术之一[228]。因此，在技术生命周期得到科学性预测的基础上，企业根据不同技术所处的阶段特征进行投资思维转换以及战略制定可以在动态市场环境中争取竞争优势。

6.2.2　技术生命周期阶段特征

随着技术生命周期的关注度提升，研究者从专利授权量、风险投资、创新扩散速度、媒体曝光度等不同角度观察技术演进的阶段特征。

（1）萌芽期。新技术的诞生至最初引入市场的时期为萌芽期，由具有公众属性的基础科学知识与概念性的技术设想之间的碰撞而产生，往往存在于小企业或者发明家之间，只有少数愿意承担风险的组织进行研发[229]。新技术萌芽期的交流仅限于研究组织与学术界，媒体曝光率低，致使外界的创新性资源不能主动流进新技术领域。因此，技术萌芽期具有知识获取难度低、技术专利产出量低、风险投资少、发展缓慢的特征。

（2）成长期。新技术引入市场获得基本认同并被部分企业相继采用的时期为成长期。在技术成长期，供应商、用户和研究组织之间会用各自特有的互补资源搭建创新网络，扩大研发队伍以及技术创新体系，使得技术专利涌现[230, 231]。由于新技术创新中隐形知识的存在，竞争对手难以在短时间内研发替代技术，因此增长的市场需求加大了新技术的市场曝光度，大量的风险投资进入新技术领域，技术创新动力增强，整个技术创新体系充满活力，技术发展呈现高速增长的趋势[232]。因此，技术成长期知识获取难度提高、技术专利产出大幅增加、风险投资增多、创新扩散动力增强，呈现高速发展的趋势。

（3）成熟期。新技术得到市场的广泛认同并被众多企业所采用的时期为成熟期。经过成长期大量研发资源的涌入与趋于饱和的累积性技术知识，新技术领域的创新水平显著提高，前期无法解决的技术难题被逐个击破，专利产出量逐步达到巅峰值[233]。在增量创新和市场成长的交互作用下，技术发展很快形成主导设计。成熟期新技术下产品架构保持稳定，这时企业之间的竞争焦点由技术创新转移到与流程改进、成本降低和顾客细分相关的创新[234]。因此，成熟期的创新成果产出率非常高、市场需求旺盛、创新扩散动力非常强，技术发展逐步达到瓶颈。

（4）衰退期。新技术的领先优势逐步消失时则进入衰退期。随着时间的推移，新技术成为普遍的社会常识并被归类于常规技术，在技术本身性质的局限下，技术性能发展进步的空间微乎其微，一定程度上无法满足使用者日益提高的需求，这时市场上会出现明显的收益下降[235]。此时，技术知识的获取渠道增加、创新体系中隐形知识公开透明化，市场上出现大量替代技术使得竞争加剧，同时突破性技术正在汇聚创新力量，风险投资家与传播媒介将焦点渐渐转向下一个技术新秀[232]。因此，衰退期的技术知识获取公开化、市场需求减少、替代技术涌现、风险投资非常少。

6.2.3　技术生命周期与赶超时机

从技术生命周期的发展规律看，成长期的增长速度是最快的，但技术创新的竞争也是最激烈的，企业若在这个阶段进行赶超，资源丰富的在位企业会利用品牌与渠道协调的优势吸引更多创新资源参与竞争，逐渐将新技术知识私有化，因而赶超企业会面临技术知识的封锁、创新资源的争夺困境[236]。

新技术的萌芽期和成熟期或许为赶超企业开启难得的"机会窗口"。新技术的萌芽期，技术变化带来的客观影响以及领先者与赶超者的适应性行为促成赶超时机的形成。从技术轨道变化的角度，新技术的出现促使领先者与落后者站在技术发展的同一起跑线上[237]。技术知识获取难度随着技术的高速发展不断加大，这是因为技术知识的公共属性向私人属性转变，所以赶超者在技术萌芽期进行新技术的学习和研发，降低了掌握核心技术的难度，加速了新技术轨道的领先[96]。在范式转换期间，新的技术经济范式提供同等生产能力、产生新知识与组织管理需求，对于在旧技术体系中的先行者而言，要突破过去成功的行为规则、组织原理以及既得利益的约束，才能进行新技术的学习与开发。相反，落后者由于没有成功经验的束缚可以相对轻松地进入新技术创新体系，而且通过简单学习就能适应新的行为规则，从而加大在新技术领域实现弯道超车的可能性[238, 239]。另有观点认为，后进企业因为在原有技术上并没有优势，可以较早地投资于新技术领域，通过"干中学"等方式来获得新技术范式下的组织经验，从而建立在新技术上的相对优势[240]。领先者面对新技术的萌芽，其核心能力会变成核心刚性，阻碍企业在新技术背景下的前进，进而为赶超企业创造机会[241]。因此，新技术萌芽期为企业提供了易获取核心技术知识、低技术进入壁垒的赶超环境。

新技术的成熟期，领先者会以技术转移的方式扩展成熟技术的地理空间，以克服生产和市场的增长局限，这时新技术的隐形知识能够被更多的技术创新主体所掌握，因此成熟技术的转移为赶超者实现技术跨越发展提供了绝佳时机[99]。随着技术不确定性降低，落后企业通过吸收已有的经验进行反向研究可以实现技术跨越[242]。另外，成熟期主导技术的形成将企业的竞争焦点由技术创新转向服务和管理创新，赶超者可以结合既定的组织原理实现成熟技术的现代化应用[2]。也有研究认为成熟技术的知识基与赶超企业储备的知识基相近，利用技术溢出对产品性能进行改善或者对模块设计和生产进行流程创新，使得赶超企业在竞争中占有优势[243]。因此，成熟期技术的可获得途径增多，使得赶超企业加快解决技术落后难题，并且竞争焦点的转移为拥有丰富互补性资产的企业抢占市场份额增添了筹码。

6.3　赶超机会选择的不同机制与绩效结果

先动优势与后动优势理论开启了技术赶超的时机选择研究。先动优势理论认为技术先入者需要承担高额试错成本，面临技术和市场的高不确定性，但是基于早期创新资源的获取、产品市场的抢占，先入者获得新兴技术的引领[244, 245]。后动优势理论认为，后入者虽然可能面临技术压制和市场阻击等竞争困境，但是可以利用后发优势谋取技术溢出效益以实现跨越式发展[246]。根据柯达、诺基亚等企业的兴衰演变，又有研究质疑，先入者即使拥有先动优势，也未必会持续保持领导地位，后入者即使处于竞争劣势，也有可能实现"弯道超车"，当然也有可能被低端锁定，逐渐在竞争的浪潮中被淘汰[247]。因此，企业应该考虑多方面因素以选择合适的赶超时机。

6.3.1　赶超时机选择的不同机制

研究指出赶超时机选择与企业资源禀赋及结构紧密相关，尤其是特定技术背景下，异质性、稀缺性资源会左右企业赶超时机的选择[248]。先进制造技术具有高学科复杂性、高创新资源投入的特征，进而高额试错成本是赶超者首要考虑因素。具有资源优势的企业，可以根据先前经验在新技术演化的萌芽期进入，推进技术进步并开拓市场，谋取创新优势[249]；资源相对薄弱的企业，可以在技术主导设计形成后，利用边缘市场所需的互补性资源进行赶超[250]。另外，企业的资源结构也影响技术赶超时机的选择。结合技术演化的特征，萌芽期以基础科学知识推动技术创新，因而拥有多元学科基础知识的企业率先进行技术赶超，能够实现原始技术创新，推动主导技术标准的确立[251]，待新技术被市场接纳，急需挖掘潜在客户的新需求时，市场资源丰富的企业进行赶超，则更易拥有独特的市场定位，结合差异化市场策略抢占技术市场份额[252]。

另有研究提出，技术扩散、产品扩散的环境也将影响企业技术赶超时机选择。高技术扩散为企业提供隐形技术知识学习源，同时使技术获取成本处于理想位置，但是因为技术信息趋于透明，技术创新门槛降低，同质性竞争加强，在这样的情境下，能够通过差异化战略避免同质竞争的企业率先施行技术赶超，掌握核心技术[253, 254]。而低技术扩散环境下，技术扫描能力弱的企业倾向于跟随拥有技术规模优势的企业以获得更多的技术信息，进而带来羊群行为，竞相抢夺技术创新资源，因而能够吸纳并稳固技术资源的企业适宜进行赶超[255]。对于产品扩散环境，高速化的产品扩散可以打开技术市场空间，带来向好的市场传播效应，此时进行技术赶超的企业可以"搭便车"降低自身的市场开拓成本；在低速化的产品扩散环境中，即使新技术标准确立，但由于旧技术产品的消费观念黏性强，市场开拓成本更高[256]，企业赶超成本持续加大。此外，健全的产业配套、多元化的政策融资渠道与合理发放的特许经营权等因素都可以降低技术赶超风险和成本，支撑企业进行技术赶超[257]。

6.3.2　赶超绩效的生成机制

时机选择是企业技术赶超的外生影响因素，还需要企业采取相应的战略行动，激发资源累积和赶超时机的交互效应，以取得理想的技术赶超绩效[239]。战略导向表明企业在资源多样性、环境多变性下的决策风格，反映企业行为主体和客观环境的有机结合，主要分类有技术战略导向与市场战略导向。技术战略导向指企业不断地追求新知识、新技术，通过变革和创新来实现企业价值，以先发制人的理念来指导企业发展；市场战略导向表现为企业密切关注市场的变化，强调收集、传播和响应与顾客需求、偏好相关的信息，通过为顾客创造卓越价值来实现企业价值[258, 259]。在资源获取、组织文化和利益关注点上，技术战略导向强调技术知识资源的获取、前沿技术的创新以及长期竞争优势的构筑，而市场战略导向关注异质性信息的整合、顾客需求的变化和即时利益的获取[260]。在企业资源投入偏好方面,技术战略导向偏好将资源配置于知识、技术等开发部门,以拓宽新领域或增加业务的深度,市场战略导向偏好将资源配置于市场部门,以加深在已有领域的根植性[261]。在具体实施路径上,采用技术战略导向的企业会增加研发投入、整合创新资源、尝试新技术应用,而采用市场战略导向的企业则增加市场服务要素的投入以获取更多外部专业知识与市场信息[262]。值得注意的是,只关注新技术的开发会使企业花费较高的研发成本和面临较大的市场风险,可能导致企业陷入"技术领先,市场落后"的困境。另外,企业将焦点集中在市场需求上,可能面临技术落后而被淘汰的困境,因此平衡和融合两种战略导向也是所需的。

在主导设计技术形成前,赶超企业需要通过高科学知识基的形成与对市场中心地位的占据,加快创新突破、重塑行业内竞争格局,以此缩短与领先者的技术差距[263]。影响高科学知识基与市场中心地位的首要因素是创新资源的抢夺,次要因素是市场投入,因此在主导设计技术形成前,进行技术赶超的企业更适合实施技术主导的复合战略导向[264]。侧重于技术创新资源累积的企业战略导向,在低创新阈值条件下,更易实现突破创新,通过引领新兴技术的发展谋取技术领先优势[14]。创新突破加深赶超者对稀缺性资源的了解,而此时相对难以言述的稀缺性资源才是技术发展的主要驱动因素,赶超者通过稀缺性资源的输入谋取规模经济,进而借助技术优势降低生产成本[263]。虽然主导设计技术未形成,但是不代表新兴技术市场未开启。赶超者在注重技术创新活动的同时也要对市场环境进行实时监察,以突破性技术为触发器,先占地理空间和产品空间,进入市场的中心位置,辅之市场战略,谋取品牌认同效应与顾客锁定效应[265]。由此可见,先进制造技术主导设计形成前,赶超者依据突破创新、稀缺资源输入、空间先占以获取技术演化的主体地位,进而构筑主导型的价值网络。需要注意的是,在旧技术与新兴技术萌芽共存的情境下,赶超者担任技术推进与市场拓展的双重角色,面临高额试错成本,新兴技术的创新收益可能出现时滞性[237]。

主导设计技术确定后,企业竞争焦点从技术创新转移到价值创造,市场主导的复合战略导向下的边缘市场占领、消费主张重构、颠覆式创新更适合价值创造的情景[266, 267]。企业根据互补性资产进入领先者忽略的边缘市场,快速进行市场渗透与创新拓展,从而可能实现边缘赶超[268]。另外,进入先行者已开拓的新兴市场,赶超者可以通过商业模式的创新重构消费价值主张,获得高端主流市场关注进而持续进行技术创新,以避免市场的低端锁定困境[269]。值得注意的是,技术趋于成熟的机会窗口给赶超者提供了创新知识基"搭便车"的好处,技术知识由隐形化转向公开化,企业在充分利用技术溢出效应后有可能打破领先企业的技术封锁,也有可能通过技术溢出效应进行颠覆式创新进而推进技术轨道的变革,提高企业在价值网络中的话语权[270]。但是,赶超者若是停滞于商业创新或者模仿创新,忽视技术演进下的路径调整,会面临高额的顾客转换成本,遭受新技术创新主体的排挤[270, 271]。

6.4 本 章 小 结

随着技术—经济范式转换,新兴技术取代传统技术,相应的行为规则、组织原理与社会意识转化，全球经济竞争格局开始剧烈变化，新的领导者不断产生，这为技术赶超者、落后者提供了难得的机会窗口。本章从先进制造技术生命周期、子技术领域差异两个方面探讨了后发经济体技术追赶可能的机会窗口，形成的结论包括以下两个方面。

（1）技术演进中的萌芽期与成熟期是探讨赶超机会窗口的重要对象。技术萌芽期的赶超机会主要体现在技术知识与发展环境，新技术知识的易获取性增加了赶超企业对核心技术的掌握能力，旧技术成功经验的零约束使得赶超企业更容易适应新技术的创新发展环境；面向技术成熟期的赶超机会主要体现在技术跨越与竞争转移，成熟技术在地理空间上的转移为企业实现技术跨越提供机会，技术性能逐渐达到极限将竞争焦点从技术创新转向市场创新，让企业充分发挥互补性资产的优势[2, 272]。

（2）先进制造技术演变与迭代的知识传承规则、政策敏感性，以及与经济产业体系的相互依赖性约束了机会窗口。总体上看，先进制造技术赶超机会窗口开启的时间是有限的，技术创新主体如何把握适合的赶超机遇，将外部利好条件吸收内化为自身创新动力也是关键的问题。对此，在客观环境创造的赶超机会下，研究者们提出企业内部知识属性、创新系统、商业模式等差异化资源与技术扩散速度、产业链完善程度、政策引导机制等外部环境的交互作用将推进技术赶超的实现。

第7章 中国企业先进制造技术赶超时机的选择

7.1 先进制造技术主要子领域生命周期测定

7.1.1 先进制造技术不同层级及主要子领域

先进制造技术因学科门类关联复杂、技术内容覆盖广泛，在不同国家以及技术演进过程中有着不同的体系架构。其中，由美国机械科学研究院（AMST）提出的体系架构受到众多研究者的认可。AMST 体系架构将先进制造技术划分为基础制造技术、新型制造单元技术和系统集成技术三个层次。

1. 基础制造技术层

基础制造技术层注重生产过程的"效"能力。在节约资源、减少浪费的生态理念倡导下，制造业向着绿色制造发展，因而保障制造系统低耗、清洁的生产是制造技术改进的必然方向。作为先进制造技术的核心部分，基础制造技术层强调在传统制造技术基础上渐变形成的通用性技术，增强机械加工、铸造、锻压、焊接、热处理、表面保护等基础工艺过程的环境保护性。以材料受迫成形工艺技术、超精密加工技术、高速加工技术为代表的基础制造技术，国内的创新产出由 20 世纪 90 年代几乎空白向现在高速发展水平过渡。其中，材料受迫成形工艺技术指在特定边界和外力约束条件下，具有降低材料消耗、提升尺寸精密、缩短生产周期特征的材料成形技术；超精密加工技术指使零件的形状、位置和尺寸精度达到微米、亚微米范围的机械加工技术；高速加工技术是需要综合考虑切削力度、热变形、材料切除率、工艺流程的切削加工技术[273]。作为先进制造技术的重要组成部分，基础制造技术层受到技术创新主体的密切关注，创新活力充沛且未来具有较大发展空间。

2. 新型制造单元技术层

新型制造单元技术层关注新兴产业的"新"需求。产业和技术呈螺旋式发展，产业需求推动技术发展，技术前进开发出新的产业。因而随着新兴产业与市场需求的交互作用，传统制造技术与电子、信息、新材料、新能源、环境科学、系统工程、现代管理等高新技术的逐渐结合，形成的崭新制造技术属于新型制造单元技术层。以增材制造技术、微纳制造技术、再制造技术、仿生制造技术、工业机器人、数控机床、计算机辅助设计技术等突变型技术为代表的新型制造技术已取得阶段性成果并实现商业化应用。其中，增材制造技术是材料技术、黏接技术和打印技术的融合创新，应用该技术可直接从三维 CAD 数字化模型制造出产品实体并减少毛坯准备、零件加工和装配等中间工序；微纳制造技术指尺度为毫米、微米、纳米量级的零件，以及由这些零件构成的部件或系统的设计、加工、组装、集成与应用技术；再制造技术指以废旧产品作为生产毛坯，通过修复或改造升级使其质量特性不低于原有新产品的制造技术，它是实现绿色制造的重要技术支撑；仿生制造技术着重模仿生物的组织、结构、功能和性能，制造仿生结构、仿生表面、仿生器具、生物组织及器官，借助生物形体和生长机制促进现有制造技术的进步；工业机器人是可重复编程的多自由度的自动控制操作机械技术，涉及机械学、控制技术、传感技术、人工智能、计算机科学等多学科；数控机床主要功能是利用数字信息对机床运动及其加工过程进行控制，代表了机械、电子、计算机等学科的一体化应用；计算机辅助设计技术是以计算机为工具，处理产品设计过程中的图像和数据信息，辅助完成产品设计过程的技术[274]。该层次的技术创新主体围绕主导技术"确定"和"应用"的过程展开研发活动，随着技术难题被突破，其技术适用领域得到拓宽。

3. 系统集成技术层

系统集成技术层强调制造系统"集"的过程。独立的单元制造技术有特定的优势，但是在与其他技术进行关联时技术效益能够更大化。随着移动物联网、云计算、大数据等信息通信技术的飞速发展，技术创新主体应用信息通信技术以及系统管理技术将独立的单元制造技术进行有效集成，以发挥制造系统最大的综合效益。最具典型性的企业资源计划（enterprise resource planning，ERP）是集采购、销售、制造、成本、财务、服务和质量管理为一体，实现信息流、物料流、资金流集成进而优化企业内外资源配置的工具[275]。从20世纪60年代至今计算机与信息技术的发展，ERP从最初依靠集成电路计算机至现在的流畅网络通信，经历了订货点法、物料需求计划（material requirement planning，MRP）、制造资源计划（manufacturing resource planning，MRPⅡ）、企业资源计划（ERP），使得企业从以自身为中心的传统经营模式转变至以客户为中心的经营模式。以企业资源计划（ERP）为代表的系统集成技术层，强调制造技术与管理技术的跨领域融合，帮助企业满足知识经济时代下以客户为中心的竞争市场生存需求[276]。

对此，根据 AMST 提出的三层次体系结构，本章将先进制造技术分为材料受迫成形工艺技术、超精密加工技术、高速加工技术、增材制造技术、微纳制造技术、再制造技术、仿生制造技术、工业机器人、数控机床、计算机辅助设计技术、企业资源计划 11 类子领域。

7.1.2　数据收集

无论是探讨国家、区域、企业等主体的创新潜力，还是对这些主体的技术状况进行描述评价，基于专利数据的挖掘分析都被视为一种直观且稳健的方法[60, 277]。基于此，本章运用德温特专利索引数据库（Derwent Innovations Index，DII）中的数据对先进制造技术的生命周期演变特征进行探索。通过对划分出的技术子领域科普书籍以及研究文献的整理，确定 40 多个技术关键词，并制定基于关键词的专利检索策略，再运用 DII 的高级检索功能进行检索，得到 1963~2019 年全球先进制造技术子领域专利授权数量共计 82938 件。先进制造技术关键词以及子领域专利授权数量检索结果见表 7-1。

表 7-1　先进制造技术检索（1963～2019 年）

先进制造技术分类	关键词	专利授权数量/件
计算机辅助设计技术	交互技术、图形变换技术、几何造型技术等	20166
材料受迫成形工艺技术	精密铸造、精密粉末冶金、精密锻造成形、高分子材料注塑、熔融沉积成形等	2751
超精密加工技术	超精密加工机床技术、超精密加工刀具技术、精密测量技术、固体磨料加工技术、游离磨料加工技术、离子束加工技术、激光束加工技术等	1021
高速加工技术	高速切削加工机床技术、超高速轴承技术、高速切削刀具等	1555
增材制造技术	光固化成形、叠层实体制造、选择性激光烧结、三维印刷成形等	11783
微纳制造技术	电子束光刻技术、反应离子刻蚀技术等	5153
再制造技术	无损拆解、绿色清洗技术、无损检测与寿命评估技术、再制造成形加工技术等	1108
仿生制造技术	生物组织与结构仿生、生物遗传制造、仿生体系统集成、生物成形技术等	1670
数控机床技术	数控系统、伺服驱动、主传动系统、强电控制柜等	18113
工业机器人技术	发动机、机械臂、抓取技术、多智能体系统、触觉识别、机器人可靠性、控制系统、传感器等	16710
企业资源计划	面向对象技术、软件构件技术、多数据库集成、图形用户界面、电子数据交换等	2908

由表 7-1 可以看出，11 类先进制造技术子领域在 1963～2019 年的专利授权总量并非均衡：计算机辅助设计技术位于第一梯队，其专利授权总量位居第一，该技术领域的创新活动极为活跃；增材制造技术、数控机床技术、工业机器人技术位于第二梯队，其专利授权总量与计算机辅助设计技术相比存在一定差距；材料受迫成形工艺技术、超精密加工技术、高速加工技术、微纳制造技术、再制造技术、仿生制造技术、企业资源计划的专利授权总量较少，位于第三梯队。其中，计算机辅助设计技术、增材制造技术、数控机床技术、工业机器人技术的专利授权总量均超过万件，反映出这 4 类先进制造技术领域的创新产出较为丰富。

7.1.3　子领域技术生命周期

1. 测度方法

对于先进制造技术的生命周期，本章将借助 Logistic 模型进行分析。技术生命周期能够直观反映技术发展过程中创新速率与时间变化的关系，即从技术萌芽期、成长期、成熟期到衰退期的演进中，伴随着技术不确定性、市场接受度、主导设计形成、系统刚性等要素的交替影响。技术创新速率经历缓慢上升到加速上升再逐渐下降的过程，通常使用 S 曲线来描绘，尤其是基于 Logistic 模型的 S 曲线模型[275]。本章中先进制造技术生命周期的 Logistic 模型为

$$Y(t) = \frac{K}{1 + e^{-r(t-t_m)}} \tag{7-1}$$

式中，因变量 Y 代表技术累计效用值，用专利授权量表示；K 为饱和值，即技术累计效用的极限值；r 为技术增长速度，通常以技术累计效用值从 10%K～90%K 所经历的时间即

成长时间来表示；t_m 为反曲点，即技术生命周期中成熟期开始的时间。根据 Logistic 模型，技术累计效用值达到 1%K、10%K、50%K、90%K 的时点分别代表着萌芽期、成长期、成熟期、衰退期的开始。本章运用美国洛克菲勒大学开发的 Loglet Lab4.0 软件作为运算工具，该软件采用迭代法进行饱和值、成长时间以及反曲点的参数估计，运用 Bootstrap 方法确定参数的置信区间与标准误差，较为准确地推断技术生命周期各阶段的分界点。由于技术发展到一定阶段后，持续性技术优化无法满足周围环境的发展要求，将会出现性能更加优越的颠覆性技术取代旧技术，因此在时间推移下，新旧技术交替变化使得技术领域存在多重 S 曲线的情形。先进制造技术从提出至今，已经过 40 多年的发展，特别是新工业革命以来，信息化技术的飞速发展使得各领域的颠覆性技术频频提出并且得到市场化应用，此时对先进制造技术子领域的技术生命周期测量用多重 S 曲线更合适。

结合 Logistic 模型并运用 Loglet Lab4.0 软件对 11 类先进制造技术在 1963~2019 年的专利授权量数据进行 S 曲线拟合。在 S 曲线的多次拟合中发现，某些特定技术领域用多重 S 曲线的拟合效果明显好于单 S 曲线的拟合效果，因此针对特定领域采用多重 S 曲线模型。根据拟合结果得到计算机辅助设计技术、工业机器人、企业资源计划技术领域存在双 S 曲线的情形，材料受迫成形工艺技术、超精密加工技术、高速加工技术、增材制造技术、微纳制造技术、再制造技术、仿生制造技术、数控机床技术领域存在单 S 曲线。基于 11 类先进制造技术子领域 S 曲线数量特点，将其分为单 S 曲线技术领域与双 S 曲线技术领域，以此分别研究各项技术领域的周期化演进特征。

2. 单 S 曲线技术生命周期

拥有单 S 曲线的 8 类先进制造技术生命周期拟合结果见表 7-2，其决定系数 R^2 均在 0.9 以上，说明 8 类先进制造技术生命周期模型整体拟合效果较好。从专利授权量的饱和值 K 进行观察，数控机床技术的饱和值（14972）最大，表明目前全球在该技术领域的创新活动较为活跃，专利产出大量涌现。从技术增长速度（r）进行分析，增材制造技术的增长速度最快，约为超精密加工技术增长速度的 5.5 倍，反映出增材制造技术领域创新效率更为明显。根据反曲点 t_m 的拟合状况分析，反曲点分布在 2010~2023 年，其中 6 类先进制造技术领域集中在 2017~2023 年，表明 2017~2023 年是全球先进制造技术发展转型的一个重要时期，多数技术领域会取得突破性成果。从成长时间 $t_{0.1~0.9}$ 拟合情况看，材料受迫成形工艺技术、超精密加工技术、再制造技术、微纳制造技术的成长时间较长，均在 20 年以上，增材制造技术与数控机床技术的成长时间较短，在 10 年以内。而将成长时间与技术发展速度结合考察，可以明显观察到成长时间与技术发展速度之间的反比关系。

表 7-2　单 S 曲线先进制造技术生命周期拟合结果

先进制造技术	K	t_m/年	$t_{0.1~0.9}$/年	r	R^2
材料受迫成形工艺技术	822	2023	23.3	0.186	0.905
超精密加工技术	491	2023	26.0	0.156	0.921
高速加工技术	127	2013	18.7	0.235	0.933

续表

先进制造技术	K	t_m/年	$t_{0.1\sim0.9}$/年	r	R^2
增材制造技术	4750	2017	5.12	0.858	0.999
微纳制造技术	1153	2010	21.9	0.201	0.968
再制造技术	213	2019	26.8	0.164	0.928
仿生制造技术	639	2021	11.9	0.368	0.921
数控机床技术	14972	2021	9.76	0.450	0.903

先进制造技术	萌芽期	成长期	成熟期	衰退期	目前阶段
材料受迫成形工艺技术	1998~2010 年	2011~2023 年	2024~2035 年	2036~2047 年	成长期
超精密加工技术	1996~2009 年	2010~2023 年	2024~2036 年	2037~2050 年	成长期
高速加工技术	1994~2004 年	2005~2013 年	2014~2023 年	2024~2033 年	成熟期
增材制造技术	1989~2014 年	2015~2017 年	2018~2020 年	2021~2025 年	成熟期
微纳制造技术	1987~1999 年	2000~2010 年	2011~2022 年	2023~2033 年	成熟期
再制造技术	1991~2005 年	2006~2019 年	2020~2033 年	2034~2048 年	成熟期
仿生制造技术	1999~2014 年	2015~2021 年	2022~2028 年	2029~2034 年	成长期
数控机床技术	1998~2015 年	2016~2021 年	2022~2026 年	2027~2031 年	成长期

　　结合各类技术进入萌芽期的起始年份可知，微纳制造技术、再制造技术、高速加工技术、增材制造技术进入萌芽期的时间较早，在 1987~1994 年；超精密加工技术、材料受迫成形工艺技术、数控机床技术、仿生制造技术在 1996~1999 年陆续进入萌芽期。根据 8 类先进制造技术萌芽期的时间分布特征可知，1990~2000 年是先进制造技术发展的关键时期，多项技术进入萌芽期，意味着其创新产出从几乎空白向较低发展水平过渡。例如，精密加工从 20 世纪 80 年代的 0.05μm 高精密加工精度发展至 21 世纪初的 0.01μm 超精密加工精度；微纳制造于 1997 年开始将双光子聚合加工应用于直径为 300nm 的微弹簧振子系统、转速为 10r/s 的微啮合齿轮等微纳结构制造[102]；增材制造在 20 世纪 90 年代初出现 3D 打印技术以及激光束熔化工艺用于小量快速原型或模型的制作。

　　经过萌芽期的技术积累，超精密加工技术、材料受迫成形工艺技术、仿生制造技术、数控机床技术分别于 2010 年、2011 年、2015 年、2016 年进入成长期，并且目前这四类技术正处于快速成长期阶段。例如，超精密技术已经在精密陀螺仪、精密雷达、超小型计算机及其高尖端产品的制作中得以采用；精密铸造成形、超塑性成形粉末锻造成形、高分子材料注射成形等材料受迫成形工艺技术取得阶段性成果并逐步实现商业化应用；仿壁虎脚强黏附手套等仿生制造产品得到市场推广，同时生物组织及器官制造、生物加工成形制造等仿生制造领域还有待突破；在多 CPU 数控系统运行下，数控机床已实现 200000r/min 的主轴转速、60%~80%的误差减少率，并随着人工智能技术兴起向控制智能化方向发展。正是由于技术在成长期呈现出技术创新动力充足、主导设计技术尚未形成、市场需求快速增长的特征，超精密加工技术、材料受迫成形工艺技术、仿生制造技术、数控机床技术未来存在较大的发展空间。

经过成长期的快速发展，微纳制造技术、高速加工技术、增材制造技术、再制造技术分别于 2011 年、2014 年、2018 年、2020 年进入成熟期。其中，增材制造已经在航空航天、汽车工业、医疗、工艺装备、产品原型、文物保护、建筑设计、工艺饰品等多领域实现规模化应用，其技术发展处于成熟期末期。再制造技术则处于成熟期开端，其深入到汽车、工程机械、国防装备、电子电器等领域，并在国际上形成完善的技术发展体系，但是该技术在绿色清洗、无损检测方面仍有进步空间。微纳制造技术已成熟应用于半导体制造工艺、机械微加工、扫描探针显微镜制造中。高速加工技术因现有的切削力低、热变形小、材料切除率高等技术特征，普遍应用于飞机零件制造、汽车制造、模具制造等领域。正是由于这 4 类技术已达到成熟期，技术性能实现质的飞跃，并在重要的制造业领域实现大规模应用，使得产品质量提升从而改善人类生活质量。但是这 4 类技术将在 2021～2034 年进入衰退期，意味着技术创新的极值点将至，因此在这 4 类技术的衰退期到来前应该加快新技术的萌芽以保持该领域的持续创新发展。

3. 双 S 曲线技术生命周期

计算机辅助设计技术、工业机器人、企业资源计划的技术生命周期拟合结果见表 7-3，其决定系数 R^2 值均在 0.9 以上显示出拟合效果理想。从第一条 S 曲线技术生命周期特征看，计算机辅助设计技术的饱和值（655）最大，说明该领域的技术创新活动较为活跃；工业机器人的成长时间（6.83 年）最短，反映出前期该领域技术发展存在后劲不足的问题。观察第二条 S 曲线技术生命周期的特征，发现工业机器人的饱和值（3314）最大、成长时间（15.00 年）最长，表明该领域新技术的出现带来了强劲的技术创新发展动力。

表 7-3　双 S 曲线先进制造技术生命周期拟合结果

S 曲线	技术生命周期	计算机辅助设计技术	工业机器人	企业资源计划
第一条 S 曲线	R^2	0.910	0.958	0.959
	K	655	332	132
	t_m/年	1994	1984	2003
	$t_{0.1\sim0.9}$/年	9.69	6.83	7.34
	r	0.453	0.644	0.599
	萌芽期	1984～1989 年	1975～1979 年	1995～1999 年
	成长期	1990～1994 年	1980～1984 年	2000～2003 年
	成熟期	1995～1999 年	1984～1989 年	2004～2007 年
	衰退期	2000～2013 年	1990～2010 年	2008～2011 年
第二条 S 曲线	R^2	0.972	0.993	0.961
	K	1402	3314	498
	t_m/年	2020	2018	2019
	$t_{0.1\sim0.9}$/年	6.05	15.00	7.69
	r	0.726	0.293	0.571
	萌芽期	2004～2017 年	2006～2014 年	2012～2015 年

续表

S 曲线	技术生命周期	计算机辅助设计技术	工业机器人	企业资源计划
	成长期	2018~2020 年	2015~2022 年	2016~2019 年
第二条 S 曲线	成熟期	2021~2025 年	2023~2030 年	2020~2023 年
	衰退期	2026~2030 年	2031~2037 年	2024~2027 年
	目前阶段	成长期	成长期	成熟期

　　双 S 曲线的存在证明技术领域发展至今经历了新旧技术的交替,而计算机辅助设计技术发展速度从 0.453 跃升到 0.726,说明该领域新旧技术 S 曲线之间存在技术跳跃。20 世纪 90 年代是计算机辅助设计技术发展的黄金时期,新算法不断出现、各种功能模块基本形成促使该技术迅速实现商业化,但是发展后期计算机辅助设计软件系统功能较为单一,尚不能满足日益复杂的市场需求。21 世纪初,计算机操作系统以及网络环境的改进激发了新的计算机辅助设计技术萌芽,并在长期的新技术知识积累下突破集成化发展,对企业信息综合集成系统的构造至关重要。根据专利数据测量的技术生命周期显示,该技术领域正处于新技术成长期,预计在 2026 年进入衰退期,其未来存在较大的发展空间。

　　工业机器人第一条 S 曲线代表的技术生命周期从 1975 年开始萌芽,经过 20 世纪 80 年代的快速发展,至 2010 年被新技术取代。事实上,可将感知机器人与智能机器人的发展与技术生命周期联系起来,1979 年推出的多关节、全电机驱动、多 CPU 控制的感知机器人使得工业机器人在全球迅速发展,1980 年开始感知机器人技术的全球专利产出大量涌现进而促使不同用途的工业机器人在发达国家进入普及阶段。随着 21 世纪人工智能技术的发展,工业机器人迎来智能化的新时代,拥有感知能力、认知判断、执行能力的智能机器人成为智能生产的主要方式,并且更多应用场景等待着工业机器人技术的突破。根据第二条 S 曲线技术生命周期预测,工业机器人目前正处于新技术发展的成长期,技术创新活力充沛,可见新技术的发展为该技术领域带来了持续的技术增长。

　　企业资源计划(ERP)第一条 S 曲线代表的技术生命周期从 1995 年开始萌芽,第二条 S 曲线代表的技术生命周期从 2012 年开始萌芽,并且这两条 S 曲线是连续的,代表该领域新旧技术的交替具有连续性。在供应链管理、智能计算机盛行的 20 世纪 90 年代,将企业物流、资金流、信息流进行集成的 ERP 受到研究者的关注并逐渐在全球范围的企业推广。然而进入 21 世纪,企业群体之间的竞争愈加激烈,为企业内部管理服务的 ERP 发展已经不能满足当时的竞争要求,因此 ERP Ⅱ 在 ERP 的基础上进行提升和拓展。ERP Ⅱ 发展至今可跨行业地进行外部联结,解决了先进商业模式与信息化能力之间的矛盾。根据专利数据预测,该技术领域目前正处成熟期,技术难题逐个被击破的同时技术增长速度也会放慢。

　　综合以上分析,11 类先进制造技术的发展特征存在差异,现处于的技术生命周期阶段也不同。超精密加工技术、材料受迫成形工艺技术、仿生制造技术、数控机床技术、计算机辅助设计技术、工业机器人技术正处于成长期,市场需求增长且风险投资涌入技术研究领域,使得技术创新主体充满活力。此外,微纳制造技术、高速加工技术、增材制造技术、再制造技术、企业资源计划正处于成熟期，市场成长与增量创新交互作用将使技术效率达到峰值。

7.2　技术赶超的子领域选择

根据先进制造技术子领域的周期化演进特征，借助显性技术优势（RTA）指数与 IPC 分类号相结合的测度方法，比较分析美国、日本、德国、中国等主要工业国家在不同演进阶段的技术优势，进而从国际竞争版图中找出先进制造技术子领域的突破口，以重点子领域的技术赶超引领其他领域技术追赶。

7.2.1　显性技术优势指数与 IPC 分类号

1. 显性技术优势指数

显性技术优势（RTA）指数在国际技术水平的比较、区域技术先进性的测度上都能依托专利数据给出定量描述，解决技术优劣势认识模糊的问题[276]。因此本章采用 RTA 指数对主要工业国家在先进制造技术各子领域的静态空间分布进行刻画，其计算公式为

$$RTA_{ijt} = \frac{\left(\dfrac{P_{ijt}}{\sum\limits_{j=1}^{m} P_{ijt}}\right)}{\left(\dfrac{\sum\limits_{i=1}^{n} P_{ijt}}{\sum\limits_{i=1}^{n}\sum\limits_{j=1}^{m} p_{ijt}}\right)} \tag{7-2}$$

式中，P_{ijt} 表示 j 国 i 技术领域在 t 时期的专利授权量；$P_{ijt} / \sum\limits_{j=1}^{m} P_{ijt}$ 表示 i 技术领域中 j 国的专利授权量占有比例；$\sum\limits_{i=1}^{n} P_{ijt} / \sum\limits_{i=1}^{n}\sum\limits_{j=1}^{m} p_{ijt}$ 表示 j 国所有技术领域在全球专利授权量的占有份额。在利用专利数据测量先进制造技术生命周期后，t 代表先进制造技术发展对应的萌芽期、成长期、成熟期、衰退期；j 代表美国、日本、德国、中国等主要工业国家；i 代表先进制造技术子领域的关键技术。当 RTA 指数大于 1 时，说明该国在特定技术领域相对于世界标准具有比较优势，且该数值越大则该国在此领域的比较优势越大；RTA 指数小于 1 时，意味着该国在特定技术领域处于技术比较劣势。

2. IPC 分类号

IPC 分类号是标准化与统一化管理及使用专利文献的国际分类方法，能够反映专利的

核心内容和主题,因此通过先进制造技术 IPC 分类号的统计分析可以了解子技术领域研发主体的重点动向,挖掘出该领域发展的关键技术[278],确定 RTA 指数计算中不同子领域的 i 技术领域。每项先进制造技术子领域中较高频率的主 IPC 分类号见表 7-4。通过主 IPC 分类号统计可以掌握以下三点信息:一是先进制造技术热点研究方向分布在 B(作业与运输)、G(物理)、F(机械工程)、C(化学)、H(电学)五个领域,这反映了先进制造技术对传统制造与新兴技术的融会贯通;二是子技术研究方向分布差异性大,某些子技术集中于特定领域,如材料受迫成形工艺技术聚焦于 B22(铸造、粉末冶金)技术领域,某些子技术非均衡分布于不同领域,如工业机器人以机器操纵方向为主、控制系统为辅;三是先进制造技术发展中技术关联性强,如超精密加工技术、高速加工技术、数控机床技术在 B23Q(金属加工机床的组合或联合)技术领域密切联系,计算机辅助设计技术、数控机床技术、工业机器人技术在 G05B(控制或调节系统)技术领域相互关联,计算机辅助设计技术、企业资源计划在 G06F(电数字数据处理)技术领域均有涉及。

表 7-4　先进制造技术主 IPC 分类号

先进制造技术	IPC 分类号	占比/%	含义
计算机辅助设计技术	G06F	45.63	电数字数据处理
	G06T	18.54	图像数据处理或产生
	G05B	5.75	控制或调节系统;用于控制或调节系统的监视或测试装置
材料受迫成形工艺技术	B22C	61.52	铸造造型
	B22D	25.00	金属铸造;用相同工艺或设备的其他物质的铸造
	B22F	7.75	金属粉末的加工;由金属粉末制造制品;金属粉末的制造
超精密加工技术	B24B	22.12	用于磨削或抛光的机床、装置或工艺
	B23Q	15.84	金属加工机床的组合或联合
	F16C	3.29	轴;软轴;在挠性护套中传递运动的机械装置
高速加工技术	B23B	14.00	车削;镗削
	B23C	10.00	铣削
	B23Q	27.00	金属加工机床的组合或联合
增材制造技术	B33Y	64.00	增材制造工艺
	B23K	5.00	焊接;用钎焊或焊接方法包覆或镀敷;局部加热切割;用激光束加工
	B29C	7.00	塑料的成型或连接;塑性状态物质的一般成型;已成型产品的后处理
微纳制造技术	G03F	45.00	图纹面的照相制版工艺
	H01L	30.00	半导体器件;其他类目中不包括的电固体器件
再制造技术	G03G	15.37	电记录术;电照相;磁记录
	B23P	11.01	金属的其他加工;组合加工;万能机床
仿生制造技术	C12N	32.04	微生物或酶;其组合物
	C12Q	31.37	包含酶或微生物的测定或检验方法
	G01N	29.85	借助测定材料的化学或物理性质来测试或分析材料

续表

先进制造技术	IPC 分类号	占比/%	含义
数控机床技术	B23Q	36.88	金属加工机床的组合或联合
	G05B	9.64	控制或调节系统；用于控制或调节系统的监视或测试装置
	B24B	6.21	用于磨削或抛光的机床、装置或工艺
工业机器人技术	B25J	53.00	机械手；装有操纵装置的容器
	G05B	12.00	控制或调节系统；用于控制或调节系统的监视或测试装置
企业资源计划	G06Q	50.07	适用于行政、商业、金融、管理、监督或预测目的的数据处理系统
	G06F	29.14	电数字数据处理
	H04L	3.97	数字信息的传输

7.2.2　先进制造技术优势国际分布

1. 面向成长期的先进制造技术国际分布

面向正处于成长期的 6 类先进制造技术以及刚进入成熟期的再制造技术与企业资源计划，本章构建二维矩阵分析关键技术优势分布特征。横坐标 X 为萌芽期 RTA 指数，衡量先进制造技术发展初期各国的创新强度；纵坐标 Y 为成长期 RTA 指数，衡量先进制造技术跃升发展期各国的创新实力。以[$X=1, Y=1$]为中心点，运用坐标轴位置将二维矩阵划分为四类象限：萌芽期与成长期 RTA 指数均大于等于 1 的区域为第一象限，表明该国在子技术领域创新能力突出，技术领先地位加强；萌芽期 RTA 指数小于 1 且成长期 RTA 指数大于等于 1 的区域为第二象限，表明该国在子技术领域从萌芽期向成长期过渡期间，技术创新动力由弱变强并取得一定技术优势；萌芽期与成长期 RTA 指数均小于 1 的区域为第三象限，表明该国在子技术领域尚未得到创新突破；萌芽期 RTA 指数大于 1 但是成长期 RTA 指数小于 1 的区域为第四象限，表明该国在子技术领域从萌芽期向成长期的演进中，技术创新由强变弱。8 类先进制造技术中各国关键技术优势分布特征如图 7-1 所示。

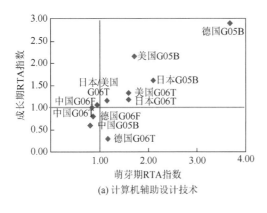
(a) 计算机辅助设计技术

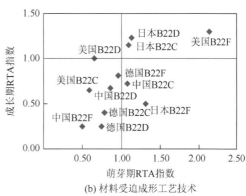
(b) 材料受迫成形工艺技术

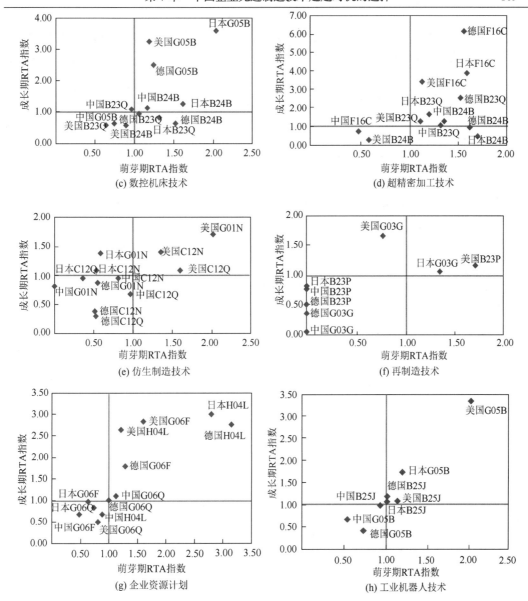

图 7-1　萌芽期至成长期的先进制造技术国际分布

计算机辅助设计技术领域，各国的技术优势分布存在差异。美国和日本均处于第一象限，德国在 G05B 领域处于第一象限，而在 G06T 领域处于第四象限，中国除了 G06F 领域处于第二象限其他均处于第三象限，表明美国与日本总体上领先优势加强、德国的技术创新动力不均衡分配、中国则在技术快速发展进程中展露出技术追赶的势头。在材料受迫成形工艺技术的第二象限仅有少数国家进入，反映了在这类技术的成长期很难实现技术创新突破。日本在局部关键技术领域处于第一象限，美国除了第四象限其他象限均有涉及，德国与中国集中分布在第三象限与第四象限，显示日本的核心技术领先优势加强，美国的技术发展呈现不平衡状态，中国与德国的技术创新动力不足。

数控机床技术领域，B23Q 技术领域中尚未有国家进入第一象限，反映出该领域的核心技术竞争激烈。日本与德国在萌芽期均保持关键技术 RTA 指数大于 1，但是进入成长期部分关键技术的 RTA 指数小于 1，两国未能持续保持强劲的技术创新能力；美国仅有 G05B 处于第一象限，表明其在部分关键技术领域尚未取得竞争优势；中国在 B23Q 领域处于第二象限，反映中国在核心技术领域技术创新动力加强。在超精密加工技术领域，美国、日本、德国在B23Q 与 F16C 领域均处于第一象限，中国在多数技术领域处于第一象限，表明工业强国在局部关键技术实现持续性领先的同时，中国的技术创新动力也在逐渐加强。

仿生制造技术、再制造技术领域的第四象限均未有国家进入，表明各国在这两类领域的技术创新活动从未松懈。在仿生制造技术领域，第一象限只有美国进入，第二象限只有日本进入，第三象限日本、中国、德国均有进入，如此的技术优势分布显示美国的领先地位不可动摇，日本的创新能力得到了拓展和延伸，德国与中国尚处于技术落后的局面。再制造技术领域，四国的技术优势布局更为明晰，美国在 B23P 与 G03G 领域分别处于第一、第二象限，日本在 G03G 领域处于第一象限、B23P 领域处于第三象限的左边缘，中国与德国均处于第三象限的左边缘。表明美国在再制造技术发展中处于绝对领先地位，日本逐渐关注该领域的技术发展并加强创新能力，而中国与德国的技术创新活动展开较晚。

企业资源计划与工业机器人技术领域的第二象限与第四象限均没有国家进入［图 7-1（h）中，中国 B25J 与德国 B25J 均在象限交界处，暂认为分别归于第三象限、第一象限］，表明各国在这两类领域的技术发展取决于萌芽期的技术能力积累。在企业资源计划领域，德国在关键技术领域均处于第一象限，技术领先优势加强；日本在 H04L 领域处于第一象限，其他均在第三象限，核心技术领域创新动力不足；美国除了 G06Q 在第三象限，其他均在第一象限，而中国的情况与美国相反，表明中国与美国在局部领域的技术创新能力增强。在工业机器人领域，美国、日本处于第一象限，中国处于第三象限，德国在这两个象限均有涉及。表明美国与日本在该领域的技术领先，德国在局部领域取得技术优势，而中国与这三个国家相比仍有较大差距。

2. 面向成熟期的先进制造技术国际分布

面向高速加工技术、增材制造、微纳制造等正处于成熟期发展的先进制造技术，运用雷达图分析各国在技术生命周期不同阶段的 RTA 指数变化趋势，如图 7-2 所示。其中，灰色正方形表示萌芽期 RTA 指数、黑色正方形表示成长期 RTA 指数、三角形表示成熟期 RTA 指数。

在高速加工技术领域技术萌芽期，德国在 B23Q 领域的技术创新能力突出，美国在 B23B 及 B23C 领域取得领先优势；由萌芽期向成长期过渡后，美国在 B23C 领域有突破式技术创新优势，德国也在 B23B 及 B23C 领域加快创新研究；步入成熟期，日本与德国的技术实力在各领域都得到提升，两国的竞争愈演愈烈。可以发现美国在前期的技术创新动力充足，但是进入成熟期面临技术发展后劲不足的问题，而中国在技术起步时未投入足够的创新资源到竞争中以至于发展至今仍处于技术落后的局面。

在增材制造领域技术萌芽期，美国的技术创新优势明显，尤其在 B33Y 领域创新动力强劲，德国与日本在 B23K 领域获得先行优势；进入成长期后，德国在保持 B23K 领域先行优势的基础上开始在 B29C 领域进行技术创新能力拓展并取得竞争优势，相比之下，

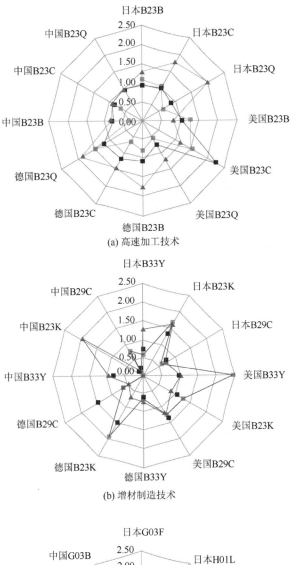

(a) 高速加工技术

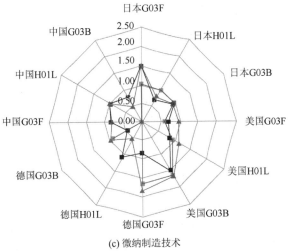

(b) 增材制造技术

(c) 微纳制造技术

图 7-2　萌芽期至成熟期的先进制造技术国际分布雷达图

日本与美国技术创新动力弱化；步入成熟期，各国的技术竞争更为激烈，尤其是中国通过技术能力积累实现 B23K 领域的创新突破。在微纳制造领域技术萌芽期，日本较为全面地开启了创新研究并取得领先优势，德国与美国在某些关键技术领域创新成效明显，而中国尚未涉足该技术的创新发展；进入成长期，日本在 G03F 领域、美国在 G03B 领域、德国在 H01L 领域各自取得竞争优势；成熟期开始后，美国与日本的技术优势布局没有太大的改变，而德国始终保持局部领域的技术领先，中国在该领域的技术发展与其他国家相比仍有较大差距。

综合 11 项先进制造技术子领域的 RTA 指数分析，可以发现国家在萌芽期的技术能力积累对成长期技术领先优势的获得至关重要。新技术的萌芽本就是基础科学知识与概念性技术设想之间的碰撞而产生，在此阶段存在技术不确定性高、媒体曝光率低、创新扩散动力弱的特征，因而在萌芽期率先取得领先优势的创新主体进一步拥有隐形技术知识。进入新技术成长期，由于技术创新中形成的隐形知识使得竞争对手难以在短时间内模仿，因此创新主体借助萌芽期的技术领先优势更进一步攻克技术难题，持续保持技术竞争优势[224]。

7.2.3　先进制造技术赶超子领域选择

从先进制造技术子领域的周期化演进看，美国在计算机辅助设计技术、仿生制造技术、工业机器人技术、增材制造技术的发展中保持领先优势，日本在材料受迫成形工艺技术、数控机床技术领域发展阶段中持续保持领先优势，德国在超精密加工技术、企业资源计划技术领域发展阶段中持续保持领先优势，在高速加工技术的成熟期突现出国家的技术优势，而中国因先进制造技术发展起步较晚，尚未拥有任意子领域的领先优势。从不同子领域的技术创新空间、技术国际竞争态势以及技术创新活动表现考虑，再制造技术、仿生制造技术以及工业机器人技术等领域或许可成为中国先进制造技术赶超的子领域切入口。

技术创新空间重在观察技术成长期的时间持续性。在先进制造技术生命周期演进中，可以发现材料受迫成形工艺技术、超精密加工技术、再制造技术、仿生制造技术、工业机器人技术的发展趋向物理极限的时间均在 2030 年左右，结合现在的时间节点看，还有近10 年的技术突破时间，代表其在全球范围下技术创新后劲充足。在中国的技术发展进程中，再制造技术、仿生制造技术、工业机器人技术的萌芽持续时间比材料受迫成形技术与超精密加工技术更为持久，代表萌芽期的技术能力积累更为扎实，而萌芽阶段的技术能力积累对隐形技术知识的获取至关重要，隐形技术知识可以是创新突破的关键性资源并且可以使竞争者无法在短期内进行模仿。并且这三类技术在中国均处于成长期，尚存在技术赶超的时间选择。另外，技术国际竞争态势重在观察技术成长期领先优势的国际分布。在技术突破空间较大的五类子领域中，材料受迫成形工艺技术、仿生制造技术、再制造技术的成长期，主 IPC 分类号在 RTA 指数小于 1 的区域内聚集，代表国家间在关键技术领域的竞争更为激烈，实现任意技术领域的领先都能推动其他子领域的技术发展。从技术萌芽期到成长期的 RTA 指数变化看，中国在仿生制造技术、再制造技术、工业机器人等领域，明显迸发出创新活力，从全球视角下萌芽期未参与状态或是低速发展转变到成长期高速创新，具有赶超潜力。

由此可见,再制造技术、仿生制造技术、工业机器人技术的创新空间大、国际竞争激烈、中国创新潜力迸发,适宜作为中国实现先进制造技术赶超的子领域切入口,以重点子领域的率先突破引领其他子领域的全面发展,进而保证先进制造技术优势的持久性。

7.3　技术赶超时机选择模型构建

随着先进制造技术从萌芽期演进至衰退期以及新旧技术的交替演进,技术研发从高不确定性演变至低风险又上升至高风险,技术市场认可经历从低到高又回落至较低状态。对此,企业在技术演进的特定阶段实施技术赶超,可能在短时期内出现低技术成本-高市场收益或者高技术成本-低市场收益的状态。但是从长周期的视角看,技术付出总成本与技术市场总收益可能并不具有此种规律性,或许呈现完全相反的结果。因此,企业在先进制造技术演进的不同阶段实施技术赶超后的绩效衡量需要考虑技术演进过程中的累积性。从工业国家的政策制定与技术创新主体角度观察,先进制造技术属于新兴技术,各国正开展技术研发试错,创新主体积极推进技术市场拓展,大部分技术领域尚未到达衰退期,因此现有数据难以衡量技术演进长周期下的企业赶超绩效。

模型构建与仿真分析一直被视为依托现有数据客观描述未来发展趋势的稳健方法。在难以获取先进制造技术周期化演进的完整数据情形下,建立具有技术演进特征的先进制造技术收益与成本模型并仿真分析不同阶段企业所能获得的长期性赶超绩效或许是可行的解决办法。因此,本节基于 Logistic 模型测度 11 个先进制造技术子领域的技术生命周期和 RTA 指数,分析得到技术优势的国际分布,使用数理模型和仿真分析探讨企业在先进制造技术演化的不同阶段进行技术赶超存在的赶超绩效差异及形成原因,并尝试以此打开中国企业面向先进制造技术赶超的时机选择黑箱。

7.3.1　先进制造技术演化的收益与成本模型

根据技术创新的 A-U 模型,在先进制造技术的周期化演进中市场创新收益具有一定规律性。在技术萌芽期,新技术具有高度不确定性并且只有少数愿意承担风险的创新主体进行研发,关于新技术的交流限于研究组织与学术界,媒体曝光率低,市场创新收益微乎其微。经过萌芽期的技术酝酿,新技术的阶段性成果将吸引外界创新资源主动流入技术研发领域,技术发展进入成长期。在经过研发试错后,新技术显示出商业价值并逐步引入市场,由于新技术创新中隐形知识的存在,使得替代技术难以在短时间内出现,大量的风险投资涌入新技术研发领域使得市场曝光度加大,进而提升市场创新收益。随着新技术成长期吸纳充足的创新资源,前期无法解决的技术难题逐个被击破从而形成主导设计技术。步入成熟期,主导设计技术的增量创新与市场成长的交互作用下,使用新技术的产品扩散速度加快,市场创新收益持续增加。进入衰退期,技术发展达到瓶颈,此时的新技术被纳入常规技术意识流,技术性能发展受到较大局限,一定程度上无法满足使用者日益提高的需求,这时市场上会出现明显的收益下降。

先进制造技术区别于传统制造技术跨学科、跨领域的技术特征，因此技术获取成本是技术赶超中的关键成本。在先进制造技术发展初期的极大不确定性与创新主体的少量化下，突显出技术创新需要大量投资以支撑难以实现的概念设想。随着技术试错阶段的过渡与主导技术的出现，应用新技术的产品规模化、技术扩散渠道多样化，进而使得新技术所拥有的隐形技术知识向常规公共知识转变，因此技术获取成本会呈下降趋势。

已有研究建立了具有时间特征的技术演化市场收益与技术获取成本模型，广泛应用于核电技术、高新技术、战略性新兴技术阶段性演进的研究中[246, 278-280]。基于先进制造技术的国际发展现状，即在美国、日本、德国占领多数子领域技术领先高地的情境下，中国的技术创新活动明显增多、技术赶超劲头愈发明显，引起了工业强国的高度关注，进而对中国的科技创新进行阻碍，这在一定程度上影响了中国先进制造技术市场的收益与获取成本。基于成熟应用的技术演进市场收益与获取成本模型，考虑工业强国对中国施加的赶超压力，先进制造技术周期化演进中第 t 时期的市场收益 $P(t)$ 与技术获取成本 $C(t)$ 模型为

$$P(t) = \lambda\beta t\mathrm{e}^{-\rho t} \tag{7-3}$$

$$C(t) = \lambda\beta\mathrm{e}^{-\gamma t} \tag{7-4}$$

式中，λ 表示先进制造技术所蕴含的技术价值；β 表示中国与先进制造技术领先者的技术距离；ρ 表示先进制造技术产品的扩散速度；γ 表示先进制造技术扩散速度；t 表示先进制造技术所处的技术生命周期时点。

7.3.2　先进制造技术演化的利润

由式（7-3）与式（7-4）可得到先进制造技术的周期化演进过程中第 t 时期市场所获得的利润为

$$\pi(t) = P(t) - C(t) = \lambda\beta t\mathrm{e}^{-\rho t} - \lambda\beta\mathrm{e}^{-\gamma t} \tag{7-5}$$

通过对 t 求导可得

$$\frac{\mathrm{d}\pi}{\mathrm{d}t} = \lambda\beta\left[(1 - \rho t)\mathrm{e}^{-\rho t} + \gamma\mathrm{e}^{-\gamma t}\right]$$

在先进制造技术萌芽期开端，令 $t = 0$，可以得到市场利润 $\pi = -\lambda\beta < 0$，$\mathrm{d}\pi/\mathrm{d}t = \lambda\beta(1 + \gamma) > 0$，即新技术演化的较早阶段。虽然市场赶超利润为负值，但是技术创新亏损呈逐渐减少的趋势，并且随着技术曝光度加大，大量创新资源流向技术研发，新技术的商用价值突显，进而一定存在时间点 t_1 使得技术创新收益弥补技术获取成本。

$$\pi t_1 = \lambda\beta t_1\mathrm{e}^{-\rho t_1} - \lambda\beta\mathrm{e}^{-\gamma t_1} = 0$$

$$t_1 = \frac{1}{\rho - \gamma}$$

其中，t_1 代表先进制造技术发展萌芽期结束、成长期开始的时间点。因此当先进制造技术演化处于时间点 $t \in (0, t_1)$ 时，$\pi < 0$，$\dfrac{\mathrm{d}\pi}{\mathrm{d}t} > 0$，这符合先进制造技术萌芽期高成本投入、低收益风险、技术创新动力渐进加强的特征。

进入先进制造技术成长期，技术阶段性成果的媒体曝光度加大，技术发展的产业环境逐步改善，进而吸引大量的风险投资涌入技术创新领域。投资主体各自特有的互补资源推动新技术研发进展，研发成果逐渐被消费者认可的同时技术所投放的市场呈现向荣态势。新技术成长发展中主导技术的出现使得市场热度达到峰值，因此存在先进制造技术演化的时间点 t_2，使得 $\dfrac{\mathrm{d}\pi}{\mathrm{d}t_2}=0$。

$$\lambda\beta[(1-\rho t_2)\mathrm{e}^{-\rho t_2}+\gamma\mathrm{e}^{-\gamma t_2}]=0$$

$$t_2=\frac{2\rho-\gamma}{\rho(\rho-\gamma)}$$

其中，t_2 代表先进制造技术发展成长期结束、成熟期开始的时间点。因此当先进制造技术演化处于时间点 $t\in(t_1,t_2)$ 时，$\pi>0$，$\dfrac{\mathrm{d}\pi}{\mathrm{d}t}>0$，符合先进制造技术成长期创新动力足、高收益、低风险的特征。

随着先进制造技术进入成熟期，累积的技术知识与充沛的创新资源使得前期无法解决的技术难题逐个被击破。但是受限于物理特性，在此期间技术进步的空间逐渐缩小，进而社会各界转向探索主导技术所适用的组织原理与行为规则，市场成长空间也继而缩小。另外，由于成熟期的技术扩散渠道多样化，技术所蕴含的隐形专有知识转化为具有公众属性的技术知识，技术市场准入门槛相继降低。因此当时间点 t 趋于无穷大时，市场创新利润又有新的变动趋势。

$$\lim_{t\to+\infty}(\lambda\beta t\mathrm{e}^{-\rho t}-\lambda\beta\mathrm{e}^{-\gamma t})=0$$

$$\lim_{t\to+\infty}\left\{\lambda\beta\left[(1-\rho t)\mathrm{e}^{-\rho t}+\gamma\mathrm{e}^{-\gamma t}\right]\right\}<0$$

当先进制造技术演进的时期为 $t\in(t_2,+\infty)$ 时，虽然市场创新利润为正值，但是总体呈现下降的趋势。正是技术经历成熟期迈向衰退后面临的成长空间受限、创新利润下降的困境，不能满足公众日益增长的物质需求，继而引发新一轮技术的萌芽。

7.3.3　技术赶超者长期总利润

1. 模型假设

先进制造技术在演化各阶段的风险和收益具有差异性，对不同阶段的赶超者在创新能力、组织规范行为、市场渗透力等方面也有不同要求。先进制造技术萌芽期存在技术试错成本，不具备市场认可度，具有风险高且收益低甚至是负收益的特征，资源基础厚实且拥有多元学科基础知识资源、创新组织规范尚未固化的企业具有较高的赶超适配性。成长期因隐形技术知识获取风险高、风险投资涌入下收益回暖等特征，赶超企业需要进行高效组织管理创新以构建隐形技术知识获取的灵活网络。成熟期的赶超者必然面对主导技术形成下激烈市场竞争的风险，需要借助异质性资源建立独特的市场定位以拓展市场空间。赶超企业除了将自身拥有的赶超资源与技术演化的阶段性特征进行匹配外,还需要结合不同阶段技术扩散、产品扩散、产业支持、政府引导等外部环境的影响理性选择赶超时机,从而推进企业的技术赶超与市场突围。

企业选择合适的赶超时机后,需要采取适宜的赶超路径,以获取资源累积与赶超时机的交互效应,进而实现创新资源与技术能力的持续积累,为下一次技术轨道的变革做好准备。在先进制造技术的主导设计形成前,赶超企业以突破式技术创新战略为主、中心市场战略为辅,通过突破性技术来先占市场的中心位置,进而构筑主导型价值网络、获取可靠创新收益。主导设计技术确定后,赶超企业以边缘市场战略为主、颠覆式创新战略为辅,通过边缘市场的赶超渗透进中心市场获取技术溢出进而触发颠覆式创新,推进技术轨道的变革,提高企业在价值网络的中心性。反之,如果赶超企业盲目选择赶超时机,或者在适宜时机下进行赶超但是没有匹配合适的赶超路径,不仅容易受到领先企业的压制,还可能陷入赶超泥泞状态。因此,为建立赶超企业在不同阶段实施技术赶超所获得的理想利润模型,提出如下假设。

假设 1:企业能够根据技术演化的阶段性特征与外部环境,结合自身赶超资源理性选择赶超时机。

假设 2:企业理性选择赶超时机后能实施适配性的赶超战略,谋取最大化赶超绩效。

2. 赶超者的长期总利润模型

企业的技术赶超是时期性行为,并且赶超绩效具有时滞性,赶超时点以后的累积性收益与成本变化能较好地展现企业所获得的赶超总利润特征,并且企业在技术演化的不同时点进行技术赶超后所占领的市场份额具有差异性,因此,不同的技术机会窗口宽度以及占领的市场份额影响企业赶超收益。定义先进制造技术正处于本轮演化的时间长度为 T,企业在进行技术赶超后所占领的市场份额为 α。企业在先进制造技术演化的第 t 时点进行赶超的总收益为

$$P(t) = \int_t^T \alpha\lambda\beta t \mathrm{e}^{-\rho t}\mathrm{d}t \tag{7-6}$$

企业在先进制造技术演化的第 t 时点进行赶超的总技术获取成本为

$$C(t) = \int_t^T \lambda\beta \mathrm{e}^{-\gamma t}\mathrm{d}t \tag{7-7}$$

根据式(7-6)与式(7-7)可知,企业在先进制造技术演化的第 t 时点进行赶超的总利润模型为

$$\pi(t) = \int_t^T \alpha\lambda\beta t \mathrm{e}^{-\rho t}\mathrm{d}t - \int_t^T \lambda\beta \mathrm{e}^{-\gamma t}\mathrm{d}t \tag{7-8}$$

在模型仿真中,先进制造技术萌芽期至成长期发展的时间阈值点为 t_1、成长期向成熟期过渡的时间阈值点为 t_2,假设先进制造技术特定子领域仅存在 A_1、A_2、A_3 三个理性企业进行技术赶超,并且企业一旦实施技术赶超将会在技术演化的全过程中持续存在。企业 A_1 在 $t \in [0, t_1)$ 时段实施赶超,即先进制造技术演化的萌芽期进行赶超,所占的市场份额为 α_{A_1};企业 A_2 在 $t \in [t_1, t_2)$ 时段实施赶超,即先进制造技术演化的成长期进行赶超,所

占的市场份额为 α_{A_2} ；企业 A_3 在 $t\in[t_2, +\infty)$ 时段实施赶超，即先进制造技术演化的成长期进行赶超，所占的市场份额为 α_{A_3} 。

模型建立的前提是企业是理性赶超者，能够在适宜的赶超时机下实施合适的赶超战略，因此在技术演化的不同阶段进行赶超，企业所占的市场份额具有规律性。在技术萌芽期进行赶超的企业，可以较早掌握技术创新的隐形知识推动主导设计技术的形成，占据创新价值网络的中心地位，并且影响市场的消费行为，进而抢占更多的市场份额。技术成长期进行赶超的企业可能会面临先发企业的技术压制以及创新价值链的低端锁定困境，因此先发企业在技术演化进程中继续保持理性决策的情境下，赶超企业所占的市场份额相对较少。针对技术成熟期进行赶超的企业，在先发企业主导中心市场下，消费者行为具有黏性，因而赶超企业将受到市场劣势的影响。对此，在先进制造技术不同阶段赶超的企业，市场份额遵循以下规律，即 $\alpha_{A_1} > \alpha_{A_2} > \alpha_{A_3}$ ，并假设 $\alpha_{A_1} = 0.6$ ， $\alpha_{A_2} = 0.3$ ， $\alpha_{A_3} = 0.1$ 。

7.4　赶超时机选择模型仿真分析

运用 MATLAB 软件并借助积分图形法，对再制造技术、仿生制造技术和工业机器人等子领域中企业在不同时机实施技术赶超所能获得的长期总利润进行仿真，探究不同时机下赶超总利润差异形成的原因，并分析企业面向特定技术领域实施赶超的适宜时机。

7.4.1　参数赋值

在解析先进制造技术子领域赶超的模型之前，需要对模型的相关参数进行初始的赋值。通过整合现有以专利为数据源且采用实证研究、案例分析对新兴技术价值进行定量化描述的研究成果，并基于上述先进制造技术生命周期的测度，分别对先进制造技术价值 λ 、技术距离 β 、产品扩散速度 ρ 与技术扩散速度 γ 进行参数赋值。

1. 技术价值

根据先进制造技术 IPC 分类号可知，不同技术子领域链接同一技术主题的情形显示 11 类技术子领域具有强技术关联性，并且技术本身存在承接关系，即一种技术的获得与使用需要以另一种技术的获得为前提，在技术关联与技术承接关系中越靠近中心地位则表明特定技术的价值越高。专利作为直接参与生产和市场交易的技术产权承载物，引用是专利所代表技术嵌入价值链的方式，而专利引用网络中，特定技术主题的中介中心度越高意味特定技术嵌入先进制造技术价值链中辅助其他技术创造的程度越高，进而技术价值越高[281]。

CiteSpace 专设德温特专利数据分析功能，利用专利引用网络分析将数量庞大、杂乱无章的题录信息通过引用分析、共被引分析绘制成科学知识图谱，以德温特专有编码表达技术主题，辅之以技术主题中介中心度来解读图谱。研究者们利用 CiteSpace 专利引用图谱，分析出国内外数字经济领域内人工智能、大数据、区块链等高中介中心度的技术前沿，识别出纳米技术领域内量子点、生物分子技术、自组装膜技术等高网络中心度的关键技术[282, 283]，可见 CiteSpace 专利引文网络中技术主题的中介中心度能较好地表达特定领域的技术价值。

本章数据来源于德温特专利数据库，因此利用 CiteSpace 专利引用图谱呈现的技术主题中介中心度测量再制造技术、仿生制造技术、工业机器人的技术价值。首先，将 11 类技术子领域的 82938 件专利数据代入 CiteSpace 可以得到先进制造技术共计 70 项德温特专有编码以及每项编码的中介中心度（表 7-5）。其次，利用 CiteSpace 软件的主题词共现功能，解析再制造技术、仿生制造技术以及工业机器人领域的主题词共现网络，锁定高频德温特专有编码，从而在汇总结果中计算出相应子领域的中介中心度，以此代表子领域技术价值。如图 7-3～图 7-5 所示，再制造技术展现出 a88、m13、x25、t01、p53、s06、p84、p56、t04 的德温特专有编码，仿生制造技术突出 b04、d16、c06、s03、j04、a89 等技术主题，工业机器人含有 p62、x24、t06、s02、v06、q64、u11、w04 等技术主题，对应表 7-1 可得 λ 再制造 $= 0.68$、λ 仿生制造 $= 0.23$、λ 工业机器人 $= 0.31$。

表 7-5　先进制造技术主题中介中心性

编码	德温特专有编码	中介中心度
1	a14（polymers of other substituted monoolefin）	0.05
2	a32（polymer fabrication）	0.05
3	a82（coatings impregnations polishes）	0.01
4	a85（electrical applications）	0.03
5	a88（mechanical engineering）	0.27
6	a89（photographic laboratory equipment optical）	0.07
7	a92（packaging and containers-including ropes and nets）	0.03
8	a93（roads building construction flooring）	0.03
9	a95（transport-including vehicle parts types and armaments）	0.01
10	a96（medical dental veterinary cosmetic）	0.02
11	a97（miscellaneous goods not specified elsewhere）	0.12
12	b04（natural products and polymers including testing of body fluids）	0.05
13	c06（biotechnology）	0.02
14	d16（fermentation industry）	0.03
15	e19（other organic compounds general）	0.01
16	g02（based paints）	0.02
17	g06（photosensitive compositions）	0.02
18	h07（lubricants and lubrication）	0.09
19	j01（separation）	0.08
20	j04（chemical/physical processes/apparatus）	0.02
21	l02（refractories ceramics cement）	0.06
22	l03（electro-（in）organic）	0.06

续表

编码	德温特专专有编码	中介中心度
23	m13（coating material with metals diffusion processes enameling）	0.02
24	m22（casting）	0.02
25	m23（soldering）	0.01
26	m24（metallurgy of iron and steel）	0.04
27	m26（non-ferrous alloys）	0.06
28	p13（plant culture dairy products）	0.04
29	p32（dentistry bandages veterinary prosthesis）	0.01
30	p42（spraying atomizing）	0.01
31	p52（metal punching working forging）	0.04
32	p53（metal casting powder metallurgy）	0.05
33	p54（metal milling machining electro working）	0.02
34	p55（soldering welding metal）	0.02
35	p56（machine tools）	0.03
36	p61（grinding polishing）	0.05
37	p62（hand tools cutting）	0.07
38	p64（working cement clay stone）	0.05
39	p73（layered products）	0.02
40	p75（typewriters stamps duplicators）	0.01
41	p81（optics）	0.04
42	p84（other photographic）	0.05
43	q35（refuse collection conveyors）	0.01
44	q42（hydraulic engineering soil shifting and sewerage）	0.02
45	q52（reaction engines）	0.01
46	q56（non-positive displacement fluid machines/pumps/compressors）	0.02
47	q62（shafts and bearings）	0.09
48	q64（belts chains gearing）	0.01
49	q66（valves taps cocks vents）	0.01
50	q68（engineering elements）	0.08
51	s01（electrical instruments）	0.01
52	s02（engineering instrumentation）	0.06
53	s03（scientific instrumentation）	0.04
54	s05（electrical medical equipment）	0.02
55	s06（electrophotography and photography）	0.05
56	t01（digital computers）	0.12
57	t04（computer peripheral equipment）	0.07
58	t06（process and machine control）	0.01

编码	德温特专有编码	中介中心度
59	u11（semiconductor materials and processes）	0.03
60	u14（memories film and hybrid circuits）	0.03
61	v04（printed circuits and connectors）	0.02
62	v06（electromechanical transducers and small machines）	0.04
63	v07（fiber optics and light control）	0.02
64	w01（telephone and data transmission systems）	0.04
65	w04（audio/video recording and systems）	0.04
66	w06（aviation marine and radar systems）	0.03
67	x11（power generation and high power machines）	0.06
68	x24（electric welding）	0.05
69	x25（industrial electric equipment）	0.07
70	x27（domestic electric appliances\n）	0.05

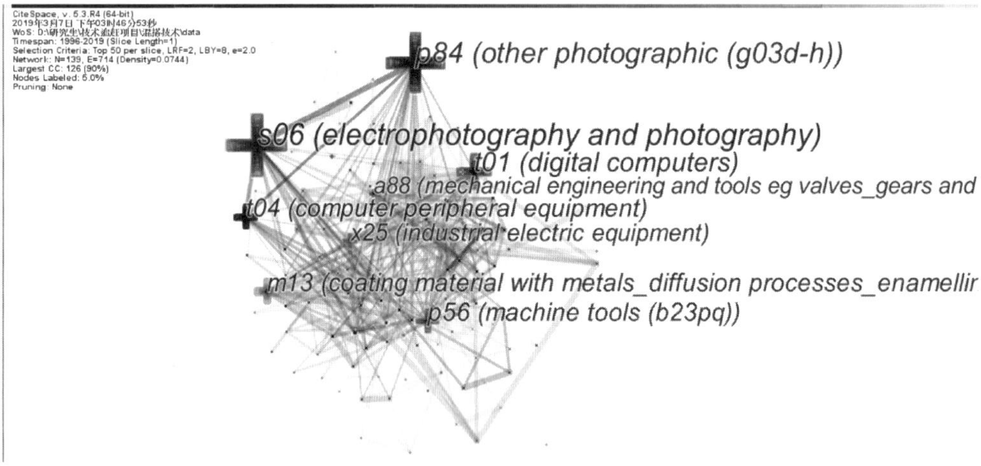

图 7-3　再制造技术主题词共现网络

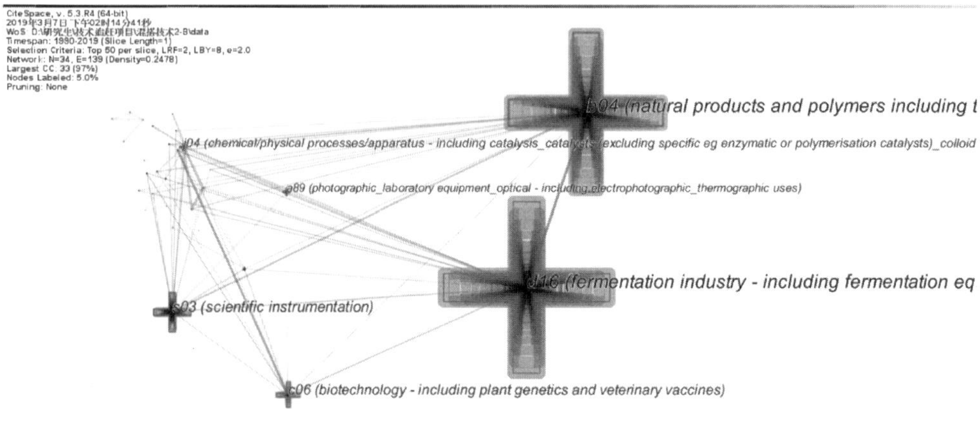

图 7-4　仿生制造技术主题词共现网络

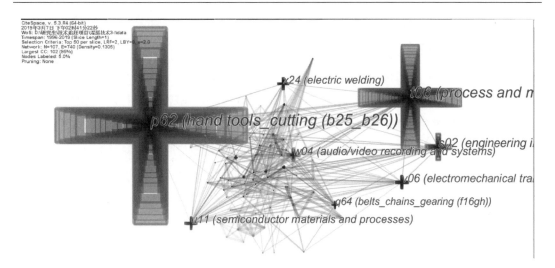

图 7-5　工业机器人技术主题词共现网络

2. 技术距离

基于先进制造技术专利数据计算的 RTA 指数可知，中国在多数子领域的关键核心技术实力与美国、日本、德国等工业强国相比具有一定差距，而中国向西方国家大量进口生产高精度芯片的光刻机、加工高精度金属零件的精密机床以及高精度工业机器人等客观事实也验证了中国在先进制造高精尖领域存在技术短板，正是技术差距使得相关国家对中国设置政策性壁垒，阻碍中国获取关键技术研发资源与参与高端产品市场竞争。因此，借助 RTA 指数定量分析在特定子领域中国与领先国家的技术距离。先进制造技术多数子领域处于成长期，而成长期是主导技术形成的关键阶段，该阶段的技术距离反映技术落后者需要付出的赶超努力与可开拓的市场空间，也一定程度上反映技术领先者施加的赶超压力，所以采用中国在再制造技术、仿生制造技术、工业机器人的成长阶段与领先国家的 RTA 指数差距作为技术距离赋值依据。

3. 产品扩散速度与技术扩散速度

根据式（7-5）推导可知，技术萌芽向成长期的转折点以及技术成长期迈向成熟期的时点 t_2 均是产品扩散速度 ρ 与技术扩散速度 γ 的函数。因此借助子领域技术生命周期的测度结果，将萌芽期视为本轮技术演化的零时点，使得 t_1 与 t_2 定量化求解，进而得到技术生命周期拟合下子领域的相关参数赋值。工业机器人已经进入第二轮技术演进，为了对最新技术发展进行赶超探究，采用工业机器人第二条 S 曲线的拟合结果。

预测再制造技术分别在 1991～2005 年、2006～2019 年、2020～2033 年、2034～2048 年四个时段经历萌芽、成长、成熟以及衰退，而 2006 年与 2020 年分别是再制造技术演化对应的 t_1 与 t_2 时点，根据式（7-5）推导可得

$$t_1 = \frac{1}{\rho - \gamma} = 15 \tag{7-9}$$

$$t_2 = \frac{2\rho - \gamma}{\rho(\rho - \gamma)} = 28 \tag{7-10}$$

联立式（7-9）与式（7-10）可得：$\rho_{再制造} = 0.08$，$\gamma_{再制造} = 0.02$。

预测仿生制造技术在 1999～2014 年、2015～2021 年、2022～2028 年、2029～2034 年等时段经历技术演进，其中 2015 年与 2022 年分别是仿生制造技术演化对应的 t_1 与 t_2 时点，根据式（7-5）推导可得

$$t_1 = \frac{1}{\rho - \gamma} = 16 \tag{7-11}$$

$$t_2 = \frac{2\rho - \gamma}{\rho(\rho - \gamma)} = 23 \tag{7-12}$$

联立式（7-11）与式（7-12）可得：$\rho_{仿生制造} = 0.14$，$\gamma_{仿生制造} = 0.08$。

预测工业机器人技术在 2006～2014 年、2015～2022 年、2023～2030 年、2031～2037 年等时段经历第二轮技术演进，其中 2015 年与 2023 年分别是工业机器人第二轮技术演化对应的 t_1 与 t_2 时点，根据式（7-5）推导可得：

$$t_1 = \frac{1}{\rho - \gamma} = 9 \tag{7-13}$$

$$t_2 = \frac{2\rho - \gamma}{\rho(\rho - \gamma)} = 17 \tag{7-14}$$

联立式（7-13）与式（7-14）可得：$\rho_{工业机器人} = 0.125$，$\gamma_{工业机器人} = 0.01$。

综上所述，再制造技术、仿生制造技术和工业机器人技术等特定子领域在技术赶超总利润模型的相关参数赋值见表 7-6。

表 7-6　参数赋值

先进制造技术子领域	技术价值 λ	技术距离 β	产品扩散速度 ρ	技术扩散速度 γ
再制造技术	0.68	1.98	0.08	0.02
仿生制造技术	0.23	1.77	0.14	0.08
工业机器人技术	0.31	2.86	0.125	0.01

7.4.2　仿真分析

1. 再制造技术

根据技术生命周期的预测，再制造技术的第一轮技术演进将历时 57 年（$T=57$），企业 A_1、A_2、A_3 分别在萌芽、成长、成熟阶段进行技术赶超，不同时机下企业在再制造技术领域进行技术赶超获得的总市场收益及总技术获取成本模拟结果如图 7-6 所示。

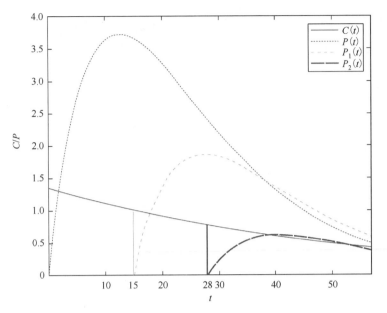

图 7-6　再制造技术赶超时机仿真分析

1）萌芽阶段进行技术赶超

企业 A_1 在再制造技术演化的萌芽阶段初期进入（$t_{A_1}=0$），技术演化的总收益为

$$P(t)=\int_{t_{A_1}}^{T}\alpha_{A_1}\lambda\beta te^{-\rho t}dt=\int_{0}^{57}0.6\times1.35te^{-0.08t}dt，技术获取总成本为C(t)=\int_{0}^{57}1.35e^{-0.02t}dt。由$$

模拟结果可知，企业 A_1 在再制造技术萌芽阶段进行技术赶超，可能获得充足的赶超利润。由于技术萌芽的阶段特性，赶超者兼任技术开发和市场拓展双重角色，企业 A_1 在后期的技术演进中保持竞争状态，需要付出较高的技术获取总成本。从技术属性角度观察，再制造技术致力于实现工业制造低成本、低消耗、低污染的目标，具有重要的环境资源效益。当再制造主导设计技术形成并应用于市场，再制造产品规模生产将带动地区就业，提升地区生态和社会效益。在此情境下，政策制定将大力支持再制造技术创新主体，促进技术进步与传播，企业 A_1 将得到较高的技术市场总收益。另外，再制造技术从萌芽到成熟愈发体现循环经济发展理念，企业 A_1 将在这段过程中累积技术能力并发挥优质品牌形象优势，获得显著的经济效益，使其在竞争者增多的情境下持续获得赶超利润。

2）成长阶段进行技术赶超

企业 A_2 在再制造技术演化的成长阶段初期进入（$t_{A_2}=15$），技术演化的总收益为

$$P_1(t)=\int_{t_{A_2}}^{T}\alpha_{A_2}\lambda\beta te^{-\rho t}dt=\int_{15}^{57}0.3\times1.35te^{-0.08t}dt，技术获取总成本为C_1(t)=\int_{15}^{57}1.35e^{-0.02t}dt。由$$

模拟结果可知，企业 A_2 所获得的赶超利润有所下降。经过再制造技术的萌芽发展，成长阶段的技术创新不确定性降低，政府因技术呈现出的生态效益加大对技术发展的扶持力度，使得企业 A_2 所付出的技术获取总成本较企业 A_1 有所下降。需要注意的是，企业 A_1 在再制造技术萌芽阶段，经历了概念构想、技术研发和试点推进的过程，后期逐步构建以其为中心的创新价值网络，极大地阻击了技术成长阶段的赶超者向创新价值中心靠近。在

此情境下，企业 A_2 难以占据高市场份额，进而无法达到理性在位者在再制造技术生命周期演进中所能实现的总利润。其次，再制造技术成长期是主导设计技术形成的关键阶段，尤其是无损拆解与绿色清洗技术、无损检测与寿命评估以及再制造修复成形与加工技术的主导设计形成，对提高再制造产品质量与增加环境保护效益至关重要，企业 A_2 因为参与这一重要过程，仍然能够在后续的技术演进中获得明显的市场收益。因此，在再制造技术成长阶段进行赶超的企业，通过占据主导设计技术形成的重要位置，也能获得赶超利润。

3）成熟阶段进行技术赶超

企业 A_3 在再制造技术演化的成熟阶段初期进入（$t_{A_3} = 28$），技术演化的总收益为

$$P_2(t) = \int_{t_{A_3}}^{T} \alpha_{A_3} \lambda\beta t e^{-\rho t} dt = \int_{28}^{57} 0.1 \times 1.35 t e^{-0.08t} dt，技术获取总成本为 C_2(t) = \int_{28}^{57} 1.35 e^{-0.02t} dt。由$$

模拟结果可知，企业 A_3 在技术收益下降幅度超过技术获取总成本下降幅度的情况下，未能获取赶超利润。再制造技术经历成长期形成成熟的技术标准，企业 A_3 此时通过技术外溢效应降低关键核心技术的获取难度，在技术显现的高生态效益刺激下，即使低市场占有率仍可获得市场收益，但这种正向市场收益性不是持续存在的，这是因为技术市场在存续企业对潜在顾客挖掘、完善技术体系、规模化应用的影响下而逐渐饱和，且技术演进紧邻衰退期，市场空间发展停滞明显，可能面临市场收益不足以弥补技术成本的问题，进而产生负向赶超利润。

由再制造技术不同时机进行技术赶超的总利润仿真分析可知，萌芽阶段进行技术赶超能获得最大的赶超总利润，而成熟期的技术赶超则可能因市场困境而出现负向赶超绩效。根据技术生命周期的预测，现在再制造技术处于成熟期发展可能不利于企业的技术赶超，但是从另一个角度思考，赶超者可以不局限于已有的技术标准，拓宽新技术创新空间，促进再制造技术新一轮的技术演进，进行新技术萌芽阶段赶超，争取最大化赶超利润。

2. 仿生制造技术

仿生制造技术领域的企业 A_1、A_2、A_3 分别在技术演进（$T = 35$）的萌芽、成长、成熟阶段进行技术赶超。不同时机下企业在仿生制造领域进行技术赶超获得的总市场收益及总技术获取成本模拟结果如图 7-7 所示。

1）萌芽阶段进行技术赶超

企业 A_1 在仿生制造技术演化的萌芽阶段初期进入（$t_{A_1} = 0$），相应的技术演化的总收益

为 $P(t) = \int_{t_{A_1}}^{T} \alpha_{A_1} \lambda\beta t e^{-\rho t} dt = \int_{0}^{35} 0.6 \times 0.41 t e^{-0.14t} dt$，技术获取总成本为 $C(t) = \int_{0}^{35} 0.41 e^{-0.08t} dt$。

由模拟结果可知，企业 A_1 需要付出高技术成本，面临赶超利润的不确定性。由于传统制造是"他成形"的，即通过机械、物理方式强制成形，而生物的生命过程是"自成形"的，依靠生物本身的自我生长、发展组织与遗传，仿生制造技术体现出由"他成形"向"自成形"转变的技术特性，这对传统制造与生命科学、信息科学、材料科学提出挑战性结合，开辟制造技术创新的新领域，因此企业 A_1 在严格的技术特性要求下需要承担更高的试错成本。正是因为仿生制造技术特性延伸了人类自身组织结构和进化过程，在人口老龄化以及交通事故和自然灾害频发的情境下具有更高的应用价值，如仿生制造产品植入体内可替

代缺损组织或器官的部分生理功能。仿生制造技术早期，在试错成本较高且后期市场收益不明显的情况下，企业 A_1 所获取的总利润可能具有不确定性。

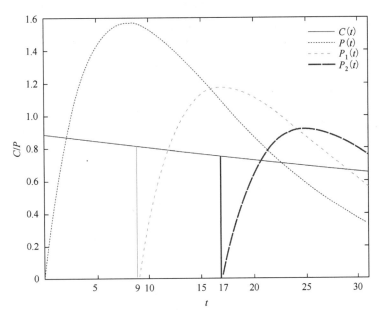

图 7-7　仿生制造技术赶超时机仿真分析

2）成长阶段进行技术赶超

企业 A_2 在仿生制造技术演化的成长阶段初期进入（$t_{A_2}=16$），相应的技术演化的总收益为 $P_1(t)=\int_{t_{A_2}}^{T}\alpha_{A_2}\lambda\beta te^{-\rho t}\mathrm{d}t=\int_{16}^{35}0.3\times0.41te^{-0.14t}\mathrm{d}t$，技术获取总成本为 $C_1(t)=\int_{16}^{35}0.41e^{-0.08t}\mathrm{d}t$。

由模拟结果可知，企业 A_2 付出的技术总成本大幅下降，赶超利润有所上升。因为仿生制造技术历时较长的萌芽期技术积累，初步实现新型制造工具研发，受到制造体决策者的高度重视。随着仿生制造技术社会效益的突显，技术创新陆续得到国家力量的支持，企业 A_2 的技术获取总成本存在明显下降的情形。待到成长期仿生制造技术主导设计形成，技术应用场景可在医药业、化工业、生物技术业等更多的领域得到推广。企业 A_2 在技术演进的后续发展中，虽然所获取的市场收益相较于萌芽阶段有所下降，但是技术总成本下降幅度更大，可能获取更多的赶超利润。

3）成熟阶段进行技术赶超

企业 A_3 在仿生制造技术演化的成熟阶段初期进入（$t_{A_3}=23$），相应的技术演化的总收益为 $P_2(t)=\int_{t_{A_3}}^{T}\alpha_{A_3}\lambda\beta te^{-\rho t}\mathrm{d}t=\int_{23}^{35}0.1\times0.41te^{-0.14t}\mathrm{d}t$，技术获取总成本为 $C_2(t)=\int_{23}^{35}0.41e^{-0.08t}\mathrm{d}t$。

由模拟结果可知，虽然企业 A_3 所获取的技术总收益与技术总成本均呈现下降趋势，但总体上仍能获取正向赶超利润。仿生制造技术经历成长期发展，利于仿生制造技术发展的基础研究与应用研究大力开展、扩大市场化应用的价值网络搭建形成，进而仿生制造技术体系取得关键突破与重大创新。进入仿生制造技术成熟期，研发成果实现市场化应用、产业配套设施持续完善，使得企业 A_3 在关键核心技术获取上"搭便车"，持续降低技术总成本。另外，仿生制造技术因其颠覆传统制造过程、践行可持续发展理念，市场容量随着技术成熟愈发扩张，使得企业 A_3 在市场份额较少的情形下，仍能获取正向市场收益。因此，在技术获取总成本较低、后期市场收益明显的情境下，企业 A_3 具有一定利润空间。

由仿生制造技术不同时机进行技术赶超的总利润仿真分析可知，成长阶段进行技术赶超能获得最大的赶超利润，而萌芽期的赶超利润则具有较高不确定性。根据技术生命周期预测，仿生制造技术目前处于成长期，赶超企业应当抓住这个重要的机会窗口期，实施以技术主导的复合战略，加强稀缺创新资源投入，加快关键核心技术的创新突破，构筑以自我为中心的创新价值网络，积极拓展技术应用领域，加速技术赶超的实现。

3. 工业机器人

在工业机器人最新一轮技术演进预测中，新技术从萌芽至衰退将经历 31 年（$T = 31$），该技术领域的企业 A_1、A_2、A_3 分别在 $t_{A_1} = 0$、$t_{A_2} = 9$、$t_{A_3} = 17$ 时点进行技术赶超，不同赶超时机下企业所获得的总市场收益及总技术获取成本模拟结果如图 7-8 所示。

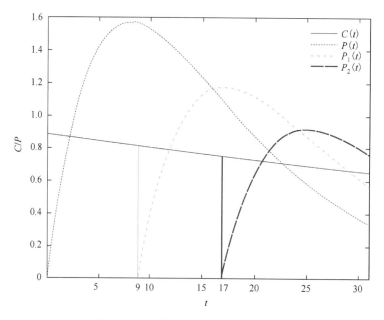

图 7-8　工业机器人赶超时机仿真分析

1) 萌芽阶段进行技术赶超

企业 A_1 在工业机器人技术最新演化的萌芽阶段初期进入（$t_{A_1} = 0$），相应的技术演化的总收益为 $P(t) = \int_{t_{A_1}}^{T} \alpha_{A_1} \lambda \beta t e^{-\rho t} dt = \int_{0}^{31} 0.6 \times 0.89 t e^{-0.125 t} dt$，技术获取总成本为 $C(t) = \int_{0}^{31} 0.89 e^{-0.01 t} dt$。由模拟结果可知，在工业机器人技术演进至衰退期，出现明显的负向赶超利润，但从整个周期演进观察仍能获得最大化赶超利润。早期工业机器人定义在固定地点以固定程序工作，对象单一且无控制系统，不被视作独立的整体，而更像是附设在机器上的机械手。智能化时代，新技术演进赋予工业机器人更加强大的技能属性，即具有视觉、听觉以及触觉等多感觉功能，通过比较识别可以自主决策和规划以及实时信息反馈，达到高效作业。技术进步势必会打破原有的应用界限，最初工业机器人满足以汽车制造为代表的资本密集型产业中繁重操作程序和危害性环境的工作需求，在新技术的支持下，以服饰、食品加工为代表的劳动密集型产业逐步使用工业机器人，进而拓宽其应用场景，大幅提高技术市场收益。值得注意的是，工业机器人替代了低技能劳动力，短期内对就业的破坏效应未显现，但是随着越来越多追求高生产率的企业加入其应用队伍，失业问题将愈加明显。如果工业机器人技术演进后期，竞争者涌入分割市场份额且带来的失业现象未得到缓解，极有可能出现负向赶超利润。

2）成长阶段进行技术赶超

企业 A_2 在工业机器人技术最新演化的成长阶段初期进入（ $t_{A_2}=9$ ），相应的技术演化的总收益为 $P_1(t)=\int_{t_{A_2}}^{T}\alpha_{A_2}\lambda\beta te^{-\rho t}\mathrm{d}t=\int_{9}^{31}0.3\times0.89te^{-0.125t}\mathrm{d}t$ ，技术获取总成本为 $C_1(t)=\int_{9}^{31}0.89e^{-0.01t}\mathrm{d}t$ 。由模拟结果可知，企业 A_2 在技术演进衰退期呈现的负向赶超利润明显下降，相较于企业 A_1 ，总体赶超利润减少。工业机器人基于第一轮的技术演进及新技术萌芽后，技术领先者加大对关键核心技术的保护，并形成牢固的研发网络，抢占主导设计技术形成的中心地位，所以企业 A_2 不仅难以获取关键技术初始资料，也难以突破在位者技术链的垄断优势。但是工业机器人是利于制造业转型升级的前沿性技术产业，国家高度重视其技术发展，因而在新技术主导设计形成阶段，政策引导工业机器人技术领域的有序竞争和规范发展，这些因素使得企业 A_2 付出较低的技术获取总成本。因工业机器人的应用场景在技术演进中逐步扩大，企业 A_2 拥有明显的技术市场收益。面对技术演进后期工业机器人带来的失业问题，企业 A_2 相较于企业 A_1 并不具备高品牌效应与价值中心性，因而负向利润空间有所缩小。

3）成熟阶段进行技术赶超

企业 A_3 在工业机器人技术最新演化的成熟阶段初期进入（ $t_{A_3}=17$ ），相应的技术演化的总收益为 $P_2(t)=\int_{t_{A_3}}^{T}\alpha_{A_3}\lambda\beta te^{-\rho t}\mathrm{d}t=\int_{17}^{31}0.1\times0.89te^{-0.125t}\mathrm{d}t$ ，技术获取总成本为 $C_2(t)=\int_{17}^{31}0.89e^{-0.01t}\mathrm{d}t$ 。由模拟结果可知，企业 A_3 并未出现衰退期负向赶超利润的情形，但是技术市场收益和技术总成本的双重下降，带来赶超总利润的不确定性。通过工业机器人新技术成长期的高速发展，其自由度、工作空间、提取重力、运动速度以及位置精度等重要性能指标得到优化，技术效率及可靠性的大幅提高将推动相关产业结构升级。虽然作为高新技术，工业机器人的研发和使用成本较高，但是技术成熟阶段，其应用的软环境扩大开放，产业集聚效应形成，企业 A_3 可进一步降低技术总成本。尽管企业 A_3 可能遭受市场份额劣势的影响，但是工业机器人成熟阶段的规模应用带来制造成本降低，促进市场竞争并使得资源从低效率组织流向高效率组织，这使得企业 A_3 仍能获得正向技术市场收益。

由工业机器人不同时机进行技术赶超的总利润仿真分析可知，赶超者越早进行技术赶超所需承担的技术总成本越高，相应获取的技术市场收益也越多，可能得到更大的赶超利润空间。根据技术生命周期预测，工业机器人领域目前处于成长期发展，关键核心技术得到严格保护的同时应用市场空间扩大，赶超企业需要抓紧投入更多的创新资源加快技术研发的步伐，争取在关键技术、品牌、市场等方面具备强劲竞争力。

7.5　本　章　小　结

本章基于技术生命周期视角探讨中国企业面向先进制造技术的赶超时机选择，以先进制造技术子领域划分为切入点，利用 Logistic 模型测度出子领域技术生命周期，采用 RTA 指数分析主要工业国家在先进制造技术子领域不同发展阶段的技术优势以及中国先进制造技术赶超的子领域选择，再通过构建的技术赶超者长期总利润模型，对特定技术子领域的赶超时机进行仿真分析，得到的主要结论有以下几点。

（1）先进制造技术在周期化演进过程中呈现出子领域非均衡发展的特点，部分子领域处于成长期发展，风险投资涌入创新研究且激增的技术应用市场需求，使得技术研究主体充满活力；而部分子领域处于成熟期发展，技术效率达到峰值的同时突破空间缩小，使得技术创新后劲不足。从整体来看，2017～2023 年是全球先进制造技术转型发展的一个重要时期，多项技术领域会取得突破性成果并迈向成熟期发展。

（2）美国、日本、德国等工业强国在大部分先进制造技术子领域竞争优势明显，并且在多数子领域的发展进程中持续保持竞争优势。相比之下，中国在先进制造技术萌芽期均处于落后或者未涉及的状态，以至于如今尚未实现任意子领域的技术突破，但是也可看到中国在计算机辅助设计技术、数控机床、超精密加工技术、企业资源计划、增材制造技术、工业机器人等技术领域成长期发展中技术创新能力显著增强。

（3）技术演化的萌芽期以及成长期可能是获取最大化赶超利润的有利时机，鉴于先进制造技术大多处于成长期或成熟期发展，企业可以抓住技术演化窗口加快赶超步伐，或者可以尝试推动新一轮技术变革争取创新价值中心性地位。

第8章 中国企业先进制造技术赶超路径：基础研究推动

从技术追赶视角看，先进制造不同子领域技术演进轨道、技术迭代速度均具有高度的不确定性，这为中国企业应用后发优势、技术创新轨道演变带来的创新范式转换等特征寻找机会窗口，进而实现技术创新能力升级与追赶提供了重要的场景[284]。事实上，在过去相当长的时间中，推进先进制造技术升级与后发追赶都是中国实施经济创新转型战略的重要措施，尤其是在部分国家采取技术出口限制等封锁与切割措施，以及国际产业链分工中中国先进制造领域仍面临着低端锁定困境的情况下，探讨先进制造技术实现"最后一公里"跨越的决定性要素，寻找避免陷入"技术追赶陷阱"的可能策略是研究者们关注的热点问题，且已关注到基础研究可能起着独特作用。这些研究主要从两个方面展开：一是从技术自身属性出发，以先进制造技术轨道演变复杂、产业化过程存在高度不确定性为前提[285]，探讨其技术差距收敛对内生资源及外部政策性干预等因素的依赖性[286]；二是从技术追赶过程视角，解析政府通过强化基础研究提供技术追赶的持续性源动力[287]、加大高校科研投入提升人力资源水平[288]、侧重企业技术研发支持布局高梯级技术[289]，进而跳出引进—落后—再引进—再落后的"技术追赶陷阱"等问题。

值得注意的是，后发经济体技术追赶具有显著的阶段性特征[331]，多重驱动因素在不同时域内的互动可能导致先进制造技术差距收敛存在高度的因果模糊与不对称性。即使诸如高效的规模化战略[290]、广阔的市场资源[256]、较低的知识产权保护壁垒和技术学习成本[291]等后发优势在追赶阶段会带来显著的边际收益，进而快速缩减技术距离；但在后追赶阶段，由于面临尖端技术难以习得[292]、后发优势边际效益递减[46]、前沿国家的技术限制和前沿企业的技术壁垒等窘境[293]，市场环境、政策干预和基础研究等因素的作用效果仍不明确。在纵向上，基础研究推动先进制造技术收敛的进程在时间序列上是否具有阶段性差异；在横向上，这种推动作用在先进制造的不同子领域是否存在结构化差异，均需要进一步探索。基于此，本章拟构建先进制造技术差距收敛的影响机制，探究基础研究对先进制造不同追赶阶段、不同技术子领域技术差距收敛影响的潜在效果，以及相应的前提条件，以期寻找中国先进制造技术差距收敛中基础研究投入的机会窗口和最优路径。

8.1 研究假设

8.1.1 中国企业先进制造技术追赶的阶段性

后发经济体的技术追赶进程具有显著的阶段性特征，根据后发优势边际收益递减、对探索式创新的依赖程度差异等特征可分为快速靠近的追赶阶段和缓慢靠近的后追赶阶段[3]。后发经济体在追赶阶段的主要表现为利用后发优势，通过规模化战略形成产品市场竞争力，跟随先发国家的技术路径实现技术距离的快速缩减[138]。随着技术的不断成熟，后发经济体在后追赶阶段的主要特征体现在技术追赶速度放缓，与先发国家的技术差距在到达一定区间后呈现长达数年的稳定态势[294]。即后发国家在向技术前沿收敛的过程中，由于技术追赶的"马太效应"，其后发优势随着技术距离缩减而减弱，以及先发国家的知识产权保护限制先进技术向后发国家的转移[295]，导致后发国家的技术水平即使能趋近技术前沿，也无法跨越后发经济赶超的"最后最小距离"[296]。作为先进制造领域起步较晚的后发国家，中国的先进制造技术追赶在历史进程和发展内涵上都具有较强的阶段性，发掘追赶阶段变迁过程中蕴含的技术赶超机会是避免陷入"技术引进陷阱"的重要方式[292]。

8.1.2 基础研究与中国先进制造技术差距收敛

追赶阶段中国先进制造产业内企业为了规避研发风险、成本压力以及达成快速缩减技术距离的战略目标，更倾向于应用技术引进策略充分发挥资源可得性、比较成本优势等后发优势以实现知识与技术能力的快速积累[297]。这一过程中，特定技术领域内的知识资源既有存量足、流动性强，因此对新知识、前沿科学发现的依赖性低。在企业层面，过度关注基础研究无法在短期内推动技术距离收敛，甚至可能制约技术发展。随着技术发展步入后追赶阶段，中国先进制造产业的后发优势实现过程黏滞性增强，进一步地，技术发展策略由于前沿企业的技术壁垒和前沿国家的技术限制，也由向国外引进前沿技术转向对国内基础研究的高度依赖。

首先，作为知识生产部门的重要活动，基础研究产出的部分知识成果与应用技术的距离较近，直接影响着先进制造技术差距收敛。例如，对半导体的基础研究发现了晶体管的放大效应，推动了半导体技术革命[298]。这类基础研究产出的知识和科学发现在技术突变频发的先进技术领域中起到了引导和助推新兴技术轨道形成、支撑新技术范式建立的作用，甚至能直接产出新技术[299]。其次，基础研究能提升先进制造企业的学习能力和吸收能力[300]，有助于解析先发国家在特定技术领域内的隐性知识，推动隐性知识向显性知识转换，助力后发国家高效地嵌入全球知识网络，并进一步通过"搭便车"行为吸收先发国家的公共知识产出[301]，进而解决企业内部技术问题，推动先进制造技术差距收敛。再次，基础研究能促进先进制造产业内高质量人力资源的汇集[302]，并影响着先进制造技术差距收敛。科学知识的长期增长会提升人力资本存量进而对经济长期增长产生积极作用[303]。高质量的人力资源能帮助产业快速找到应用研究的最佳方向[304]，以应对可能出现的技术轨道转换机会窗口。随着先进制造技术轨道转换机会窗口的及时切入，实现先进制造技术追赶。

基于上述分析，基础研究在中国先进制造技术差距收敛过程中作用显著，在后追赶阶段，基础研究是促进中国先进制造技术向国际前沿收敛的可能途径，而对于追赶阶段，这一策略的作用效果相对疲软。因此提出以下假设。

H1：基础研究在中国先进制造技术向国际前沿收敛的过程中具有促进作用。

H2：基础研究在追赶阶段对中国先进制造技术向国际前沿收敛的作用相对较弱，在后追赶阶段对中国先进制造技术向国际前沿收敛的作用更显著。

8.1.3　研发企业数量的中介效应

　　先进制造技术领域内的研发企业是指在已有知识基础上进行强有力的研发活动,对技术进行改进、整合进而产生新技术的企业[305],是先进制造产品链上的应用技术生产部门。作为研发活动的直接参与方,研发企业将基础研究产出的知识成果进一步转换为技术产出,影响先进制造技术差距收敛。这一技术影响机制决定了研发企业数量的中介作用并从两个方面体现:一是基础研究所建立的良好知识基础吸引企业参与相关研发活动。研究发现,区域内丰富的知识禀赋能为企业拟计划的创新活动提供技术机会,促进区域内开展研发活动的企业数量增加[306]。进一步延伸到技术领域,基础研究成果吸引企业进入领域进行研发活动以获得先发技术优势和行业领先地位[307]。二是将先进制造技术子领域看作一个整体,企业研发活动反映子领域内部进行自主研发的努力程度,影响先进制造技术差距收敛。进一步地,在研发企业数量大幅增加的特定领域,丰富的技术经验和内部知识能提升对基础研究成果的吸收和理解能力,进而促进先进知识快速向成熟技术转换[308]。故基础研究对先进制造技术差距收敛的作用机理可解释为"基础研究—研发企业—技术产出"。

　　对技术追赶过程进行分析,在追赶阶段,知识资源丰富、后发优势明显。企业利用已有的知识资源通过研发活动实现技术的整合改进和二次创新,以便快速抢占低端市场。在后追赶阶段,受到国外技术掣肘,一方面企业研发活动能推动基础研究成果转化产生新技术;另一方面基础研究产出的新知识也能体现为先进制造领域内的新技术。因此提出以下假设。

　　H3:研发企业数量与基础研究呈正相关关系,研发企业数量是基础研究与中国先进制造技术差距收敛之间的中介变量。

　　H4:研发企业数量对中国先进制造技术向国际前沿追赶的追赶阶段和后追赶阶段的作用均显著。

8.2　模型与变量

8.2.1　模型设定

　　由理论分析可知,基础研究成果能通过技术领域内研发型企业的知识吸收实现技术产出,也能直接产出新兴技术,完成从"0"到"1"的转变,进而推动先进制造技术向国际前沿收敛。进一步探索发现,这一技术差距收敛效应可能因为阶段性和技术领域结构化特征的交互作用存在一定差异。基于此,科学度量中国先进制造技术与国际前沿的差距,分析技术差距变化趋势,探究先进制造技术差距收敛的内在要素和作用机制;同时结合面板数据,将基础研究水平、研发型企业、结构优势和技术差距纳入一个分析框架中,通过实证研究揭示基础研究在中国先进制造技术差距收敛过程中的作用,尝试回答如下问题:基础研究是否促进了中国先进制造技术向国际前沿收敛? 基础研究作用效果在不同追赶阶段是否有差异？技术领域的结构化特征是否对技术差距收敛效应产生异质性影响？基于上述问题，建立的概念模型如图 8-1 所示。

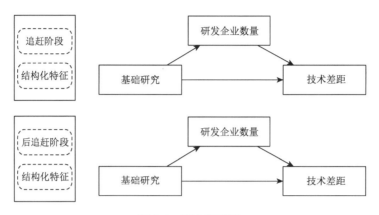

图 8-1　概念模型图

以中国与国际前沿的技术差距作为被解释变量，基础研究作为核心解释变量，设定计量模型。考虑到研发企业数量的中介作用，依次构建如下三个回归模型。

$$\text{TECHGAP}_{i,t} = \alpha_0 + \alpha_1 \text{KI}_{i,t} + \gamma_0 \vec{X}_{i,t} + u_i + v_t + \varepsilon_{i,t} \tag{8-1}$$

$$N_{i,t} = \beta_0 + \beta_1 \text{KI}_{i,t} + \gamma_1 \vec{X}_{i,t} + u_i + v_t + \varepsilon_{i,t} \tag{8-2}$$

$$\text{TECHGAP}_{i,t} = \varepsilon_0 + \varepsilon_1 \text{KI}_{i,t} + \gamma_2 N_{i,t} + \gamma_2 \vec{X}_{i,t} + u_i + v_t + \varepsilon_{i,t} \tag{8-3}$$

式中，α、β、γ 表示不同系数；i 和 t 分别表示技术子领域和年份；因变量为技术差距 $\text{TECHGAP}_{i,t}$；主要解释变量为基础研究 KI；N 表示技术子领域研发企业数量；$\vec{X}$ 表示控制变量集合；u 表示技术子领域固定效应；v 表示时间固定效应；ε 为误差。

8.2.2　数据及变量测量

1. 数据收集与处理

作为一个庞大的技术体系，先进制造内部技术领域繁杂。要进行研究必须从技术角度对其进行详尽划分：首先根据美国机械科学研究院的三层次体系，将先进制造技术分为 11 个技术子领域；其次从技术属性的维度衡量 11 个子领域的结构化差异。数据来源为德温特专利索引数据库（Derwent Innovations Index，DII）、世界科技论文权威数据库 WOS 核心合集。搜索 1994～2019 年世界主要发达工业国家先进制造技术专利和科技论文数据。根据相关技术文献确定的专利检索策略见表 8-1。

表 8-1　先进制造技术专利检索策略（1994～2019 年）

序号	技术子领域	检索策略	技术关键词
1	微纳制造	TS =（electron beam lithography OR DRIE）	电子束光刻技术、反应离子刻蚀技术
2	高速加工	TS =（high speed machining technology OR high-speed operation roller bearing OR high-speed cutting cutter）	高速切削加工机床技术、超高速轴承技术、高速切削刀具

序号	技术子领域	检索策略	技术关键词
3	材料受迫成形	TS =（precision casting OR investment casting OR metallurgy OR precision forging forming OR polymer injection compression molding OR fused deposition modeling OR FDM）	精密铸造、精密粉末冶金、精密锻造成形、高分子材料注塑、熔融沉积成形
4	增材制造	TS =（3D bio-print OR three dimensions bio-print OR bio* print* OR bio-print OR bio-logical rapid prototype OR biological rapid prototype OR bio additive manufacture OR bio digital fabrication OR bio digital manufacture）	光固化成形、叠层实体制造、选择性激光烧结、三维印刷成形
5	计算机辅助设计	TS =（interaction techniques OR device stage OR graphic transformation technology OR Geometric modeling technology）	交互技术、图形变换技术、几何造型技术
6	超精密加工	TS =（Ultra precision machine tool technology OR Technology of Precision Measurement OR Solid abrasive machining OR traditional free abrasive OR Ion beam Machining OR Laser beam machining）	超精密加工机床技术、精密测量技术、固体磨料加工技术、游离磨料加工技术、离子束加工技术、激光束加工技术
7	再制造	TS =（Re-manufacturing technology OR Laser cleaning OR Green cleaning technology）	再制造技术、激光清洗技术、绿色清洗技术
8	数控机床	TS =（numerical control system OR CNC OR DNC OR NC System OR Servo-drive OR Z Driver OR Main drive system）	数控系统、伺服驱动、主传动系统
9	工业机器人	TS =（mechanical arm OR Grabbing Technology OR Multi-agent system OR MAS OR Touch Identity OR Robot reliability OR control system）	机械臂、抓取技术、多智能体系统、触觉识别、机器人可靠性、控制系统
10	企业资源计划	TS =（Object oriented technology OR Software component technology OR Multiple database integration OR graphical user interface OR EDI）	面向对象技术、软构件技术、多数据库集成、图形用户界面、电子数据交换
11	仿生制造	TS =（Bionic Manufacturing OR Intelligent bionic machine OR Bio forming manufacturing OR Bionics Design OR Bio-genetic manufacturing OR Bio-manufacturing）	生物组织与结构仿生、生物遗传制造、生物成形技术

　　基于上述 11 个技术子领域的划分，从技术属性的角度讨论先进制造技术的结构化特征，有利于识别中国先进制造技术实现创新能力升级与追赶的最优情境。中国先进制造技术的结构化特征表现为子领域的结构优势差异。结构优势可采用显性技术优势（revealed technology advantage，RTA）指数来识别[159]，计算公式为

$$\text{RTA}_{ijt} = \frac{P_{ijt} / \sum_j P_{ijt}}{\sum_i P_{ijt} / \sum_i \sum_j P_{ijt}} \tag{8-4}$$

式中，t 表示研究年限；i 表示国别；j 表示先进制造技术 11 个子领域的显性技术，通过全球范围内先进制造技术子领域专利 IPC 高频率主分类号进行识别；P_{ijt} 表示 i 国 j 技术领域 t 时期的专利授权量；$\sum_j P_{ijt}$ 代表 i 国所有技术领域 t 时期的专利授权总量；$\sum_i P_{ijt}$ 代表中国、美国、日本、德国 j 技术领域 t 时期的专利授权量；$\sum_i \sum_j P_{ijt}$ 代表四国所有技术领域 t 时期的专利授权总量。当 RTA 指数大于 1 时，说明中国该领域显性技术相较于国际标准具有比较优势。反之，RTA 指数小于 1 时，则说明中国该领域显性技术的国际竞争力较低。

　　中国先进制造技术 11 个子领域 2004～2019 年的结构优势如图 8-2 和图 8-3 所示。由直观数据刻画可知，首先，11 个技术子领域在技术属性上存在两个方向的差异：在横向上，不同技术子领域显性技术比较优势存在较大差异，部分子领域长期处于显性技术比较优势落后状态；在纵向上，同一技术子领域在不同时期显现出动态变化。其次，先进制造技术的结构化特征可能影响技术差距收敛效果，尤其是微纳制造、企业资源计划、超精密加工、仿生制造等显性技术比较优势常年处于低端位置的子领域与前沿技术差距较大，而再制造、数控机床、材料受迫成形、高速加工领域显性技术比较优势较强的子领域技术已接近国际前沿。

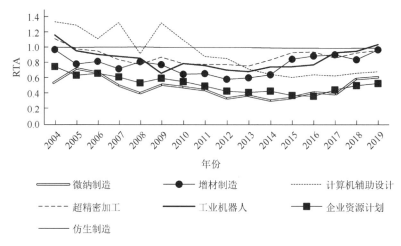

图 8-2　先进制造技术子领域结构优势（RTA<1）

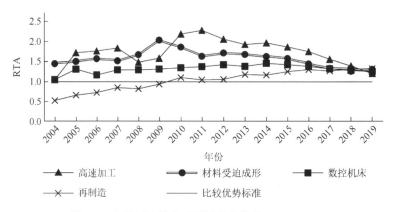

图 8-3　先进制造技术子领域结构优势（RTA>1）

注：根据理论分析，基础研究对技术差距的影响在后追赶阶段更显著，因此先进制造技术结构化特征的作用也只考虑这一阶段。

2. 变量测度

1）被解释变量

技术差距。技术差距的衡量方式多样，全要素生产率能从经济角度给予一定的解释[309-311]，但不能准确真实地反映先进制造技术的创新产出[312]。专利数据是衡量技术领域激烈竞争下创新产出的较好指标，能直接反映技术创新能力且已经得到了充分的论证[313]。故本章沿用这一方法，用专利产出衡量技术差距。

图 8-4 列举了中国与世界 7 个主要工业国家先进制造技术专利授权总量。中国、美国、日本、德国处在先进制造技术领域专利授权量的第一梯队，韩国、加拿大、英国、法国专利授权量较少，处于第二梯队。基于此，将美国、日本和德国的先进制造技术水平视为国际前沿，选取更能代表技术实力的发明专利授权量作为技术产出的衡量指标。技术差距计算公式为

$$TECHGAP_{it} = \frac{PAT_{bit}}{PAT_{ait}} \tag{8-5}$$

式中，$TECHGAP_{it}$ 代表第 t 年 i 技术领域中国与国际前沿水平之间的技术差距；PAT_{ait} 代表第 t 年 i 技术领域中国每千万人口发明专利数[292]；PAT_{bit} 代表第 t 年 i 技术领域国际前沿的每千万人口平均发明专利数。$TECHGAP_{it}$ 值越大，中国先进制造技术与前沿技术的差距越大；反之，则越接近技术前沿水平。

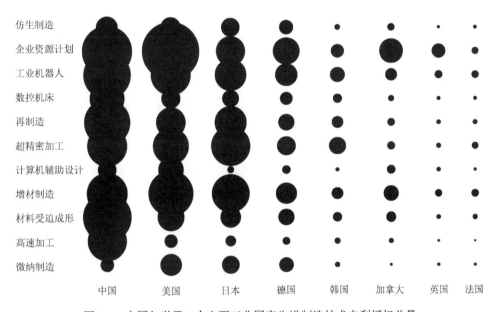

图 8-4　中国与世界 7 个主要工业国家先进制造技术专利授权总量

结果发现，中国与主要工业国家的先进制造技术差距正在动态缩小（表 8-2），用全要素生产率作为技术差距衡量指标的分析也证实了该结果[314]。值得注意的是，在追赶初期，中国先进制造技术总体水平仅为国际前沿水平的 1/10，甚至更低。这一阶段技术差距变动剧烈，处于技术快速追赶阶段。2004 年后中国先进制造技术水平达到国际前沿水平的 1/5～1/2，技术差距平滑缩小，追赶速度逐步放缓，开始迈入缓慢靠近的后追赶阶段[1]。图 8-5 所示的技术差距收敛趋势也印证了这一点。故定义中国先进制造技术追赶阶段为

1994～2004 年，后追赶阶段为 2004～2019 年（图 8-5 中是每 4 年 1 个刻度，故图中均没标注 2019 年）。

表 8-2　2019 年中国与国际前沿技术差距测算结果

子领域	技术差距
微纳制造	6.07
高速加工	1.08
材料受迫成形	0.68
增材制造	1.99
计算机辅助设计	2.22
超精密加工	2.26
再制造	0.62
数控机床	0.95
工业机器人	1.84
企业资源计划	3.42
仿生制造	2.28

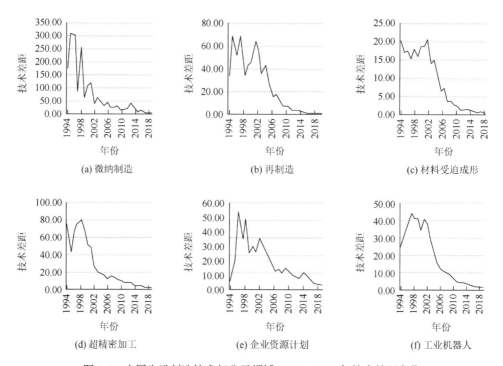

图 8-5　中国先进制造技术部分子领域 1994～2019 年技术差距变化

2）解释变量

基础研究。采用 WOS 核心数据库中科研机构发表的科技论文数量作为基础研究的衡量指标，先进制造技术各领域 1994～2019 年基础研究水平如图 8-6 所示。其中基础研究最强的是工业机器人，微纳制造技术处于微弱地位。

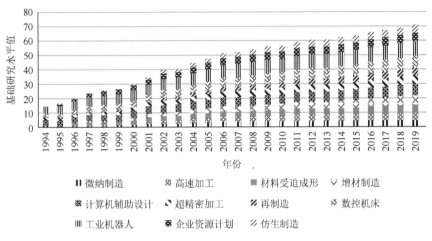

图 8-6　先进制造技术各领域 1994～2019 年基础研究水平

3）中介变量

研发企业数量。企业进行研发活动吸收基础研究成果，进而实现技术快速转换。由于技术子领域研发企业数据缺失，采用技术领域专利发明权人数量作为其代理变量[315]。搜集专利权人数据后根据第一专利权人属性进行清洗，剔除高校、科研院所、个人及外资企业控股中国子公司，最后获得先进制造技术特定子领域参与研发活动的企业数量。

4）控制变量

研究年限。技术子领域萌芽越早，领域内的知识积累和技术经验越丰富，影响技术差距收敛。采用"面板数据当年–技术子领域萌芽时间"的自然对数作为研究年限的代理变量。

前沿创新。跨国技术差距收敛要同时考虑国外和国内影响技术产出的重要因素，国际前沿创新采用国际前沿技术子领域每年的科技论文数量作为代理变量。

上述指标的详细说明见表 8-3。

表 8-3　变量定义表

变量类型	变量名称	符号	变量定义
被解释变量	技术差距	TECHGAP_{it}	$\text{TECHGAP}_{it} = \dfrac{\text{PAT}_{bit}}{\text{PAT}_{ait}}$
解释变量	基础研究水平	KI	技术领域每年的科技论文数量，通过 WOS 核心数据库搜索
中介变量	研发企业数量	N	技术领域的研发企业数量，DII 检索、数据清洗
控制变量	研究年限	AGE	面板数据当年–技术子领域萌芽时间
	前沿创新	Q	前沿技术子领域每年的科技论文数量

8.3　实　证　分　析

8.3.1　描述性统计

对中国先进制造技术 11 个子领域 1994～2019 年的面板数据进行描述性分析可得，各变量的标准差、偏度都在正常范围内（表 8-4），进行标准化和自然对数化处理后，能进行接下来的分析。所有变量的方差膨胀因子（variance inflation factor，VIF）均小于 10，说明变量之间不存在多重共线性干预。

表 8-4　变量描述性统计

变量	样本数	平均值	标准差	最小值	最大值
lnTECHGAP	286	2.317	1.067	0.223	5.529
lnKI	286	4.703	2.160	0	10.267
ln$N$	286	2.912	2.007	0	9.401
lnAGE	286	2.703	0.710	0	3.806
ln$Q$	286	1.864	0.297	0.959	2.429

8.3.2　实证结果

1. 全阶段整体效应分析

如表 8-5 所示，模型 1 为中介效应检验步骤一，检验解释变量基础研究对被解释变量技术差距的作用。结果显示变量基础研究系数显著为负，表明随着基础研究增强，中国先进制造与国际前沿的技术差距缩减，H1 得到了验证。模型 2 为中介效应检验步骤二，检验解释变量基础研究对中介变量研发企业数量的影响，结果在 1% 的水平上显著为正，表明基础研究越强，领域内倾向于进行研发活动的企业越多。模型 3 为中介效应检验步骤三，研发企业数量和基础研究的系数都显著为负，但对比模型 1，基础研究系数和显著性下降。结果表明，研发企业数量在基础研究和先进制造技术差距之间存在部分中介效应，H3 得到了验证。以上结论在一定程度上证明了基础研究对中国先进制造技术差距收敛的作用机理，即"基础研究—研发企业—技术产出"。

表 8-5　中国先进制造技术追赶全阶段分析

变量	模型 1	模型 2	模型 3
基础研究	−0.4979*** (0.0614)	0.4843*** (0.0746)	−0.3077*** (0.0589)
研发企业数量			−0.3926*** (0.0480)

续表

变量	模型 1	模型 2	模型 3
控制变量	是	是	是
时间效应	是	是	是
行业效应	是	是	是
常数项	2.2514** (0.9966)	1.6325* (1.2103)	2.8924*** (0.8814)
R^2	0.6682	0.6105	0.7436

注：括号内为 t 值，*、**、*** 分别表示统计量在 10%、5% 和 1%的水平下显著。

2. 追赶阶段主效应分析

由于技术追赶全阶段整体分析效果显著，进一步对追赶阶段和后追赶阶段进行实证分析。追赶阶段效应分析结果见表 8-6。模型 1 基础研究在 5%的水平上负向影响技术差距，表明追赶阶段基础研究对中国先进制造技术差距收敛起到一定作用，但相对较弱。可能的原因在于，追赶阶段中国后发优势强劲，可利用的外部知识资源较多，中国基础研究实力和企业自主创新意愿较弱，制约了先进制造技术产出。模型 2 是中介效应检验步骤二，基础研究同样在 1%的水平上正向影响研发企业数量。模型 3 显示基础研究和研发企业数量在 1%的水平上显著负向影响技术差距，再次证明了研发企业数量在基础研究和技术差距关系中的中介效应。

表 8-6　中国先进制造技术追赶阶段分析

变量	模型 1	模型 2	模型 3
基础研究	−0.1715** (0.0692)	0.3553*** (0.0803)	−0.3298*** (0.0743)
研发企业数量			−0.4531*** (0.1517)
控制变量	是	是	是
时间效应	是	是	是
行业效应	是	是	是
常数项	3.3222** (1.3190)	4.6065** (1.5789)	1.2706 (1.4619)
R^2	0.6125	0.4859	0.4959

注：括号内为 t 值，**、***分别表示统计量在 5% 和 1%的水平下显著。

3. 后追赶阶段主效应分析

后追赶阶段的效应结果见表 8-7。由模型 1 可知，基础研究在 1%的水平上显著影响技术差距，系数为负。表示后追赶阶段基础研究对中国先进制造技术差距收敛有显著影响，有利于中国先进制造技术向国际前沿靠拢。同样地，模型 2 和模型 3 检验了研发企业数量的中介效应，结果显示基础研究在 1%的水平上正向影响研发企业数量；基础研究和研发企业数量在 1%的水平上负向影响技术差距。与表 8-6 模型 1 对比发现，表 8-7 模型 1 显示后追赶阶段基础研究对技术差距影响系数更大，显著性更好。表明基础研究对技术差距收敛的影响具有阶段性，其作用相较于追赶阶段，在后追赶阶段更为显著。H2 得到了证明。这很好地验证了先进制造技术差距收敛的"最后一公里"对科学积累的依赖性，拓展了以往关于基础研究与技术差距收敛关系的讨论。对比表 8-6 和表 8-7 的模型 3 发现，研发企业数量在追赶阶段和后追赶阶段都具有良好的中介效应，表明领域内研发企业对基础研究的吸收能促进次生知识的产出，推动了基础研究成果向前沿技术转换。H4 得到了验证。

表 8-7　中国先进制造技术后追赶阶段分析

变量	模型 1	模型 2	模型 3
基础研究	−0.6174*** (0.0820)	0.1823*** (0.1044)	−0.5581*** (0.0756)
研发企业数量			−0.3254*** (0.0563)
控制变量	是	是	是
时间效应	是	是	是
行业效应	是	是	是
常数项	6.5096*** (0.4693)	−1.6661*** (0.5974)	5.9674*** (0.4386)
R^2	0.8339	0.7382	0.8624

注：括号内为 t 值，***表示统计量在 1%的水平下显著。

8.3.3　稳健性检验

计算中国与美国、日本、德国三国间的技术差距，分样本分析后追赶阶段基础研究与技术差距之间的关系；选取国内技术产出作为新的因变量，讨论基础研究在后追赶阶段的影响。结果均表明，相较于追赶阶段，基础研究在后追赶阶段对中国先进制造技术差距收敛的促进作用更为显著，证明数据分析结果具有稳健性。

8.3.4　进一步讨论

基于先进制造技术结构化特征，将中国先进制造技术 11 个子领域划分为两个子样本，分别表示具有结构优势（RTA＞1）和不具有结构优势（RTA＜1），如图 8-2 和图 8-3 所示。对以上两个子样本进行实证分析，讨论先进制造技术的结构优势特征对基础研究与技术差距收敛之间关系的影响。根据表 8-8，相较于 RTA＜1 的子样本，RTA＞1 的子样本中基础研究对技术差距收敛的影响系数更大，模型拟合更好。说明具备结构优势的子领域进行基础研究对技术差距收敛的影响更显著。

表 8-8　后追赶阶段是否具有结构优势对技术子领域差距收敛的影响

变量	RTA >1			RTA <1		
	模型 1	模型 2	模型 3	模型 1	模型 2	模型 3
基础研究	−0.6621***	0.3242***	−0.5498***	−0.5305***	0.1906*	−0.4881***
	(0.1169)	(0.1420)	(0.1118)	(0.1062)	(0.1036)	(0.1043)
研发企业数量			−0.3462***			−0.2219***
			(0.0998)			(0.0826)
控制变量	是	是	是	是	是	是
时间效应	是	是	是	是	是	是
行业效应	是	是	是	是	是	是
常数项	5.4181***	−2.5449***	4.5370***	6.7907***	−0.2340	6.7387***
	(0.5412)	(0.6573)	(0.5568)	(0.6681)	(0.7771)	(0.6489)
R^2	0.9256	0.9115	0.9388	0.7838	0.6262	0.7982

注：括号内为 t 值，***表示统计量在 1%的水平下显著。

8.4　本 章 小 结

　　基于技术追赶视角，本章探讨了基础研究在中国先进制造技术差距收敛中的关键作用，以先进制造技术 11 个子领域为研究对象，构建技术差距收敛的影响机制，对模型进行实证检验。研究发现：在先进制造技术追赶过程中，基础研究是助力技术差距收敛，摆脱产业链低端锁定的重要推手，这与现有的技术追赶理论具有一致性。与以往研究不同的是，本章在此基础上，以技术追赶过程的阶段性和先进制造技术不同子领域的结构化差异为切入点，基于研发企业数量的中介效应，继续探索中国先进制造技术追赶过程中，基础研究在不同技术子领域以及不同技术追赶阶段对技术差距收敛的影响效果差异，以及这种差异的内在原因和外在表现，得出的主要结论如下。

　　（1）从较长视阈看，中国先进制造技术追赶进程可分为追赶阶段和后追赶阶段。在追赶阶段，中国在固定技术轨道的速度竞赛中处于落后态势，相较于利用外部丰富的知识资源，进行自主基础研究投入回报较低，可能导致企业出现自主研发困难、成长速度慢甚至加大企业生存风险的情况，进而制约先进制造技术进步。在中国先进制造技术的后追赶阶段，外部资源短缺，技术发展战略要转向国内自主研发尤其是基础研究。基础研究是促进后发国家后追赶阶段技术水平赶超国际前沿的重要方式，是提升领域自主研发实力、驱动外围隐性知识吸收、助推技术轨道转换的关键。基于此，中国先进制造技术在后追赶阶段积极布局基础研究，切入技术演变的非连续转换带来的机会窗口，是避免陷入技术追赶陷阱的关键手段。

　　（2）企业的研发活动作为基础研究产出向技术成果转换的重要推动力量，在整个技术追赶进程中都具有显著的中介效应：通过对现有技术进行改进、调整和组合，将成熟技术转化为自身优势积累，在此基础上，对基础研究的理解和改进驱动了技术演变的非连续过程，实现先进制造技术差距收敛。

（3）进一步讨论发现，先进制造技术的结构化特征影响着中国先进制造技术差距收敛效应。在后追赶阶段，具有显性技术比较优势的先进制造技术子领域进行强有力的基础研究能更好地实现对国际前沿的追赶。因此在模块化全球技术布局中，掌握先进制造领域的显性技术能助力后发经济体率先进入新的技术轨道。其次，在基础研究投入过程要优先考虑具有显性技术比较优势的子领域，使其率先进入国际前沿，进一步带动其他先进技术向国际前沿靠近。

中国先进制造技术整个追赶进程根据追赶速度划分为两个阶段，在不同的追赶阶段，差异化的资源基础和外部环境决定了差异化的驱动因素。为了规避技术追赶阶段变迁过程中保留传统固化倾向所导致的技术陷阱，政府需要及时调整资源配置、引导助力先进制造技术轨道的不连续转换、把握技术突破机会窗口。同时，基础研究是后发经济体在后追赶阶段实现先进制造技术突破的机遇和关键。进入后追赶阶段，后发经济体应布局强有力的基础研究、加大自主研发投入、建立起良好的产学研合作模式、培养引入顶尖科技人才、建立一批高质量的科研人才队伍，提升尖端技术领域的研发实力。因此，必须"源头"和"过程"并重，在加大科学知识和基础研究投入的同时，也要提前布局政府支持、科研机构基础研究产出、研发企业技术创新这一个完整的技术创新生态链，建立良好的大学基础研究和工业技术研发之间的战略性纽带。

第9章 中国先进制造技术赶超的政策路径：以移动通信技术为例

本章以先进制造技术中的移动通信技术为例，分析研究中国先进制造业政策对先进制造技术创新发展的激励效用，旨在探究中国先进制造技术在赶超过程中的政策因素。将使用 K 均值聚类和层次聚类的方法对信息技术产业层面的政策进行文本分析，使用显性技术比较优势（RTA）指数和变异系数（coefficient of variation，CV）来刻画技术赶超过程中的创新效果，分析中国产业政策与自主创新成果之间的联系与作用机理在信息技术这一领域的体现。深入探讨在技术演化轨迹已经确定、资金等生产要素充足的情境下，政策的排他性保护、反垄断干预、引资性培育、税收优惠以及政府补贴等一系列政策因素对于信息技术创新的发展效果以及作用机理。这些讨论对于中国在先进制造业中的关键核心技术、通用共性技术等特定技术领域制定并实施激励性产业政策、有效参与全球前沿技术竞争并最终实现技术赶超具有重要的启示意义。

9.1　新兴技术创新中政策的有效性讨论

20 世纪 80 年代末，为推动技术的自主创新，中国开始对技术创新依赖性较高的部分产业领域实施刺激性产业政策[316]。目前，中国经济已进入依赖自主创新的新常态，产业政策被视作推动经济创新驱动、转型升级的重要抓手[317]。其中，针对高新技术产业颁布的产业政策更是被寄予能够提升企业乃至国家核心创新竞争力的厚望[318]。因此，研究者们一直重点关注如何才能正确发挥产业政策效应，以达到提高产业政策的技术创新效果。然而研究者们却在产业政策驱动技术创新的有效性、过程机理等问题上均存在较大分歧。有研究认为产业政策在推动技术演化、促进经济高速发展方面起到的作用不可或缺[319]，也有研究基于信息获取劣势的限制和激励机制的不完善，认为产业政策是无效的[320]。还有一些研究认为，产业政策对创新效果的有效与否与施政目标、施政手段等有关，不能一言以蔽之[321]。但对于长期处于追赶状态，且承载着有效参与国际关键核心技术和共性技术竞争的通信技术而言，政府政策一直在尝试着发挥主体激发的重要作用。在中国，"九五"科技攻关计划首次为参与 3G 时代技术竞争打开了大门，自主研发的TD-SCDMA 标准得到了全世界的认可，《中国制造 2025》也对 4G 技术开发与商用、5G技术研发创新产生了强烈的影响[322]。然而，在此过程中，不同形式及结构的产业政策是否真的有效？如果有效，其有效性及作用机理等方面是否存在明显差异，这都是值得进一步研究探讨的问题。

回顾过去 30 多年，尽管中国移动通信技术领域的产业政策中存在持续激励技术创新的举措，但大多数研究仍然认为其激励效果难以判断，既有促进效应也有抑制效应[323]。在实证研究中，衡量产业政策也具有一定的难度[324]。从更宽泛的视角看，在我国，正因其研究的复杂性，产业政策对技术创新的激励效果在不同的技术领域、不同的技术演化阶段、不同政策内容方面存在差异而难以取得一致结论。典型情况包括以下几点。

（1）从特定产业领域角度看。以新能源汽车产业为例，它作为战略新兴产业，面临着颠覆性技术创新预期、市场需求不确定性等风险。因此，各国均出台了相应的补贴政策。2004年，《汽车产业发展政策》表明国家在技术引进、技术改造、融资以及兼并重组等方面给予其优先扶持。2011年"十二五"规划中更加明确指出要发挥产业和科技基础优势，完善现代化产业体系，推动产业升级，但其补贴政策方面产生的激励效应一直存在争议。一方面，有学者认为其正向激励效应比较明显[325, 326]，企业会加大研发投入[327]，激励创新行为[328]。另一方面，也有学者认为，政策对产业发展的激励作用是通过扩大供给和激发需求来实现的，而并非研发创新，诸多的交易费用使得补贴政策难以促进技术的有效提升，在一定程度上甚至会产生抑制作用[329]。

（2）从不同技术演化阶段看。以中国的光伏产业为例，它经历了典型的从追赶到领先的发展阶段，行业的兴衰起伏，背后离不开政府这一只大手的推动[330]。2002年的"送电到乡"工程、2009年的"金太阳"工程等政府扶持行动旨在推动光伏发电产业进入高速发展通道。然而，有研究发现，政府对该产业的扶持作用在不同阶段产生的效果存在明显差异。例如：在追赶阶段，政府扶持能够帮助企业实现盈利优势；然而在扩张阶段，政府扶持却无法鼓励更多的企业进行研发投入，从而在一定程度上对技术创新的激励效果不明显甚至会产生抑制作用[331]。究其原因是受到产业政策激励的企业还想获得更多的政府补贴和税收优惠，因此利用创新策略来"寻扶持"，而并非进行实质性的创新[332]。

（3）从具体政策内容看。以产业政策中的财政补贴和税收优惠这两类具体政策为例，其驱动创新的效果也存在诸多差异。有研究表明，财政补贴的激励政策效果更加显著，相比于税收优惠政策更能有效地促进高技术产业的产出增长[333]。在考虑激励对象时，政府补贴也成了一项促进国有企业研发投入与创新绩效更为有效的政策工具[334]。然而实证研究表明，在考虑时间窗口的条件下，税收优惠政策相较于财政政策在高新技术企业技术创新的后期激励效应更为明显[335]。两种政策间的激励方式、效果有显著差异，不同政策及其组合之间的激励效果也存在差异[336]。因此，在符合各阶段发展目标情况以及考虑到外部因素的前提下，统筹发展、搭配运用政策工具显得尤其重要。

因此，无论是对于新兴产业还是成熟产业，产业政策均有可能推动企业的技术创新。尤其是在经济进入新常态、国际技术竞争面临新格局、中国部分关键核心技术的创新追赶仍面临技术门槛较高或技术切割的情境下，产业政策仍是中国实现创新突破的关键要素与催化剂[337, 338]。同时，部分领域中的产业政策也引起了"寻扶持"、套利或者寻租等负面现象，形成虚假的技术创新或专利泡沫[243]，难以带来真正的技术创新[339, 340]。因此需要进一步探索产业政策发挥作用的技术演化阶段、技术演变轨道、产业技术生态等约束情境，以及产业政策形式、结构与这些约束情境间的一致性，以探究政策中可能蕴含的激励效果，从而实现精准施策，切实应用产业政策这一工具来高效驱动关键领域的技术创新。基于此，本章在中国移动通信技术面向世界前沿的追赶与超越历程中的产业政策序列基础上，通过聚类分析方法分析不同阶段政策的类别结构，同时，用显性技术比较优势（RTA）指数和变异系数（CV）来刻画中国移动通信技术在不同阶段的创新效果，探究技术演化的不同阶段、产业政策的不同类别结构与技术创新效果之间的关联，以探究中国移动通信产业对技术创新的作用机理，为在科技驱动型产业领域中选择合理的产业政策形式，有效参与全球科技热点领域的国际竞争提供一定的决策意见。

9.2　研　究　设　计

9.2.1　数据来源

本章的数据来源有两个：一是基于中华人民共和国工业和信息化部公开发布的 1029 个有关通信产业的重大政策文件，聚类得出多个关键词，用于研究通信产业各个阶段的政策演变；二是利用德温特专利数据库（Derwent Innovations Index）中自 1987~2020 年发布的各国专利数据，分时分类地整理后用于 RTA 指数计算。

1. 政策数据获取

首先，确定爬取的对象。基于政策颁布机关的权威性以及可信度考虑，将中华人民共和国工业和信息化部官网作为政策来源的平台网站，检索得到与通信产业相关程度最大的 1029 个重大政策文件。其次，基于 Selenium 动态爬取。待爬取的最终目标网页网址为 http://www.miit.gov.cn/。通过分析网页发送的请求，确定该目标网页为动态加载网页，进行自动检索时网页的 URL 并不会发生改变，因此通过 Selenium 进行目标信息爬取。从 Selenium 库中引入 Webdriver 进行网页自动化控制，结合定位语句、for 循环语句等方式编写代码以进行大量的重复性爬取工作，从而获得所需要的文件数据。最后，保存数据。引入 xlsxwrite 库，将获得的数据写入 Excel 文件。为便于后期进行数据清洗，确定导出的格式，即表头的初始字段设置为"序号""政策内容""发文字号""成文日期""发布日期"。同时写入嵌套语句，实现同步写入。

2. 专利数据采集

首先，确定爬取的对象。基于专利数据库的权威性以及专利信息的完整性考虑，选取德温特专利数据库作为研究的目标数据库。待爬取网页的目标网址为 http://apps. webofknowledge.com/DIIDW_GeneralSearch_input.do？product=DIIDW&SID=5CHdqqtdAh SPZYyRovg&search_mode=GeneralSearch。其次，编写基于布尔运算的检索条件。基于 Python 的 JS 控件以及 CSS-selector 等定位元素，引入 Keys 包结合 Click() 方法一起使用。利用 for 循环语句进行"自定义年份范围"定位以及"检索"定位控制。再利用布尔运算编写 TS，PN 代码（结合人工代码），控制检索条件并写入。考虑到德温特专利数据库自带缓存功能，在用户未改变搜索要求的情况下，检索过的数据不会被清除，则可以直接进行数据的记录，但同时应在每次循环开始时对文本框内容进行清理，以避免检索条件的重复而产生较大的误差。最后，保存数据。为了便于后期数据处理计算 RTA 指数，分不同国家及阶段将所有通信产业专利数据写入新建的 Excel 文件中。

9.2.2 聚类分析

1. 层次聚类法

层次聚类法是一种利用递归方法对数据对象进行合并或者分裂，直到某种终止条件得到满足而最终获得聚类分析结果的分析方法。层次聚类法的基本思想是，利用某种相似性测度计算节点之间的相似性，并按相似度由高到低进行排序，逐步重新连接节点。该方法的优点是可以随时停止划分，主要步骤如下。

（1）移除网络中的所有边，得到有 n 个孤立节点的初始状态。

（2）计算网络中每对节点的相似度。

（3）根据相似度从强到弱依次连接相应节点对，形成树状图。

（4）根据实际的需求横切树状图，获得社区结构。

根据层次分解的方式，层次聚类法具体又可分为"自底向上"和"自顶向下"两种方案。本章采用"自底向上"的合并方法，通过设定其最小出现频数（min_df），使词频超过最小出现频数的关键词进行聚类计算。导入 Pandas 库，将词篇矩阵转化为 Data Frame，使用距离 corr（x, y）相关系数，表示二维随机变量两个分量间相互的关联程度。引入 Scipy 库，使用 Ward 聚类预先计算的距离定义链接矩阵，最终结果通过 Matplotlib 进行呈现。

2. K 均值聚类算法

通过对分词结果进行分析，由于所使用的政策同属于通信行业的政策文本，且考虑到其各阶段政策数量基数较小，各阶段的定簇数（clusters）需要经过多次的聚类才能最终得出合适簇数，为提高聚类准确度，因此选择 K 均值聚类算法。该方法使用时无须知道所要搜寻的目标，直接通过算法来得到数据的共同特征。其具体实现步骤如下。

（1）从样本中随机选取 k 个样本点作为初始的均值向量 $\{u_1, u_2, \cdots, u_k\}$。

（2）循环以下几步直到达到停止条件。

（3）对于每个样本 x_i，将其标记为距离类别中心最近的类别，即：

$$\text{label}_i = \arg \min_{1 \le j \le k} \| x_i - u_i \| \tag{9-1}$$

（4）对所有样本点计算它们到 k 个均值向量之间的距离，取其中距离最短的距离对应的均值向量的标记作为该点的簇标记，将该点加入相应的簇 C_i；对于每一个簇，将每个类别中心更新为隶属于该类别的所有样本的均值，分别计算其均值向量：

$$u_j = \frac{1}{|C_j|} \sum_{i \in C_j} x_i \tag{9-2}$$

　　如果相比之前的向量有改变则更新，将其作为新的均值向量，反之，则通过找到合适的 k 值和合适的中心点，来实现目标的聚类，如图 9-1 所示。

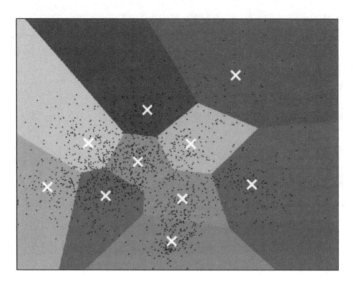

图 9-1　K 均值聚类实现概念图

　　K 均值聚类算法能够保证收敛，但不能保证收敛于全局最优点，当初始中心点选取不好时，只能达到局部最优点，整个聚类的效果也会比较差，因此本章在数据训练过程中通过多次比较以选取恰当的 k 值，以获取全局最优点。

9.2.3　技术创新效果

1. 显性技术优势指数

　　显性技术优势（RTA）指数指某国家的某领域在该国家的专利占有比例除以同一时期该国家所有专利数在所有国家所有技术领域专利总量的占有份额，公式如下：

$$\text{RTA}_{ij} = \left(P_{ij} / \sum_i P_{ij} \right) / \left(\sum_j P_{ij} / \sum_i \sum_j P_{ij} \right) \tag{9-3}$$

式中，P_{ij} 表示 j 国在 i 技术领域的 PCT（Patent Cooperation Treaty，《专利合作条约》）申请量；$\sum_i P_{ij}$ 则表示 j 国所有技术 PCT 申请量的总和；$\sum_j P_{ij}$ 表示所有国家移动通信技术 PCT 申请量的总和；$\sum_i \sum_j P_{ij}$ 表示所有技术领域世界 PCT 申请量的总和。如果 RTA 指数大于 1，说明该国家在移动通信技术领域具有比较优势，且该指数值越大，则该技术比较优势越大；若该指数小于 1，说明该国家在移动通信技术领域处于比较劣势地位。

2. 变异系数

　　变异系数（CV）是概率分布离散程度的一个归一化量度，其定义为标准差与平均值之比，将其建立在 RTA 之上。公式如下：

$$\mathrm{CV}_j^T = \sigma_{TS_{ij}} / \mu_{TS_{ij}} \tag{9-4}$$

式中，CV_j^T、$\sigma_{TS_{ij}}$、$\mu_{TS_{ij}}$ 分别指 j 国的技术比较优势指数的变异系数、标准差和算术平均数。将其每个阶段以及每个国家的变异系数算出，进行横纵向比较以揭示不同阶段的比较优势国家以及同一国家的比较优势阶段。当其 RTA 大于 CV_j^T 时，则表明有比较优势，且高出越多表明比较优势越突出，反之则处于劣势。

9.3　中国移动通信技术发展中的政策演进

在通信技术发展史中，由于技术演化轨迹和生产要素完备情况之间存在差异，中国在各个阶段发布了针对不同情境的创新激励政策。本章利用层次聚类和 K 均值聚类方法将不同阶段的政策文件进行聚类分析，阐述产业政策在不同阶段的结构差异。

9.3.1　层次聚类与 K 均值聚类

以每一代移动通信技术商用时刻为依据，划分其主要的商用时间段，即：1G（1987～1992 年）；2G（1993～2008 年）；3G（2009～2014 年）；4G（2015～2018 年）；5G（2019 年至今）。对通过爬取得到的 1029 个通信产业的政策文件进行聚类分析。因分析的对象政策同属通信产业大类下的政策，考虑到部分年份文件的缺损以及政策文件基数对于聚类结果精准度的影响，1G、2G 阶段缺少的政策文件通过后期大量遍历相关文献报道归纳整理获取，3G 以及 4G 阶段采用 K 均值聚类分析，5G 阶段采用层次聚类分析，由此分阶段得出影响通信产业创新效果的主要政策类别。

（1）去除文本噪声。基于 Selenium 中 WebDriver 自动控制网页工具，利用 X-path、JS-path、CSS-selector 等精准定位元素，同时去除"&""//"等特殊符号，然后提取所需信息，通过 XlsxWriter 写入文本文件以及 Excel 文件以便后期数据处理。

（2）Jieba 分词和数据清洗。采取 Jieba 精准分词模式且空格拼接，避免出现重复词语。为便于之后的计算对接 Sklearn 等工具，故将结果存储在同一个 txt 中，每行表示一个政策文本的分词结果。同时加载停用词表，去除"通知""年度""项目"等与研究内容关联度不大的词语，最终完成数据清洗，达到细化分词结果，提高词频特征提取精度的目的。

（3）TF-IDF 词频特征提取（构建向量空间模型）。TF-IDF（term frequency-inverse document frequency）即词频-逆文本频率，是一种统计方法，多用于评估一个词对于一个语料库中一份文件的重要程度。词的重要性随着它在文件中出现的次数正比增加，同时随着它在语料库其他文件中出现的频率反比下降。如果多个文件中各个单词的重要程度相似，则认为这些文件是相似的。采用二者的欧几里得距离作为相异度，欧几里得距离公式如下：

$$d(X,Y) = \sqrt{(x_1 - y_1)^2 + (x_2 - y_2)^2 + \cdots + (x_n - y_n)^2} \tag{9-5}$$

通过将文件聚类的问题转化为一般性的聚类过程，样本空间中两点的距离描述即转变为欧式距离描述。其具体数学算法为 TF-IDF 与一个词在文档中出现的次数成正比，与该词在

整个语言中出现的次数成反比。其中 TF 与 IDF 的计算公式分别为

$$\text{TF}_{i,j} = \frac{n_{i,k}}{\sum_k n_{k,j}} \tag{9-6}$$

$$\text{IDF}_i = \log \frac{|D|}{\left| \left\{ j : t_i \in d_j \right\} \right|} \tag{9-7}$$

通过引入 Sklearn 库中的 Tfidf Transformer 和 Count Vectorizer 来获取每个短文本的特征向量，从而组成整个样本特征 X，构建其向量空间模型（vector space model，VSM）。由于 1G、2G 阶段相关政策文件数量过少、基数较小，难以通过聚类分析出主要的政策类别，为使得政策类型的确定相对精准，1G、2G 阶段缺少的政策文件通过直接查询相关文献归纳整理获取。

（4）结果调试。聚类过程概述：因 K 均值聚类算法隶属于无监督学习，其聚类数 k 值需要预先确定，通过其聚类散点图以及 clf.inertia_ 指标进行效果判定。散点图中各类别交叉重合部分的范围面积越小，则聚类效果越好。clf.inertia_ 指标进行相对比较，聚类数不同其数值也会随之变动，即使确定了聚类数，由于其无监督学习的特性，每次聚类结果的指标也会有所差异。最终实际聚类散点图效果能够达到各类别基本无重合部分，且 clf.inertia_ 指标在聚类数确定为 3 时稳定在 15.667 左右，聚类效果相对较好。对于层次聚类而言，基于对聚类精度以及关键词可合并性的考虑，经过多次调试，最终确定将词频出现 6 次以上的关键词进行聚类，所得结果簇间相似度低，簇内相似度高，且关键词能够被归并为一个政策大类。

聚类所得结果包括"融合""培育""体系"等关键词，经过数据分析，清洗掉"行业标准""奖励""人才""购买""委托采购""自行采购"等出现频次最低、关联度最小的关键词，最终得出影响通信产业创新效果的六个主要政策类别，分别为政府补贴、税收优惠、扶持国有企业、政策排他性保护、反垄断干预和引资性培育。

9.3.2 聚类结果分析

通信产业具有更新换代快的特点，某一阶段的研发工作通常是在前一阶段研究成果投入商用后就开始布局，所以激励创新研发类产业政策的制定与实施对象通常是下一阶段的研发工作。因此，本章分阶段聚类出具有显著影响力的政策类型（表 9-1），以讨论产业政策推动移动通信技术创新的效果。

表 9-1 中国通信产业各阶段政策类型聚类结果

通信产业主要商用时间段	代表政策类型	作用阶段
导入前准备阶段（1987 年前）	扶持国有企业	1G 研发阶段
1G：1987～1992 年	扶持国有企业	2G 研发阶段
2G：1993～2008 年	扶持国有企业、政府补贴	3G 研发阶段

续表

通信产业主要商用时间段	代表政策类型	作用阶段
3G：2009～2013 年	政策排他性保护、政府补贴、反垄断干预	4G 研发阶段
4G：2014～2018 年	政策排他性保护、引资性培育、税收优惠	5G 研发阶段
5G：2019 年至今	政策排他性保护、政府补贴	—

（1）导入前准备阶段和第一代移动通信产业主要商用阶段（1987～1992 年）的技术、设备与移动通信的运营方式均依赖于国外进口。为聚集本土产业生产要素并实现对欧美国家的技术追赶，中国加大了对通信产业国有企业的扶持力度，以中国电子信息产业集团有限公司、中国移动通信集团、中国联通集团公司与中国电信集团公司为代表的一批国有企业先后在政府的支持引导下成立。在 1999～2001 年这三年间，政府资助通信产业的资金总计达到 12.1034 亿元，上百家骨干企业得到政府支持。截至 2008 年，全国范围内电子及通信设备制造业的国有及国有控股企业数多达 699 个。在国有及国有控股企业得到发展的基础上，2008 年中国移动电话交换机容量达 114531.4 万户，光缆线路长度达 6778495.61 公里；中国移动用户总数超过 4.5 亿，中国联通月增长用户 42.4 万，中国电信"天翼计划"初见成效。

（2）第二代移动通信产业主要商用阶段（1993～2008 年）有关激励 3G 研发的主要政策类型为扶持国有企业和政府补贴。为了鼓励时分同步码分多址（time division-synchronous code division multiple access，TD-SCMDA）的发展，国家工信部将 TD-SCMDA 产品和应用纳入政府的采购扶持范围，计入《政府采购自主创新产品目录》中。在《2006—2020 年国家信息化发展战略》等政策的推动下，截至 2008 年，全国范围内电子及通信设备制造业科技活动经费筹集到的政府资金（S&T）为 211172 万元，有效提升了中国通信产业的核心竞争力与国际地位。在产业政策的推动下，截至 2013 年 10 月，TD-SCDMA 用户数突破了 1.8 亿，占据国内 3G 市场份额 45.9%，成为全球发展最快的 3G 国际标准[341]。

（3）第三代移动通信产业主要商用阶段（2009～2013 年）有关激励 4G 研发的主要政策类型为反垄断干预、政策排他性保护和政府补贴，3G 阶段 K 均值聚类结果如图 9-2 所示。《中华人民共和国反垄断法》的颁布加快了反垄断干预产业政策的落地，《国务院关于鼓励和引导民间投资健康发展的若干意见》《"宽带中国"战略及实施方案》中有关于反垄断条例的实施帮助改变了三大通信运营商的格局，鼓励中小企业协同发展，引导通信产业建立良好的竞争机制与共同发展的竞争格局。为了整治市场中不正当竞争行为所导致的"虚假创新"，《国务院关于加快培育和发展战略性新兴产业的决定》《国务院关于促进信息消费扩大内需的若干意见》等排他性保护政策相继出台，通过法律法规和标准体系建设来加强对通信产业创新的保护和增加对创新者知识产权的收益分配，从而达到激励产业创新的目的。在政府补贴方面，《电子信息产业调整和振兴规划》《国务院关于加快培育和发展战略性新兴产业的决定》的实施加大了财政支持力度来鼓励研发投入。2015 年，中国信息通信服务收入达到 1.7 万亿元，超额完成"十二五"规划目标，增值电信企业收入达到 5444 亿元，年均增长 34.8%，促进转型升级并稳步推进。中国自主研发的分时长期演进（time division-long term evolution，TD-LTE）成为国际 4G 主流标准，形成一个完整的产业链，国际化水平全面提升。

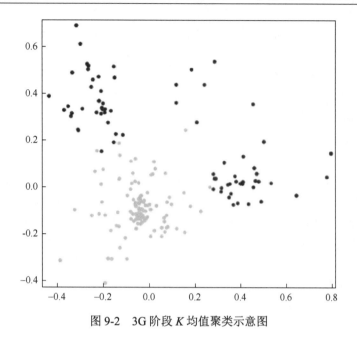

图 9-2　3G 阶段 K 均值聚类示意图

（4）第四代移动通信产业主要商用阶段（2014～2018 年）有关激励 5G 研发的主要政策类型是税收优惠、引资性培育和政策排他性保护，4G 阶段 K 均值聚类结果如图 9-3 所示。在此阶段，通信产业中小企业普遍存在融资能力不足、创新产出不确定等问题，《中国制造 2025》《"十三五"国家信息化规划》等政策中有关税收优惠条例的实施确实有效地减轻了企业的经济负担，促进了企业加大研发投入。引资性培育政策通过改善区域投资环境，利用富有优势的土地资源、政策资源和劳动力资源达到吸引资本的效果，从而为通信产业创新提

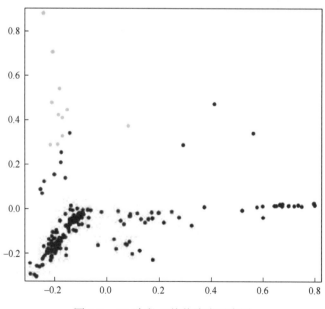

图 9-3　4G 阶段 K 均值聚类示意图

供资金与人才保障,《"十三五"国家信息化规划》《"十三五"国家战略性新兴产业发展规划》的实施积极探索政府和社会资本合作(public-private partnership,PPP)模式,加大了资金投入支持信息化重点领域、重大工程和薄弱环节,此外政府还推动建立了与 5G 相关的市场驱动型专利交易和许可平台,给技术的转让和许可提供了便利。通信产业属于知识产权密集型产业,《中国制造 2025》《国家信息化发展战略纲要》中排他性保护类条例的实施不仅加强了对国内通信产业创新知识产权的保护力度,也增强了企业处理国际知识产权诉讼的应对能力。

(5)第五代移动通信产业主要商用阶段(2019 年至今)有关激励 6G 研发的主要政策类型是政府补贴和政策排他性保护,5G 阶段层次聚类结果如图 9-4 所示。《扩大和升级信息消费三年行动计划(2018—2020 年)》等政策鼓励各地应该设立信息消费专项资金,进一步加大对通信产业资金的支持力度。《工业互联网发展行动计划(2018—2020 年)》等政策安排开展工业互联网立法工作,保护通信网络安全;《专利代理条例》《关于进一步推进"一带一路"国家知识产权务实合作的联合声明》《中欧海关知识产权合作行动计划(2018—2020)》等有关知识产权保护政策的施行不仅注重专利质量提升、加强了行政执法力度,还促进了国际的知识交流与合作。

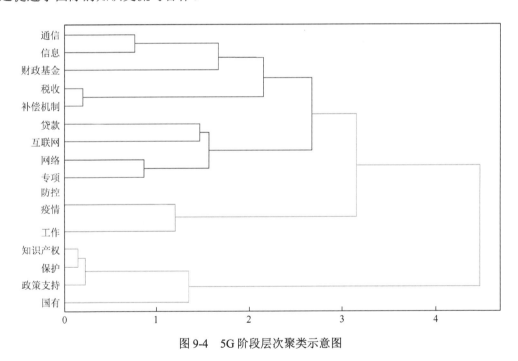

图 9-4　5G 阶段层次聚类示意图

9.4　中国移动通信技术产业政策的创新激励效果

9.4.1　显性技术优势指数与变异系数

为检验中国不同产业的政策在移动通信技术领域是否存在显著的创新激励效应,首先利用专利数据计算出不同国家的显性技术优势（RTA）指数，并在各国间分阶段进行横向比较，再基于比较优势指数的变异系数（CV）来进行横向和纵向的数据趋势分析，以探究中国在移动通信领域的创新效果是否显著。1987～2020年显性技术优势（RTA）指数计算结果见表9-2。

表 9-2　1987～2020 年各国移动通信技术领域 RTA 指数

国家	1987～1992 年	1993～2008 年	2009～2013 年	2014～2018 年	2019～2020 年	CV_j^T
美国	1.641	1.671	2.058	2.443	2.572	0.206
中国	0.352	0.498	1.651	1.787	2.101	0.624
德国	0.946	1.094	0.808	0.826	1.081	0.142
日本	1.107	1.114	1.813	1.293	1.198	0.225
法国	1.126	0.998	1.017	0.812	0.623	0.217
韩国	0.493	0.764	1.106	1.017	0.807	0.286
加拿大	0.723	0.982	0.829	0.722	0.959	0.148
澳大利亚	0.939	1.059	0.317	0.429	0.367	0.561
比利时	1.043	0.845	0.436	0.414	0.686	0.393
巴西	0.336	0.484	0.266	0.366	0.289	0.245
瑞士	1.079	0.922	0.741	0.913	0.304	0.376
英国	1.316	1.527	1.627	1.275	1.396	0.103
西班牙	0.941	0.783	1.058	0.875	0.717	0.153
芬兰	0.411	0.581	0.388	0.662	0.531	0.224
荷兰	0.665	0.745	0.569	1.126	1.023	0.289
新加坡	0.771	0.565	0.805	1.013	0.966	0.216
俄罗斯	1.416	1.379	1.735	1.454	1.852	0.135
墨西哥	0.556	0.372	0.746	0.247	0.365	0.428
匈牙利	0.239	0.232	0.471	0.391	0	0.677
挪威	0.286	0.346	0.508	0.639	0	0.681
CV_j^T	0.491	0.463	0.580	0.571	0.761	—

　　从表9-2可以看到，从第一代到第五代移动通信技术阶段，美国、英国、俄罗斯和日本始终处于比较优势地位。上述国家在移动通信领域相关的知识基础更宽，技术更新迭代速度比较快，创新研发能力更强。

　　在第一代和第二代移动通信技术中，中国处于比较劣势地位。但在第三代演化阶段时，相比第一代和第二代移动通信技术创新一直处于领先的法国、英国、比利时来说，中国在一定程度上实现了技术追赶，并且在第四代和第五代移动通信技术阶段不断发展，将这种比较优势持续扩大。

　　基于表 9-2 中变异系数的横向比较，各技术演化阶段的 CV 分别为：0.491、0.463、0.580、0.571、0.761。这表明 1G、2G 阶段的美国、英国、俄罗斯，3G 阶段的美国、日本、俄罗斯，4G、5G 阶段的美国、中国、俄罗斯，相对于其他国家来说比较优势显著。再纵向观察同一国家不同阶段的技术比较优势指数的变异系数，从同一领域进行比较，比较效果并不显著，因此采用雷达图进行纵向比较。

　　为了更好地探究中国在通信产业不同演化阶段创新效应的显著程度，选取美国、日本、德国作为代表国家进行比较（图 9-5）。中国和日本在第三代移动通信技术时代都实现了技术赶超，虽然日本的赶超程度明显高于中国，但在第四代和第五代的发展中，创新力度均不如中国，甚至处于退步状态。德国 1G 到 5G 时代，虽然基本上维持在比较优势地位，占据移动通信领域的领跑地位，但是始终未冲破更高的界线。

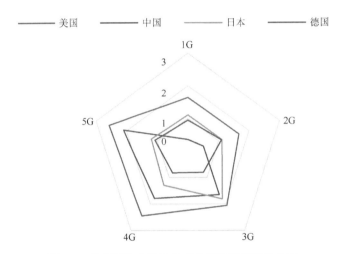

图 9-5　代表国移动通信技术发展阶段雷达分布图

9.4.2　中国移动通信技术产业政策与创新效果

　　综合中国移动通信技术发展阶段、政策文本分析、显性技术优势指数计算，基本可以得出三者之间的关联，具体情况见表 9-3。

表 9-3　中国移动通信技术发展阶段、政策文本分析、显性技术优势指数

移动通信技术阶段	政策类别	政策的典型来源	中国显性技术优势
导入前准备阶段（1987 年前）	扶持国有企业	—	中国 RTA 指数为 0.352，低于变异系数，处于劣势地位
1G（1987～1992 年）	扶持国有企业	—	中国 RTA 指数为 0.498，高于变异系数，超越墨西哥
2G（1993～2008 年）	扶持国有企业	2009 年《政府采购自主创新产品目录》	中国 RTA 指数为 1.651，高于德国、法国等国家，接近美国、日本的水平
	政府补贴	2006 年《2006—2020 年国家信息化发展战略》	

续表

移动通信技术阶段	政策类别	政策的典型来源	中国显性技术优势
3G（2009～2013 年）	反垄断干预	2008 年《中华人民共和国反垄断法》；2010 年《国务院关于鼓励和引导民间投资健康发展的若干意见》；2013 年《"宽带中国"战略及实施方案》	中国 RTA 指数为 1.787，赶超日本与俄罗斯，仅次于美国，实现技术追赶
	政策排他性保护	2010 年《国务院关于加快培育和发展战略性新兴产业的决定》；2013 年《国务院关于促进信息消费扩大内需的若干意见》	
	政府补贴	2009 年《电子信息产业调整和振兴规划》；2010 年《国务院关于加快培育和发展战略性新兴产业的决定》	
4G（2014～2018 年）	税收优惠	2015 年《中国制造 2025》；2016 年《"十三五"国家信息化规划》	中国 RTA 指数为 2.101，仅次于美国，对大部分国家实现技术赶超，成为技术领先国家
	引资性培育	2016 年《"十三五"国家信息化规划》、2016 年《"十三五"国家战略性新兴产业发展规划》	
	政策排他性保护	2015 年《中国制造 2025》、2016 年《国家信息化发展战略纲要》	
5G（2019 年至今）	政府补贴	2018 年《扩大和升级信息消费三年行动计划（2018—2020 年）》	—
	政策排他性保护	2018 年《工业互联网发展行动计划（2018—2020 年）》；2018 年《专利代理条例》；2018 年《关于进一步推进"一带一路"国家知识产权务实合作的联合声明》；2018 年《中欧海关知识产权合作行动计划（2018—2020）》	

1. 扶持国有企业

扶持国有企业是第一、二代移动通信技术主要商用阶段的标志性产业政策之一。在 1G 主要商用阶段，美国、法国、英国、俄罗斯处于领先地位，中国的 RTA 水平低于变异系数。在 2G 主要商用阶段，虽然中国的 RTA 指数高于变异系数，但中国仍处于劣势地位。中国急需发展自己的通信产业，因为企业自有资金生产要素难以支持通信产业的发展，从而被迫向摩托罗拉、爱立信等国外企业开放通信市场。

在此阶段，中国将鼓励、扶持、引导企业进入战略性新兴产业作为未来较长时期推进企业自主创新、转型升级的一项主要政策。如政府通过组织运营商订货协调会的方式，帮助国有企业打造大容量数字程控交换机的市场。欧美国家通过采用上线通信标准的方式来加强技术壁垒，使中国通信标准的形成受到限制。以处在萌芽阶段的中兴、大唐等企业为例，企业主要生产程控交换机设备，在移动通信方面缺乏经验，所以扶持这类国有企业的效果并不显著，但这一举动为通信产业的发展奠定了基础。2000 年 5 月，国际电信联盟正式宣布 TD-SCDMA 成为第三代移动通信标准。2005 年中国的信息产业增加值占国内生产总值的比重达到 7.2%，对经济增长的贡献度达到 16.6%，信息产业对经济增长贡献度稳步上升，扶持国有企业的效应显著。

2. 政府补贴

政府补贴是第二、三、五代移动通信技术主要商用阶段的标志性产业政策之一。在

2G 主要商用阶段，华为、中兴、大唐成功研制出了大容量数字程控交换机，证明了部分国有企业已经具备自主研发的能力，但由于外界投资少，缺乏足够资金进行下一步创新，此时政府补贴就显得尤为关键。

在 3G 主要商用阶段，TD-SCDMA 成为中国自主研发的通信标准，而且各企业的资金水平和研发能力相对比较完备。在此背景下，政府宏观调控反而比高额的财政补贴产生的作用更好。有研究者曾提出国家制度的完善能够减少企业寻租活动的发生从而提高政策的实施效果[340]。过多的财政补贴会使企业产生"寻扶持"、套利寻租等"虚假创新"的想法，降低产业的创新效率。研究表明，中国产业政策的有效性还受到中央与地方政府两方面的影响。一方面，中央政府与企业间存在信息不对称的情况。另一方面，地方政府的部分官员为提高创新绩效，倾向于将资金流入短期经济效益大的项目，因此产业政策的实施效果偏离了预期目标，造成资源的严重浪费。

在 5G 主要商用阶段，中国已经掌握通信产业的核心技术专利，并且大多数的通信企业已有足够的资金进行自主研发。例如：华为披露数据称其 2018 年的政府补贴只占其收入的千分之二，运营资金主要来自企业自身经营积累及外部融资，而不是政府补贴[342]。以上数据表明在 5G 阶段，政府补贴的效果并不显著，但继续实施财政补贴政策，却未产生类似于 3G 阶段的抑制效果，原因很有可能是国家对知识产权保护的愈发重视和监管体系逐渐趋于完善。

3. 排他性政策保护

排他性政策保护是第三、四、五代移动通信技术主要商用阶段的标志性产业政策之一。通信产业是知识产权密集型产业，具有发展速度较快、专利技术更新换代快、侵权成本相对较低等特点，所以排他性政策保护对此产业发挥着重要作用。虽然中国已经建立了属于自己的通信标准，但其核心技术相对掌握得较少，专利申请数量也相对不多。中国的第一个自主通信专利申请时间是在 1997 年，落后美国整整 8 年。而且与发达国家相比，中国的知识产权管理水平相对比较落后，自从中国正式加入世贸组织之后，中国企业不断遭到与国外有关知识产权的诉讼。例如，2010 年摩托罗拉正式起诉华为侵犯其知识产权，由于中国通信企业缺乏相关的应对经验，导致其合法权益遭受侵害。政策排他性保护对产业创新有着不明显的正向作用。

在第四、五代移动通信技术主要商用阶段，中国通信企业的核心专利技术有了进一步突破，通信产业的专利申请数量明显增加，企业运用知识产权的能力得到明显增强；政策排他性保护力度进一步提升，权威、高效的国家知识产权保护协调机构建立，为通信产业营造了一个良好的知识产权法制环境与市场环境，政策排他性保护对通信产业技术创新起到显著的正向作用。

4. 反垄断干预

反垄断干预是第三代移动通信技术主要商用阶段的代表性产业政策之一。中国移动通信技术起步时间较晚，大部分通信标准所需要的专利都集中在高通、爱立信、诺基亚等公司手中，而中国市场如果需要获得被垄断的专利技术的使用权，必须要得到国外公司的域外授权。由于长期被欧美企业知识产权滥用和高额专利费所压制，导致中国通信产业的附加值和利润大幅度降低。

在国内外反垄断法逐步完善的情况下，华为公司在 2014 年运用反垄断规则判定美国交互数字公司构成垄断，获得了两千万元的赔偿，打破了美国交互数字公司的技术壁垒。国家发改委在 2015 年对高通公司展开反垄断调查，责令其停止违法行为并处以数十亿美元的罚款，为中国通信产业赢得了发展空间。从国内情况看，中国通信业呈现出几家公司独大的局面，在政府反垄断政策的全面实施下，展现出良好的竞争格局。例如，2002 年成立的 TD-SCDMA 产业联盟打破了大唐公司在 TD 发展中"一家独大"的局面，截至 2010 年 2 月，TD 联盟的企业成员已达 78 家。同时，政府严格把控通信资费的管理，杜绝发生企业垄断操纵定价的现象。自从改革开放以来，通信资费不断降低，2008 年用户平均每分钟通话费用还不到 2000 年的一半，因此反垄断干预政策对通信产业技术创新起到显著的正向作用。

5. 税收优惠、引资性培育

税收优惠是第四代移动通信技术主要商用阶段的代表性产业政策之一。在此阶段，中国针对通信重点研发领域实施了税收减免和研发费用加计扣除两大措施，大大减少了企业研发的资金压力，刺激企业不断增加研发投入。现有研究表明，税收优惠与政府补贴的影响存在替代关系，并且税收优惠对企业创新的促进作用弱于政府补贴的作用，但是过多的税收优惠与政府补贴都可能导致企业产生"寻扶持"的现象。总体来说，税收优惠对企业创新有正向却不显著的促进作用。

引资性培育同样是第四代移动通信技术主要商用阶段的代表性产业政策之一。中国自主研发的 4G 技术标准 TD-LTE 被确认为国际电联 4G 国际标准之一，并已建成全球规模最大的 4G 网络[343]。2019 年《中华人民共和国外商投资法》的颁布极大地提高了外商投资的积极性，在此阶段中国大力建设招商组织机构，组织招商引资活动。以高速度、低功耗、低时延为特点的 5G 技术在 2019 新型冠状病毒疫情中作为关键技术在医院网络建设、远程会诊、药物研发、疫情管控等场景中得到广泛应用，显著体现了政府引资性培育的激励作用。

综上，在 1G、2G 阶段，中国移动通信产业技术演化轨迹尚未明确，自有资金等生产要素的匮乏以及政府的扶持和补贴政策能弥补自有资金的不足，有效激励企业加大研发投入，促进创新产出；在 3G 阶段，虽然已经掌握到基础技术，但核心技术仍然缺乏，而反垄断干预政策可有效避免掌握核心技术的国内外企业对国内企业的技术压制，但由于此时企业的自有资金相对比较充裕，政府补贴更容易导致创新泡沫；在 4G、5G 阶段，中国移动通信技术创新如火如荼，专利产权急需得到政策保护，研发更需要资本投入，因此，此时资本的吸纳、政策的保护对于创新驱动显得相当重要。

9.5　本　章　小　结

作为调配社会资源、促进行业产出，加快产业结构调整的催化剂[332]，产业政策是如何促进通信技术创新绩效的呢？本章以中国移动通信技术产业发展历程为例进行分析，结合聚类出的 1029 条国家产业政策和历年来的 RTA 指数与 CV，对移动通信技术产业政策和技术创新绩效之间的关系进行了探索分析。研究结果表明：在不同的技术演化阶段、不同的自有资金要素情境下，各政策及其组合对创新的驱动效果存在显著差异。具体表现为：首先，在技术轨迹未确定、自有资金要素缺乏的导入阶段，政府的扶持与补贴政策能够正向且显著地促进企业的研发投入，从而促进创新产出；其次，在技术演化轨迹稳定、自有资金要素充裕的成长阶段，政府对于产业的政策排他性保护、反垄断干预、引资性培育最能够正向促进技术创新，并且效果显著，税收优惠虽具有正向影响，但相对激励效果不明显；最后，在技术、资金均相对充足的成熟阶段，此时产业政策通过政府补贴对通信技术产业产生的影响很有可能是抑制效应。在不同发展阶段，如何才能统筹全局、搭配使用产业政策，使得政策刺激可以高效驱动技术创新。因此，产业政策发挥作用的关键是考虑如何有效地设计和实施[344]，可能的做法如下。

（1）实施产业政策应该注重以政府干预为辅、市场资源配置为主。在实施产业政策的过程中，遵循客观的经济发展规律，维护公平竞争的法治环境，更多地出台普适性的政策，当市场真正失灵时，进行宏观调控，并注重统筹兼顾不同所有制的企业[345]，合理配置市场资源，才能有效激发企业的创新活力，切实推动产业技术创新。

（2）建立和完善技术创新评价体系。为避免专利泡沫，必须注重"实质性"创新。在实施产业政策时，政府应该根据企业技术含量高低、技术难度程度对企业进行进一步细化分类，明确政策扶持的力度，实施差异化政策。以创新数量（专利申请总数）和创新质量（发明专利申请数）纵向衡量历年创新绩效[338]，建立投入/产出评价体系，横向度量企业创新能力，保质保量推进产业技术创新工程。

（3）动态评估产业技术发展阶段及技术演进的规律，合理选择政策保护、反垄断干预、市场主体引育等政策工具。无论是对于正在全面推进产业化应用的第五代移动通信技术，还是面向下一代移动通信技术的研发创新，都是当前国际技术竞争的关键领域，需要出台更多的政策对企业创新产出的专利信息进行保护，大力推广反垄断、促竞争，把握住技术更迭的时间窗口，促进企业间技术交流和资源共享，才可能保持产业技术创新活力。

第 10 章　结论与展望

10.1　主要研究结论

作为后发经济体，促进重要产业领域中的企业实现对世界先进技术的赶超是中国经济实现高质量发展的必由之路。而事实上，在世界经济发展历史中，后发国家从技术领域实现对先进国家的追赶或赶超是经济或技术动态演化的自然结果。例如，早期的部分欧洲国家依靠资产阶级革命获取经济发展动力与技术进步窗口，从而开始对当时处于领先地位的中国进行经验学习与技术追赶；19 世纪中后期，美国通过工业革命与垄断资本主义积累技术资源和资本要素，实现了对英国经济与技术的全面赶超。如今，以中国为代表的新兴经济体国家在经济全球化与研发国际化的发展情境下，依托市场和技术的双重后发优势向世界先进国家发起了后发技术追赶。由此可见，在特定时代的先进制造技术领域推动追赶与超越是后发经济体高质量与可持续发展的逻辑方向和必然结果。在此背景下，本书围绕后发经济体技术追赶存在阶段性变化，最终会演进至面向国际技术前沿的后追赶阶段这一理论逻辑，通过回顾案例国家先进制造技术的追赶经验、梳理世界主要国家在先进制造技术领域的发展历程与政策路径，应用显性技术优势、技术生命周期等方法剖析当前世界先进制造技术发展中存在的子技术领域、发展阶段的不均衡性，并展现中国企业面向先进制造技术赶超的现实逻辑，对中国先进制造技术追赶与赶超中需要解决的能力跃升、子技术领域选择（空间选择）、追赶时机选择（时间选择）等问题进行了探讨，得到的结论主要有以下几点。

（1）面向先进技术领域的技术追赶与超越是后发经济体实现技术持续创新的必然过程，需要制定适当的技术发展策略才能适应追赶过程中外部情境约束与内部能力需求的变化。尤其是对于技术水平接近国际前沿的技术领域，调整技术发展策略以适应后追赶阶段的情境约束是避免落入"技术追赶陷阱"的重要前提。这一点在成功完成技术赶超的发达国家的经验中也得到了充分证明，中国人工智能、现代通信技术领域中部分子技术领域的技术追赶过程也充分体现了这一规律。

（2）先进制造技术领域内多数技术均存在长周期、多轨道发展等特征，因此几乎没有任何国家能够在先进制造技术所有领域的整个技术周期中保持领先优势，这为后发经济体企业的技术追赶与超越提供了难得的时间、空间机会。尤其在人工智能技术、现代通信技术等存在长周期变化、技术代际转换频繁的领域中，任何国家或企业如果要始终维持技术领先优势，均面临着艰难挑战，需要长期保持技术战略的前瞻性、大规模创新资源投入并尽可能避免技术创新策略性偏差与创新激情堕化。

（3）无论是从具体的先进制造技术子领域还是从实施追赶的国别与企业视角看，技术发展的长周期性与技术轨道的频繁迭代均为技术追赶与赶超提供了机会，同时也带来了挑战。从对近 40 年的分析可以看出，先进制造领域中多数技术发展都存在 S 曲线特征，均存在非线性的发展轨道，不同技术周期下的不同技术追赶与发展策略所形成的绩效存在显著差异，无论对于技术领先者或技术追赶者，这都形成了复杂的技术创新战略、资源累积与能力跃迁等方面的挑战。

（4）企业的技术能力可依次划分为经验学习、探索研究、自主研发与技术引领四个阶段，技术赶超视角下，中国企业先进制造技术能力跃升的基本要素及其阶段性变化的特征体现为：①技术能力处于经验学习阶段的企业在技术赶超过程中能够依次跃升至探索研究、自主研发以及技术引领阶段，也能通过提前布局主动创新战略跨越探索研究进而跃升至自主研发甚至更高的技术能力阶段；②探索研究阶段的企业在技术能力成长过程中开始表现出一定程度的黏滞性，技术创新是其突破路径锁定与技术依赖的重要举措；③自主研发阶段是企业实现技术赶超的关键，持续的技术创新是其弥补后发劣势进而突破技术壁垒与追赶陷阱的必要选择，反之，一味地引进学习将导致企业技术能力跌落甚至囿于低级阶段。这些特征表明，即使在实现技术赶超后，企业技术能力跨入技术引领阶段，同样也面临被其他企业赶超的风险，只有永远保持创新的活力与热情，不断探索并掌握领先的核心关键技术，才能助推企业长久稳定发展。

（5）当前及今后较长周期中，先进制造技术的部分子领域处于成长期发展，技术创新充满活力，而部分子领域处于成熟期发展，技术效率达到峰值的同时突破空间缩小。从整体来看，2017～2023 年是全球先进制造技术转型发展的一个重要时期，多项技术领域预计将取得突破性成果并迈向成熟期发展；美国、日本、德国等工业强国在大部分先进制造技术子领域竞争优势明显，并且在多数子技术领域的发展进程中持续保持竞争优势。相比之下，中国在先进制造技术萌芽期均处于落后或者未涉及的状态，但是也可看到中国在计算机辅助设计技术、数控机床技术、超精密加工技术、企业资源计划、增材制造技术、工业机器人等技术领域成长期发展中技术创新能力显著增强，企业可以抓住技术演化窗口加快赶超步伐，又或许可以尝试推动新一轮技术变革争取创新价值中心性地位。

（6）在推动中国企业先进制造技术追赶与超越的前因性要素中，基础研究起着独特的引导性作用，这种作用在技术追赶不同阶段存在着差异。在追赶的初始阶段，中国在固定技术轨道的速度竞赛中处于落后态势。相较于利用外部丰富的知识资源，基础研究投入回报较低，可能导致企业出现自主研发困难、成长速度慢甚至加大企业生存风险的情况，进而制约后发国家先进制造技术进步；而在后追赶阶段，随着后发优势的逐步收敛，且技术创新更靠近前沿或未知领域，对基础研究的依赖性显著增加，基础研究成为促进后发国家后追赶阶段技术水平赶超国际前沿的重要方式，是提升领域自主研发实力、驱动外围隐性知识吸收、助推技术轨道转换的关键。

（7）由于技术周期发展的长周期性及轨道动态演化特征，中国企业先进制造技术追赶与超越中的政策效应也存在显著的动态性，需要有效识别政策切入的有效时机与空间。在技术轨迹未确定、自有资金要素缺乏的导入阶段，政府的扶持与补贴政策能够正向且显著地促进企业研发投入，从而促使创新产出；在技术演化轨迹稳定、自有资金要素充裕的成长阶段，政府对于产业的政策排他性保护、反垄断干预、引资性培育最能够正向促进技术创新，且效果显著，税收优惠虽能正向激励，但相对不明显；而在技术、资金均相对完备的成熟阶段，产业政策通过政府补贴可能干扰先进制造技术创新追赶内生动力积累，产生抑制效应。

10.2 政策建议

基于以上研究结论，针对当前中国多数企业在先进制造技术赶超中面临的机会窗口与资源、政策约束等要素，考虑到既要激励面向可持续性先进制造技术创新能力跃升与持久竞争能力塑造，又要避免策略性创新甚至政策驱赶下投资的"羊群行为"及其所带来的技术创新非理性效应；既要直面国际技术创新环境大变局推动的全球技术创新治理新变化，又要合理应用企业创新主体地位激发与政策刺激间的协同推动力，必须以先进制造技术子领域差异及世界主要工业国家技术优势非均衡分布及动态演化提供的机会空间，积极引导企业理性选择技术追赶与超越的技术空间，动态调整技术创新导向与实施策略，准确把握技术后追赶阶段属性特征，实现从技术追赶到技术超越的跨越。

（1）依据先进制造技术不同子领域演化阶段的不同，实施差异化扶持政策。针对材料受迫成形工艺技术、超精密加工技术、仿生制造技术、数控机床技术、计算机辅助设计技术、工业机器人技术等处于成长期发展的子领域，政府可通过提供研发资金财政配套、设立产业基金的方式，鼓励企业加大研发投入，推动子领域的主导设计技术形成，建立技术成果中试熟化平台，加快技术应用的市场化进程。面向高速加工技术、增材制造技术、微纳制造技术、再制造技术、企业资源计划等处于成熟期发展的子领域，政府应当完善技术应用服务体系，加强企业融资、知识产权保护、技术标准制定等服务，保障技术市场化的良性竞争发展。

（2）引导企业有效识别机会窗口有序进行技术赶超，防止盲目扩张和投资潮涌。政府可通过建立先进制造技术创新示范工程、实施产学研企合作项目等方式，鼓励具有创新资源优势、高技术水平的企业进行成熟期发展且我国发力不足的先进制造技术子领域的技术赶超，通过加强与高校、科研机构的合作推进新技术的基础科学研究，加快子领域新一轮的技术变革，利用突破式创新抢占新技术价值网络的中心位置，抢占新技术发展先机。与此同时，政府可通过设立准入门槛的方式引导市场资源丰富、创新实力强的企业进行成长期发展的先进制造技术子领域的技术赶超，发挥企业的市场渠道优势，拓展技术的应用场景，并通过技术-市场的反馈机制及时改进技术发展方向，提升技术创新价值网络的话语权。

（3）培育健康发展的先进制造技术创新生态，优化先进制造技术创新环境，助力企业实施先进制造技术赶超。当下，中国先进制造业发展普遍面临关键核心技术难攻关、高端产品市场难进入等问题，对此，政府可通过在先进制造技术子领域设立创新联盟、组织协会等方式，促进子领域技术创新资源共享、企业研发难题共讨；举办先进制造技术创新成果展览会，邀请国内外前沿技术拥有者参与会展，促进跨国家、跨地域、跨行业的企业加强技术创新交流与合作，争取开拓高端产品市场；建立先进制造技术创新顶尖人才库，完善人才职业发展机制，引导人才资源流向技术赶超企业，为关键核心技术攻关提供人才支撑。

（4）动态调整技术发展策略与产业创新政策，推动制度与技术协同演化。在新一轮技术革命和产业迭代中，积极探索先进制造技术未来发展方向，选择发展周期长、具有多阶段性的新兴先进技术领域作为技术追赶的发力点，在新兴技术导入期的尾端进行技术追赶，以准确把握新兴技术追赶的机会窗口，规避技术发展红海，谋取最大的后发优势实现技术赶超。积极推动人工智能、量子通信等新兴技术演化进程，尽快实现由技术跟随者到二次创新引领者的角色切换。同时，面对新兴技术形态和新型国际国内技术创新环境，在制度体系与技术体系相互嵌套、协同演化的情境下，积极引导先进制造新兴技术和制度的转型，形成协同发展效应，在技术发展的各阶段及时调整发展政策以高效推动技术追赶进程。

（5）以后追赶阶段先进制造技术创新为契机，积极引导企业强化自主创新策略，培育技术创新持续动力。后发经济体企业技术追赶初期，更多地会依赖后发国家在原材料、劳动力成本上的优势，并习惯于选择价值链低端环节切入全球创新链与产业链。但在后追赶阶段，这些基础后发国家要素禀赋自发形成的竞争优势逐步消失，企业必须重塑自身的技术创新策略体系，敢于摒弃既有的"技术引进—技术吸收—技术引进"的被动模式，强化自主创新，勾画领跑产业技术前沿的蓝图，汇聚物质和人力资本，实现技术创新能力的实质性跃升和技术创新水平的超越。另外，在技术追赶过程中，后发国家引入先发国家先进技术后能否实现二次创新，关键在于技术内在化程度。由于后发国家与先发国家之间所处的技术发展阶段、制度环境和历史文化不同，技术的发展轨迹也不尽相同，因此需要强化制定技术追赶战略时本土化与独特性的技术观，结合自身国情制定自主创新与技术追赶战略。只有结合自身国情实施技术追赶，才能更准确地把握技术发展的规律和诀窍，避免陷入发展条件和环境差异产生的"发展陷阱"。

10.3　研　究　展　望

本书的研究以后发经济体企业技术追赶与超越理论为基础，探讨了后追赶阶段下中国先进制造企业技术赶超中的能力跃升、子领域空间选择、基于技术生命周期的追赶时机选择，以及技术追赶与赶超过程中主导性前提要素与政策支持等问题，是对后发经济体企业技术追赶理论研究内容的扩展和进一步延伸；同时，本书针对先进制造技术领域探讨了中国企业应当如何应用内生的资源、能力积累与外生的时间、空间机会窗口实施技术追赶与超越策略，从而为企业实施整体性或有针对性的技术开发进而提高制造能力并促进结果转化等提供指导，为中国先进制造企业技术能力跃升并推进企业技术向国际前沿收敛提供了有益建议。当然，本书的研究仍然存在很多不足与值得进一步探讨的地方，主要有以下几点。

（1）对于技术前沿国家先进制造技术发展以及中国人工智能技术追赶等问题的案例研究，本书主要应用了经验数据的归纳性整理方法探讨其中蕴含的规律性特征及可能的启示，均未考虑其与中国先进制造技术不同子领域技术追赶要素禀赋与环境约束的一致性。很显然，剖析日本先进制造技术发展的内在规律以期对中国先进制造技术的转型升级提出建议，这些结论面临着全球价值链位置差异等因素的影响，进一步的研究可以将这些要素纳入分析模型，并验证结论的存在性。同样，对人工智能的经验性研究中，本书对技术阶段划分及生命周期的判断主要基于专利数据的时间分布进行,未考虑其他影响技术周期演变的因素,如技术成熟度等的累积效应对周期演变的影响,从而会对研究结果造成一定程度的影响,尤其是对部分趋势预期结果,如人工智能技术衰退期等的判断形成影响,这也是今后的研究中值得进一步拓展的地方。

（2）对于先进制造技术追赶下的技术能力跃升问题,本书在衡量企业技术能力阶段时使用了生产绩效、投资能力和创新结果三类较为宽泛的指标,这为构建隐马尔可夫模型并进行相关分析提供了便利,但也在一定程度上限制了研究的广度和深度。后续的研究中可尝试将这三类指标进行细分或拓展。同时,出于模型简洁性考虑,此部分研究中对模型参数进行了较为简单的初始赋值,进一步的研究中,可以探讨应用统计数据或一手案例数据对参数进行赋值,从而提升仿真分析的逻辑性与稳健性,使研究结论更具有说服力。

（3）对于先进制造技术追赶的时间、空间机会窗口,本书研究主要是基于世界主要工业国家在先进制造技术不同子领域中技术优势的非均衡分布以及不同子领域技术周期非同步演进而进行的,主要应用显性技术优势（RTA）指数对美国、德国、日本、中国等国家先进制造技术发展的时序状况和发展状况进行全景解读,并未讨论引致这一状况的内在因素及其可能蕴含的复杂机制与情境约束,这也值得进一步探究,并可能会为后发国家的技术赶超提供更具体的策略建议。同时,从整体上看,先进制造技术子领域尚未完成新一轮技术变革,部分处于技术周期早期阶段的子领域中技术价值、产品扩散速度、技术扩散速度随技术演进的动态性变化很难得到实际测算,后续的研究可尝试将这三项参数进行时期性赋值,以期获得更稳健的预测结果,并增强研究结论的普适性。

参 考 文 献

[1]   Shin J S. Dynamic catch-up strategy，capability expansion and changing windows of opportunity in the memory industry[J]. Research Policy，2017，46（2）：404-416.

[2]   张国胜. 技术变革、范式转换与我国产业技术赶超[J]. 中国软科学，2013（3）：53-65.

[3]   黄先海，宋学印. 准前沿经济体的技术进步路径及动力转换——从"追赶导向"到"竞争导向"[J]. 中国社会科学，2017（6）：60-79，206.

[4]   欧阳峣，汤凌霄. 大国创新道路的经济学解析[J]. 经济研究，2017（9）：11-23.

[5]   杨本建，李威，王珺. 合约执行效率与企业技术赶超[J]. 管理世界，2016（10）：103-117.

[6]   吴先明，胡博文. 对外直接投资与后发企业技术追赶[J]. 科学学研究，2017，35（10）：1546-1556.

[7]   Utterback J M，Kim L. Invasion of a stable business by radical innovation，the management of productivity and technology in manufacturing[M]. New York：Plenum Press，1986.

[8]   Banioniene J，Dagiliene L. Opportunities to catch up advanced countries by investing in technologies[J]. Montenegrin Journalof Economics，2017，13（1）：111-123.

[9]   程鹏，李洋. 本土需求倒逼企业创新能力的可持续成长吗[J]. 科学学研究，2017，35（6）：949-960.

[10] Dosi G，Grazzi M，Mathew N. The cost-quantity relations and the diverse patterns of "learning by doing"：evidence from India[J]. Research Policy，2017，46（10）：1873-1886.

[11] 刘洋，魏江，江诗松. 后发企业如何进行创新追赶？——研发网络边界拓展的视角[J]. 管理世界，2013（3）：96-110.

[12] Lee K，Ki J-H. Rise of latecomers and catch-up cycles in the world steel industry[J]. Research Policy，2017，46（2）：365-375.

[13] 刘培林，贾珅，张勋. 后发经济体的"追赶周期"[J]. 管理世界，2015（5）：6-17.

[14] 彭新敏，郑素丽，吴晓波，等. 后发企业如何从追赶到前沿？——双元性学习的视角[J]. 管理世界，2017（2）：142-158.

[15] Kim D H，Lee H，Kwak J. Standards as a driving force that influences emerging technological trajectories in the converging world of the Internet and things：an investigation of the M2M/IoT patent network[J]. Research Policy，2017，46（7）：1234-1254.

[16] 黄永春. 新兴大国发展战略性新兴产业的追赶时机、赶超路径与政策工具—全球价值链视角[M]. 北京：科学出版社，2016.

[17] Lazzarini G. Strategizing by the government：can industrial policy create firm-level competitive advantage？[J]. Strategic Management Journal，2015，36（1）：97-112.

[18] Majchrzak A，Cooper L P，Neece O E. Knowledge reuse for innovation[J]. Management Science，2004，50（2）：174-188.

[19] Meredith J. The role of manufacturing technology in competitiveness：peerless laser processors[J]. IEEE Transactions on Engineering Management，1988，35（1）：3-10.

[20] Boyer K K，Leong G K，Ward P T，et al. Unlocking the potential of advanced manufacturing technologies[J]. Journal of Operations Management，1997，15（4）：331-347.

[21] Moyano-Fuentes J，Sacristán-Diaz M，Garrido-Vega P. Improving supply chain responsiveness through advanced manufacturing technology：the mediating role of internal and external integration[J]. Production

Planning & Control，2016，27（9）：686-697.

[22] Szalavetz A . Industry 4.0 and capability development in manufacturing subsidiaries[J]. Technological Forecasting and Social Change，2019，145（8）：384-395.

[23] ACARD (Advisory Council for Applied Reearch and Development). New opportunities in manufacturing[R]. HMSO，1983.

[24] Bessant J，Haywood B N. Introduction of FMS as an example of CIM[R]. Innovation Research Group，Brighton Polytechnic，1986.

[25] Craven F W，Slatter R R. An overview of advanced manufacturing technology[J]. Applied Ergonomics，1988，19（1）：9-16.

[26] Sun H. Current and future patterns of using advanced manufacturing technologies[J]. Technovation，2000，20（11）：631-641.

[27] Sirkin H，Zinser M，Rose J. Why advanced manufacturing will boost productivity[EB/OL]，bcg.com/publication_s，2015.

[28] 张申生. 我国研究先进制造技术应重视的几个问题——从美国的敏捷制造研究计划说起[J]. 中国机械工程，1995（4）：4-6，77.

[29] 邹元超. 略论先进制造技术的层次[J]. 中国工程师，1996（5）：13-14.

[30] 邹群彩，凌祥，涂善东. 先进制造模式——分散网络化制造的研究进展[J]. 南京化工大学学报，2001（4）：106-110.

[31] 李廉水，杜占元. 中国制造业发展研究报告 2007[M]. 北京：科学出版社，2007.

[32] 陈定方，尹念东. 先进制造业技术的特点与发展趋势[J]. 黄石理工学院学报，2006（3）：7-10.

[33] 于波，李平华. 先进制造业的内涵分析[J]. 南京财经大学学报，2010（6）：23-27.

[34] 周佳军，姚锡凡. 先进制造技术与新工业革命[J]. 计算机集成制造系统，2015，21（8）：1963-1978.

[35] Wang H Y，Diao L J. On characteristics and development trend of advanced manufacturing technology[J]. Advanced Materials Research，2013（3）：712-715.

[36] 李林，杨承川，何建洪. 我国先进制造企业技术赶超中的技术能力阶段性跃迁研究[J]. 管理学报，2021，18（1）：79-90.

[37] Mourtzis D，Fotia S，Boli N，et al. Modelling and quantification of industry 4.0 manufacturing complexity based on information theory：a robotics case study[J]. International Journal of Production Research，2019，57（22）：6908-6921.

[38] Farooq S，Cheng Y，Matthiesen R V，et al. Management of automation and advanced manufacturing technology（AAMT）in the context of global manufacturing[J]. International Journal of Production Research，2017，55（5）：1455-1458.

[39] 李林，杨锋林，何建洪. 美、德、日、中先进制造技术优势的比较研究[J]. 情报杂志，2020，9（10）：65-71.

[40] 邵云飞，穆荣平，李刚磊. 我国战略性新兴产业创新能力评价及政策研究[J]. 科技进步与对策，2020，37（2）：66-73.

[41] Li L. China's manufacturing locus in 2025：with a comparison of "made-in-China 2025" and "industry 4.0" [J]. Technological Forecasting and Social Change，2018，135（1）：66-74.

[42] Müller J M，Voigt K I. Sustainable industrial value creation in SMEs：a comparison between industry 4.0 and made in China 2025[J]. International Journal Precision Engineering Manufacturing-Green Technology，2018，5（5）：659-670.

[43] Yuan B L，Ren S G，Chen X H. Can environmental regulation promote the coordinated development of economy and environment in China's manufacturing industry？–A panel data analysis of 28

sub-sectors[J]. Journal of Cleaner Production，2017，149（Apr.15）：11-24.

[44]　Sun Y，Li L，Shi H，et al. The transformation and upgrade of China's manufacturing industry in Industry 4.0 era[J]. Systems Research and Behavioral Science，2020，37（4）：734-740.

[45]　徐雨森. 技术追赶背景下的中外技术学习及竞争博弈——以我国大型风力发电机制造产业为例[J]. 预测，2011，30（4）：1-7.

[46]　Lee K，Malerba F. Catch-up cycles and changes in industrial leadership：windows of opportunity and responses of firms and countries in the evolution of sectoral systems[J]. Research Policy，2017，46（2）：338-351.

[47]　Guo L，Zhang M Y，Dodgson M，et al. Seizing windows of opportunity by using technology-building and market-seeking strategies in tandem：Huawei's sustained catch-up in the global market[J]. Asia Pacific Journal of Management，2019，36（3）：849-879.

[48]　Zaclicever D，Pellandra A. Imported inputs，technology spillovers and productivity：firm-level evidence from Uruguay[J]. Review of World Economics，2018，154（4）：725-743.

[49]　Li D T，Capone G，Malerba F. The long march to catch-up：a history-friendly model of China's mobile communications industry[J]. Research Policy，2019，48（3）：649-664.

[50]　Madanmohan T R，Kumar U，Kumar V. Import-led technological capability：a comparative analysis of Indian and Indonesian manufacturing firms[J]. Technovation，2004，24（12）：979-993.

[51]　Guo L，Zhang M Y，Dodgson M，et al. Huawei's catch-up in the global telecommunication industry：innovation capability and transition to leadership[J]. Technology Analysis and Strategic Management，2019，31（12）：1395-1411.

[52]　Anzola-Román P，Bayona-Sáez C，García-Marco T. Organizational innovation，internal R&D and externally sourced innovation practices：effects on technological innovation outcomes[J]. Journal of Business Research，2018，91（10）：233-247.

[53]　Sun Z. Technology innovation and entrepreneurial state：the development of China's high-speed rail industry[J]. Technology Analysis & Strategic Management，2015，27（6）：646-659.

[54]　Peng F，Zhang X C，Zhou S Z. The Role of foreign technology transfer in improving environmental efficiency：empirical evidence from China's high-tech industry[J]. Frontiers in Environmental Science，2022，10（3）：855427.

[55]　Chen X，Sun C. Technology transfer to China：alliances of Chinese enterprises with western technology exporters[J]. Technovation，2000，20（7）：353-362.

[56]　杨水利，杨祎. 技术创新模式对全球价值链分工地位的影响[J]. 科研管理，2019，40（12）：11-20.

[57]　Yu L P，Li H Y，Wang Z G，et al. Technology imports and self-innovation in the context of innovation quality[J]. International Journal of Production Economics，2019，214（8）：44-52.

[58]　Miao Y Z，Song J，Lee K，et al. Technological catch-up by east Asian firms：trends，issues，and future research agenda[J]. Asia Pacific Journal of Management，2018，35（3）：639-669.

[59]　Li X B，Wu G S. In-house R&D，technology purchase and innovation：empirical evidences from Chinese hi-tech industries，1995—2004[J]. International Journal of Technology Management，2010，51（2-4）：217-238.

[60]　张奔. 国内外高速轨道技术生命周期特征的比较与启示——基于专利视角[J]. 情报杂志，2020，39（1）：83-90.

[61]　Fu X L，Sun Z J，Ghauri P N. Reverse knowledge acquisition in emerging market MNEs：the experiences of Huawei and ZTE[J]. Journal of Business Research，2018，93（3）：202-215.

[62]　Liu Q，Lu R，Yang C. International joint ventures and technology diffusion：evidence from China[J]. World Economy，2020，43（1）：146-169.

[63] Lynn L H. The commercialization of the transistor radio in Japan：the functioning of an innovation community[J]. Engineering Management IEEE Transactions on，1998，45（3）：220-229.

[64] Machado C G，Winroth M P，Silva E H D R D. Sustainable manufacturing in industry 4.0：an emerging research agenda[J]. International Journal of Production Research，2020，58（5）：1462-1484.

[65] Min Y K，Lee S G，Aoshima Y. A comparative study on industrial spillover effects among Korea，China，the USA，Germany and Japan[J]. Industrial Management & Data Systems，2019，119（3）：454-472.

[66] Regele L S. Industrial manifest destiny：American firearms manufacturing and antebellum expansion[J]. Business History Review，2018，92（1）：57-83.

[67] Aoki K，Staeblein T. Monozukuri capability and dynamic product variety：an analysis of the design-manufacturing interface at Japanese and German automakers[J]. Technovation，2017，70（71）：33-45.

[68] 胡智慧，王溯. "科技立国"战略与"诺贝尔奖计划"——日本建设世界科技强国之路[J]. 中国科学院院刊，2018，33（5）：520-526.

[69] Zhang Z Y，Jin J，Guo M，et al. Catch-up in nanotechnology industry in China from the aspect of process-based innovation[J]. Asian Journal of Technology Innovation，2017，25（1）：5-22.

[70] Aliasghar O，Rose E L，Chetty S. Where to search for process innovations？The mediating role of absorptive capacity and its impact on process innovation[J]. Industrial Marketing Management，2019，82（1）：199-212.

[71] 范德成，方璘，宋志龙. 不同技术创新途径与产业结构升级动态互动关系研究[J]. 科技进步与对策，2020，37（5）：57-66.

[72] Nakamura M，Zhang A. Foreign direct investment with host country market structures，with empirical application to Japan[J]. Journal of the Japanese and International Economies，2018，49（1）：43-53.

[73] 吴昊，李萌. 技术引进、自主创新与就业——基于动态空间面板模型的实证研究[J]. 财经理论与实践，2020，41（1）：109-116.

[74] Righetto L，Spelta A，Rabosio E，et al. Long-term correlations in short，non-stationary time series：an application to international R&D collaborations[J]. Journal of Informetrics，2019，13（2）：583-592.

[75] Wang H. China's Approach to the Belt and Road Initiative[J]. Journal of International Economic Law，2018，22（1）：29-55.

[76] Zhu W，Ma C，Zhao X H，et al. Evaluation of sino foreign cooperative education project using orthogonal sine cosine optimized kernel extreme learning machine[J]. IEEE Access，2020，8（99）：61107-61123.

[77] 曹霞，杨笑君，张路蓬. 技术距离的门槛效应：自主研发与协同创新[J]. 科学学研究，2020，38（3）：536-544.

[78] Bergerson J，Cucurachi S，Seager T P. Bringing a life cycle perspective to emerging technology development[J]. Journal of Industrial Ecology，2020，24（1）：6-10.

[79] Liao H W，Yang L P，Ma H N，et al. Technology import，secondary innovation，and industrial structure optimization：a potential innovation strategy for China[J]. Pacific Economic Review，2020，25（2）：145-160.

[80] 孙刚. "科技认定"、代理成本与创新绩效——基于上市公司专利申请的初步证据[J]. 科学学研究，2018，36（2）：249-263.

[81] 范建亭. 开放背景下如何理解并测度对外技术依存度[J]. 中国科技论坛，2015（1）：45-50.

[82] 智瑞芝，袁瑞娟，肖秀丽. 日本技术创新的发展动态及政策分析[J]. 现代日本经济，2016（5）：83-94.

[83] 苏屹，安晓丽，王心焕，等. 人力资本投入对区域创新绩效的影响研究——基于知识产权保护制度门限回归[J]. 科学学研究，2017，35（5）：771-781.

[84] Aldieri L，Sena V，Vinci C P. Domestic R&D spillovers and absorptive capacity：some evidence for US，

Europe and Japan[J]. International Journal of Production Economics，2018，198（1）：38-49.

[85] Petti C，Tang Y L，Margherita A. Technological innovation vs technological backwardness patterns in latecomer firms：an absorptive capacity perspective[J]. Journal of Engineering & Technology Management，2019，51（51）：10-20.

[86] Leydesdorff L，Wagner C S，Porto-Gomez I，et al. Synergy in the knowledge base of U. S. innovation systems at national，state，and regional levels：the contributions of high-tech manufacturing and knowledge-intensive services[J]. Journal of the Association for Information Science and Technology，2019，70（10）：1108-1123.

[87] 王萍萍，王毅. 技术新颖性从何而来？——基于纳米技术专利的分析[J]. 管理工程学报，2020，34（6）：79-89.

[88] Grimaldi M，Cricelli L. Indexes of patent value：a systematic literature review and classification[J]. Knowledge Management Research & Practice，2020，18（2）：214-233.

[89] Dziallas M，Blind K. Innovation indicators throughout the innovation process：an extensive literature analysis[J]. Technovation，2018，80（3/4）：3-29.

[90] Teirlinck P，Spithoven A. Research collaboration and R&D outsourcing：different R&D personnel requirements in SMEs[J]. Technovation，2013，33（4-5）：142-153.

[91] PWC. Sizing the prize：what's the real value of AI for your business and how can you capitalise？ [R/OL]. （2017-06-06）[2019-05-30]. https://www. pwc. com/gx/en/issues/analytics/assets/pwc-ai-analysis-sizing-the-prize-report. pdf.

[92] 陈军，张韵君，王健. 基于专利分析的中美人工智能产业发展比较研究[J]. 情报杂志，2019，38（1）：41-47.

[93] 刘刚. 中国新一代人工智能科技产业发展报告•2020[R]. 天津：中国新一代人工智能发展战略研究院，2020.

[94] 陶翔，张毅菁，任晓波. 全球视野下的人工智能：趋势、影响和挑战[J]. 竞争情报，2019，15（3）：2-11.

[95] Li Y F，Ji Q，Zhang D Y. Technological catching up and innovation policies in China：what is behind this largely successful story？ [J]. Technological Forecasting & Social Change，2020，153（4）：119918.

[96] 吴晓波，余璐，雷李楠. 超越追赶：范式转变期的创新战略[J]. 管理工程学报，2020，34（1）：1-8.

[97] 郭艳婷，郑刚，钱仲文. 开放式创新视角下企业基于跨边界协同的新型追赶路径与模式初探[J]. 科研管理，2019，40（10）：169-183.

[98] 黄永春，魏守华. 后发国家企业实现新兴产业赶超的时机选择研究——基于 GVC 视角下的技术创新 A-U 模型[J]. 南京社会科学，2014（6）：7-15.

[99] 吴晓波，付亚男，吴东，等. 后发企业如何从追赶到超越？——基于机会窗口视角的双案例纵向对比分析[J]. 管理世界，2019，35（2）：151-167.

[100] Unal D. Gompertz，logistic and brody functions to model the growth of fish species Siganus rivulatus[J]. Acta Biologica Turcica，2018，30（4）：140-145.

[101] Peleg M，Corradini M G，Normand M D. The logistic（Verhulst）model for sigmoid microbial growth curves revisited[J]. Food Research International，2007，40（7）：808-818.

[102] 傅瑶，孙玉涛，刘凤朝. 美国主要技术领域发展轨迹及生命周期研究——基于 S 曲线的分析[J]. 科学学研究，2013，31（2）：209-206，200.

[103] 顾基发，赵明辉，张玲玲. 换个角度看人工智能：机遇和挑战[J]. 中国软科学，2020（2）：1-10.

[104] 谭铁牛. 人工智能的历史、现状和未来[J]. 求是，2019（4）：39-46.

[105] 高楠，付俊英，赵蕴华. 人工智能技术全球专利布局与竞争态势[J]. 科技管理研究，2020（8）：

176-184.

[106] 贺倩. 人工智能技术的发展与应用[J]. 电力信息与通信技术，2017，15（9）：32-37.

[107] Dosi G，Pereira M C，Roventini A，et al. Technological paradigms，labour creation and destruction in a multi-sector agent-based model[J]. Research Policy，2022，51（10）：104565.

[108] 张海丰，李国兴. 后发国家的技术追赶战略：产业政策、机会窗口与国家创新系统[J]. 当代经济研究，2020（1）：66-73.

[109] Dowell G，Swaminathan A. Entry timing，exploration，and firm survival in the early US bicycle industry[J]. Strategic Management Journal，2006，27（12）：1159-1182.

[110] Rindova V P，Petkova A P. When is a new thing a good thing？Technological change，product form design，and perceptions of value for product innovations[J]. Organization Science，2007，18（2）：217-232.

[111] Gaba V，Ungson P G R. Timing of entry in international market：an empirical study of US fortune 500 firms in China[J]. Journal of International Business Studies，2002，33（1）：39-55.

[112] Mathews J A. Competitive advantages of the latecomer firm：a resource-based account of industrial catch-up strategies[J]. Asia Pacific Journal of Management，2002，19（4）：467-488.

[113] Vakratsas D，Kalyanaram R G. An empirical analysis of follower entry timing decisions[J]. Marketing Letters，2003，14（3）：203-216.

[114] 贾根良. 演化发展经济学与新结构经济学——哪一种产业政策的理论范式更适合中国国情[J]. 南方经济，2018（1）：5-35.

[115] 国务院. 国务院关于印发《中国制造 2025》的通知[EB/OL]. http://www. gov.cn/zhengce/content/ 2015-05/19/content_9784. htm，2015-5-19.

[116] 国务院. 国务院关于印发新一代人工智能发展规划的通知[EB/OL]. http://www. gov. cn/zhengce/ content/2017-07/20/content_5211996. htm，2017-7-8.

[117] 中华人民共和国工业和信息化部. 工业和信息化部发布《促进新一代人工智能产业发展三年行动计划（2018—2020 年》》[EB/OL]. https://www.miit.gov.cn/jgsj/kjs/jscx/gjsfz/art/2020/art_291b5e6bc13f415494e84a0e9eac78f1. html，2017-12-14.

[118] Breschi S，Malerba F，Orsenigo L. Schumpeterian patterns of innovation and technological regimes[J]. The Economics Journal，2000，110（463）：388-410.

[119] Castellacci F. Technological regimes and sectoral differences in productivity[J]. Industrial and Corporate Change，2007，16（6）：1105-1145.

[120] Bednarek Z. Skills gap：the timing of technical change[J]. Journal of Economics and Business，2014，74（4）：57-64.

[121] 吕铁，贺俊. 政府干预何以有效：对中国高铁技术赶超的调查研究[J]. 管理世界，2019，35（9）：152-163.

[122] Figueiredo P N. Beyond technological catch-up：an empirical investigation of further innovative capability accumulation outcomes in latecomer firms with evidence from Brazil[J]. Journal of Engineering and Technology Management，2014，31（1）：73-102.

[123] 唐未兵，傅元海，王展祥. 技术创新、技术引进与经济增长方式转变[J]. 经济研究，2014，49（7）：31-43.

[124] 王家庭，李艳旭，马洪福，等. 中国制造业劳动生产率增长动能转换：资本驱动还是技术驱动[J]. 中国工业经济，2019（5）：99-117.

[125] Liefner I，Si Y，Schäfer K. A latecomer firm's R&D collaboration with advanced country universities and research institutes：the case of Huawei in Germany[J]. Technovation，2019，86（3）：3-14.

[126] Bernat S，Karabag S F. Strategic alignment of technology：organising for technology upgrading in

emerging economy firms[J]. Technological Forecasting & Social Change，2019，145（8）：295-306.

[127] Adrien Q，Koen F. Evolving user needs and late-mover advantage[J]. Strategic organization，2017，15（1）：67-90.

[128] 彭新敏，姚丽婷. 机会窗口、动态能力与后发企业的技术追赶[J]. 科学学与科学技术管理，2019，40（6）：68-82.

[129] Goktepe D. The Triple Helix as a model to analyze Israeli Magnet Program and lessons for late-developing countries like Turkey[J]. Scientometrics，2003，58（2）：219-239.

[130] 刘海兵，许庆瑞. 后发企业战略演进、创新范式与能力演化[J]. 科学学研究，2018，36（8）：1442-1454.

[131] Jin W，Zhang Z X. The tragedy of product homogeneity and knowledge non-spillovers：explaining the slow pace of energy technological progress[J]. Annals of Operations Research，2017，255（1-2）：639-661.

[132] 臧树伟，潘璇，孙倩敏. 动态环境下的后发企业追赶研究——基于商业模式创新视角[J]. 经济与管理研究，2018，39（8）：123-132.

[133] Figueiredo P N，Cohen M. Explaining early entry into path-creation technological catch-up in the forestry and pulp industry：evidence from Brazil[J]. Research Policy，2019，48（7）：1694-1713.

[134] Chan K C，Fung H G，Shen C H. Special issue：effects of government，changing technology and social network in greater China markets：from shadow banking to corporate finance：an Introduction[J]. International Review of Economics & Finance，2019，63（5）：1-3.

[135] 吴先明，高厚宾，邵福泽. 当后发企业接近技术创新的前沿：国际化的"跳板作用"[J]. 管理评论，2018，30（6）：40-54.

[136] Khan Z，Nicholson J D. Technological catch-up by component suppliers in the Pakistani automotive industry：a four-dimensional analysis[J]. Industrial Marketing Management，2015，50（10）：40-50.

[137] Nam K. Compact organizational space and technological catch-up：comparison of China's three leading automotive groups[J]. Research Policy，2015，44（1）：258-272.

[138] 陆明涛，袁富华，张平. 经济增长的结构性冲击与增长效率：国际比较的启示[J]. 世界经济，2016，39（1）：24-51.

[139] 臧树伟，胡左浩. 后发企业破坏性创新时机选择[J]. 科学学研究，2017，35（3）：438-446.

[140] 林润辉，周常宝，李康宏，等. 技术追赶过程中后发企业创新能力的构建——基于中国西电集团公司的案例研究[J]. 研究与发展管理，2016，28（1）：40-51.

[141] 邢文凤. 比较企业优势观视角下后发企业追赶路径研究——以新能源汽车发展引发的范式转换为背景[J]. 科学学研究，2017，35（1）：101-109.

[142] Tzeremes N G. Technological change，technological catch-up and export orientation：evidence from Latin American Countries[J]. Journal of Productivity Analysis，2019，52（1-3）：85-100.

[143] Lyu Y-P，Lin H-L，Ho C-C，et al. Assembly trade and technological catch-up：evidence from electronics firms in China[J]. Journal of Asian Economics，2019，62（6）：65-77.

[144] 贺俊，吕铁，黄阳华，等. 技术赶超的激励结构与能力积累：中国高铁经验及其政策启示[J]. 管理世界，2018，34（10）：191-207.

[145] 李丹丹，陶秋燕，何勤，等. 基于动态演化博弈视角的技术赶超研究[J]. 科技管理研究，2018，38（3）：30-36.

[146] 吴晓波，吴东. 中国企业技术创新与发展[J]. 科学学研究，2018，36（12）：2141-2143.

[147] 汪明月，刘宇，秦海波，等. 后发地区创新创业模式及优化研究[J]. 科研管理，2018，39（9）：68-77.

[148] 侯鹏. 新常态下中国经济的后发优势还存在吗？——基于2001～2015年217个国家的面板数据[J]. 经济问题探索，2019（5）：22-29.

[149] 吕铁，江鸿. 从逆向工程到正向设计——中国高铁对装备制造业技术追赶与自主创新的启示[J]. 经

济管理，2017，39（10）：6-19.

[150] 李新剑. 后技术赶超时期创新赶超模式研究——创新网络构建视角[J]. 科技进步与对策，2019，36（21）：26-34.

[151] 高照军，张宏如. 制度合法性与吸收能力影响技术标准竞争力的机制研究[J]. 管理评论，2019，31（12）：73-84.

[152] 肖振鑫，高山行，高宇. 企业制度资本对突破式创新的影响研究——技术能力与探索性市场学习的中介作用[J]. 科学学与科学技术管理，2018，39（5）：101-111.

[153] 徐细雄，淡未宇. 制度环境与技术能力对家族企业治理转型的影响研究[J]. 科研管理，2018，39（12）：131-140.

[154] 许晖，单宇. 新兴经济体跨国企业子公司网络嵌入演化机理研究[J]. 管理学报，2018，15（11）：1591-1600.

[155] 杨晓，刘爱民，薛莉，等. 主要国家大豆压榨企业布局特征及其成因——以美国、巴西、中国为例[J]. 资源科学，2018，40（10）：1931-1942.

[156] 詹爱岚. 新兴市场国家标准化与创新互动赶超模式及路径研究——以印度、南非为例[J]. 科研管理，2019，40（8）：92-100.

[157] Kapitsyn V M, Gerasimenko O A, Andronova L N. Analysis of the status and trends of applications of advanced manufacturing technologies in Russia[J]. Studies on Russian Economic Development, 2017, 28（1）：96-108.

[158] 李舒翔，黄章树. 信息产业与先进制造业的关联性分析及实证研究[J]. 中国管理科学，2013，21（S2）：587-593.

[159] 黄永春，王祖丽，肖亚鹏. 新兴大国企业技术赶超的时机选择与追赶绩效——基于战略性新兴产业的理论与实证分析[J]. 科研管理，2017，38（7）：81-90.

[160] 徐雨森，李亚格，史雅楠. 创新追赶背景下后发企业路径创造过程与能力——金风科技公司案例研究[J]. 科学学与科学技术管理，2017，38（6）：110-120.

[161] 李金华. 中国建设制造强国的系统性约束与地域结构矛盾[J]. 经济理论与经济管理，2018（4）：5-19.

[162] Landini F, Lee K, Malerba F. A history-friendly model of the successive changes in industrial leadership and the catch-up by latecomers[J]. Research Policy, 2017, 46（2）：431-446.

[163] Colino A, Benito-Osorio D, Rueda-Armengot C. Entrepreneurship culture, total factor productivity growth and technical progress：patterns of convergence towards the technological frontier[J]. Technological Forecasting & Social Change, 2014, 88（10）：349-359.

[164] Liao S Q, Fu L H, Liu Z Y. Investigating open innovation strategies and firm performance：the moderating role of technological capability and market information management capability[J]. Journal of Business & Industrial Marketing, 2020, 35（1）：23-39.

[165] Jonker M, Romijn H, Szirmai A. Technological effort, technological capabilities and economic performance[J]. Technovation, 2004, 26（1）：121-134.

[166] Dutrénit G, Natera J M, Anyul M P, et al. Development profiles and accumulation of technological capabilities in Latin America[J]. Technological Forecasting & Social Change, 2019, 145（8）：396-412.

[167] 王芳，赵兰香. 后发国家（地区）企业技术能力动态演进特征研究——基于潜在转换分析方法[J]. 中国软科学，2015（3）：105-116.

[168] Costa I, De Queiroz S R R. Foreign direct investment and technological capabilities in Brazilian Industry[J]. Research Policy, 2002, 31（8-9）：1431-1443.

[169] 彭灿，杨玲. 技术能力、创新战略与创新绩效的关系研究[J]. 科研管理，2009，30（2）：26-32.

[170] 李俊江，孟勐. 技术前沿、技术追赶与经济赶超——从美国、日本两种典型后发增长模式谈起[J]. 华

东经济管理，2017，31（1）：5-12.

[171] Howitt P，Aghion P. Capital accumulation and innovation as complementary factors in Long-Run Growth[J]. Journal of Economic Growth，1998，3（2）：111-130.

[172] Lichtenthaler U，Lichtenthaler E. A capability-based framework for open innovation[J]. Journal of Management Studies，2009，46（8）：1315-1338.

[173] Lee J J，Yoon H. A comparative study of technological learning and organizational capability development in complex products systems：distinctive paths of three latecomers in military aircraft industry[J]. Research Policy，2015，44（7）：1296-1313.

[174] Estades J，Ramani S. Technological competence and the influence of networks：a comparative analysis of new biotechnology firms in France and Britain[J]. Technology Analysis & Strategic Management，1998，10（4）：483-495.

[175] Zhang G Y，Zhao S K，Xi Y，et al. Relating science and technology resources integration and polarization effect to innovation ability in emerging economies：an empirical study of Chinese enterprises[J]. Technological Forecasting & Social Change，2018，135（10）：188-198.

[176] 梁海山，魏江，万新明. 企业技术创新能力体系变迁及其绩效影响机制——海尔开放式创新新范式[J]. 管理评论，2018，30（7）：281-291.

[177] Hansen U E，Lema R. The co-evolution of learning mechanisms and technological capabilities：lessons from energy technologies in emerging economies[J]. Technological Forecasting & Social Change，2019，140（1）：241-257.

[178] Byoungho J，Jeong C H. Examining the role of international entrepreneurial orientation，domestic market competition，and technological and marketing capabilities on SME's export performance[J]. The Journal of Business & Industrial Marketing，2018，33（5）：585-598.

[179] Rebele J E，Pierre E K S. A commentary on learning objectives for accounting education programs：the importance of soft skills and technical knowledge[J]. Journal of Accounting Education，2019，48（9）：71-79.

[180] O'Reilly C，Tushman M. Organizational ambidexterity：past，present and future[J]. Academy of Management，2013，27（4）：324-338.

[181] Levinthal D，March J. The Myopia of Learning[J]. Strategic Management Journal，1993，14（S2）：95-112.

[182] Zhang F，Jiang G H，Cantwell J A. Geographically dispersed technological capability building and MNC innovative performance：the role of intra-firm flows of newly absorbed knowledge[J]. Journal of International Management，2019，25（3）：1-18.

[183] 陈侃翔，谢洪明，程宣梅，等. 新兴市场技术获取型跨国并购的逆向学习机制[J]. 科学学研究，2018，36（6）：1048-1057.

[184] Camisón-Haba S，Clemente-Almendros J A，Gonzalez-Cruz T. How technology-based firms become also highly innovative firms？The role of knowledge，technological and managerial capabilities，and entrepreneurs' background[J]. Journal of Innovation & Knowledge，2019，4（3）：162-170.

[185] Jiao H，Yang J F，Zhou J H，et al. Commercial partnerships and collaborative innovation in China：the moderating effect of technological uncertainty and dynamic capabilities[J]. Journal of Knowledge Management，2019，23（7）：1429-1452.

[186] 王鹤春，苏敬勤，曹慧玲. 成熟产业实现技术追赶的惯性传导路径研究[J]. 科学学研究，2016，34（11）：1637-1645.

[187] 范德成，杜明月. 高端装备制造业技术创新资源配置效率及影响因素研究——基于两阶段 StoNED 和 Tobit 模型的实证分析[J]. 中国管理科学，2018，26（1）：13-24.

[188] 沈能，周晶晶. 参与全球生产网络能提高中国企业价值链地位吗"网络馅饼"抑或"网络陷阱"[J]. 管理工程学报，2016，30（4）：11-17.

[189] 王娟，张鹏. 服务转型背景下制造业技术溢出突破"锁定效应"研究[J]. 科学学研究，2019，37（2）：276-290.

[190] Hötte K. How to accelerate green technology diffusion? Directed technological change in the presence of coevolving absorptive capacity[J]. Energy Economics，2020，85（1）：1378-1449.

[191] 苗文龙，何德旭，周潮. 企业创新行为差异与政府技术创新支出效应[J]. 经济研究，2019，54（1）：85-99.

[192] 周帅萍. 并购情境下领导问责对员工个人认同的影响机制研究[D]. 杭州：浙江大学，2018.

[193] Richter J S，Mendis G P，Nies L，et al. A method for economic input-output social impact analysis with application to US advanced manufacturing[J]. Journal of Cleaner Production，2019，212（1）：302-312.

[194] Vivian D. Exploring Industry 4.0 technologies to enable circular economy practices in a manufacturing context[J]. Journal of Manufacturing Technology Management，2019，30（2）：34-49.

[195] 方晓霞，杨丹辉，李晓华. 日本应对工业4.0：竞争优势重构与产业政策的角色[J]. 经济管理，2015，37（11）：20-31.

[196] 逯东，池毅.《中国制造2025》与企业转型升级研究[J]. 产业经济研究，2019（5）：77-88.

[197] Oliveira L G，Paiva A P，Balestrassi P P，et al. Response surface methodology for advanced manufacturing technology optimization：theoretical fundamentals，practical guidelines，and survey literature review[J]. International Journal of Advanced Manufacturing Technology，2019，104（5）：1785-1837.

[198] Birasnav M，Bienstock J. Supply chain integration，advanced manufacturing technology，and strategic leadership：an empirical study[J]. Computers & Industrial Engineering，2019，130（1）：142-157.

[199] Stock G N，McDermott C M. Organizational and strategic predictors of manufacturing technology implementation success：an exploratory study[J]. Technovation，2001，21（10）：625-636.

[200] Olfati M，Yuan W，Nasseri S. An integrated model of fuzzy multi-criteria decision making and stochastic programming for the evaluating and ranking of advanced manufacturing technologies[J]. Iranian Journal Of Fuzzy Systems，2020，17（5）：183-196.

[201] Ellingsen O，Aasland K E. Digitalizing the maritime industry：a case study of technology acquisition and enabling advanced manufacturing technology[J]. Journal of Engineering and Technology Management，2019，54（1）：12-27.

[202] Boyer K，Leong G，Ward P，et al. Unlocking the potential of advanced manufacturing technologies[J]. Journal of Operations Management，1997，15（4）：331-347.

[203] Dalenogare L S，Benitez G B，Ayala N F，et al. The expected contribution of Industry 4.0 technologies for industrial performance[J]. International Journal of Production Economics，2018，204（1）：383-394.

[204] Zheng T，Ardolino M，Bacchetti A，et al. The impacts of industry 4.0：a descriptive survey in the Italian manufacturing sector[J]. Journal of Manufacturing Technology Management，2020，31（5）：1085-1115.

[205] Alvarado-Vargas M J，Inamanamelluri T，Zou Q. Product attributes and digital innovation performance：the importance of country and firm level supporting environment[J]. Internationa Journal of Technology Management，2020，82（3）：206-226.

[206] Eum W，Lee J. Role of production in fostering innovation[J]. Technovation，2019，84（2）：1-10.

[207] 郭晓蓓. 环境规制对制造业结构升级的影响研究——基于路径分析与面板数据模型检验[J]. 经济问题探索，2019（8）：148-158.

[208] 余东华，孙婷. 环境规制、技能溢价与制造业国际竞争力[J]. 中国工业经济，2017（5）：35-53.

[209] 林伯强，孙传旺，姚昕. 中国经济变革与能源和环境政策——首届中国能源与环境经济学者论坛综述[J]. 经济研究，2017，52（9）：198-203.

[210] 林志炳. 基于网络外部性的绿色制造策略研究[J]. 中国管理科学，2020，28（9）：137-145.

[211] 曹华军，李洪丞，曾丹，等. 绿色制造研究现状及未来发展策略[J]. 中国机械工程，2020，31（2）：135-144.

[212] Altuntas S，Cinar O，Kaynak S.Relationships among advanced manufacturing technology，innovation，export，and firm performance Empirical evidence from Turkish manufacturing companies[J]. Kybernetes，2018，47（9）：1836-1856.

[213] 田红娜，孙钦琦. 基于云模型的汽车制造企业绿色技术创新能力评价研究[J]. 管理评论，2020，32（2）：102-114.

[214] Diaz-Reza J，Garcia-Alcaraz J，Gil-Lopez A，et al. Design，process and commercial benefits gained from AMT[J]. Journal of Manufacturing Technology Management，2019，31（2）：330-352.

[215] Cheng Y，Matthiesen R，Farooq S，et al. The evolution of investment patterns on advanced manufacturing technology（AMT）in manufacturing operations：a longitudinal analysis[J]. International Journal of Production Economics，2018，203（6）：239-253.

[216] Hofmann C，Orr S. Advanced manufacturing technology adoption-the German experience[J]. Technovation，2005，25（7）：711-724.

[217] Nascimento D L M，Alencastro V，Quelhas O L G，et al. Exploring industry 4.0 technologies to enable circular economy practices in a manufacturing context A business model proposal[J]. Journal of Manufacturing Technology Management，2019，30（3）：607-627.

[218] Saraph J V，Sebastian R J. Human resource strategies for effective introduction of advanced manufacturing technologies[J]. Production and Inventory Management Journal，1992，33（1）：64-70.

[219] Dean J W，Susman Y G I. Advanced manufacturing technology and organization structure：empowerment or subordination[J]. Orgnization Science，1992，3（2）：203-229.

[220] Kotha S. Strategy，manufacturing structure，and advanced manufacturing technologies-a proposed framework[J]. Academy of Management Proceedings，1991，1（1）：293-297.

[221] Sick N，Broering S，Figgemeier E. Start-ups as technology life cycle indicator for the early stage of application：An analysis of the battery value chain[J]. Journal of Cleaner Production，2018，201（8）：325-333.

[222] Rumanti A A，Hadisurya V. Analysis of innovation based on technometric model to predict technology life cycle in indonesian SME[J]. International Journal of Innovation in Enterprise System，2017，1（1）：29-36.

[223] 赵莉晓. 基于专利分析的 RFID 技术预测和专利战略研究——从技术生命周期角度[J]. 科学学与科学技术管理，2012，33（11）：24-30.

[224] 钟华，邓辉. 基于技术生命周期的专利组合判别研究[J]. 图书情报工作，2012，56（18）：87-92.

[225] 黄鲁成，蒋林杉，吴菲菲. 萌芽期颠覆性技术识别研究[J]. 科技进步与对策，2019，36（1）：10-17.

[226] Foucart R，Li Q C. The role of technology standards in product innovation：theory and evidence from UK manufacturing firms[J]. Research Policy，2021，50（2）：124-157.

[227] 孔德婧，王坤. 基于专利数据的技术投资预测——以快递物流领域为例[J]. 技术经济与管理研究，2018（8）：14-20.

[228] Rosegger G. Firm's information sources and the technology life cycle[J]. International Journal of Technology Management，1996，12（5）：704-716.

[229] Taylor M，Taylor A. The technology life cycle：conceptualization and managerial implications[J].

International Journal of Production Economics，2012，140（1）：541-553.

[230] Haupt R，Kloyer M，Lange M. Patent indicators for the technology life cycle development[J]. Research Policy，2007，36（3）：387-398.

[231] Chang S H，Fan C Y. Identification of the technology life cycle of telematics：a patent-based analytical perspective[J]. Technological Forecasting and Social Change，2016，105（1）：1-10.

[232] 罗建强，戴冬烨，李丫丫. 基于技术生命周期的服务创新轨道演化路径[J]. 科学学研究，2020，38（4）：759-768.

[233] Seidel V P，Langner B，Sims J. Dominant communities and dominant designs：community-based innovation in the context of the technology life cycle[J]. Strategic Organization，2017，15（2）：220-241.

[234] Lee C，Kim J，Kwon O，et al. Stochastic technology life cycle analysis using multiple patent indicators[J]. Technological Forecasting and Social Change，2016，106（1）：53-64.

[235] 袁泽沛，陈金贤. 技术跨越的可能性与机会窗口[J]. 中国软科学，2001（8）：50-53.

[236] 彭新敏，张帆. 技术变革、次序双元与后发企业追赶[J]. 科学学研究，2019，37（11）：2016-2025.

[237] 徐建新，张海迪，许强. 机会窗口、复合式战略与后发企业追赶——基于大华股份的纵向案例研究[J]. 科技进步与对策，2020，37（23）：81-90.

[238] 彭新敏，史慧敏，朱顺林. 机会窗口、双元战略与后发企业技术追赶[J]. 科学学研究，2020，38（12）：2220-2227.

[239] 刘海兵，杨磊，许庆瑞. 后发企业技术创新能力路径如何演化？——基于华为公司1987~2018年的纵向案例研究[J]. 科学学研究，2020，38（6）：1096-1107.

[240] Wojan T R，Crown D，Rupasingha A. Varieties of innovation and business survival：does pursuit of incremental or far-ranging innovation make manufacturing establishments more resilient？[J]. Research Policy，2018，47（9）：1801-1810.

[241] 马国旺，刘思源. 技术-经济范式赶超机遇与中国创新政策转型[J]. 科技进步与对策，2018，35（23）：130-136.

[242] 李晓丹，刘向阳，刘洋. 国际研发联盟中依赖关系、技术知识获取与产品创新[J]. 科学学研究，2018，36（9）：1632-1641.

[243] Lieberman M B，Montgomery D B. First-mover（dis）advantages：retrospective and link with the resource-based view[J]. Strategic Management Journal，1998，19（12）：1111-1125.

[244] Bryman A. Animating the pioneer versus late entrant debate：an historical case study[J]. Journal of Management Studies，1997，34（3）：415-438.

[245] Dutta P K，Lach S，Rustichini A. Better late than early-vertical differentiation in the adoption of a new technology[J]. Journal of Economics & Management Strategy，1995，4（4）：563-589.

[246] 黄晗，张金隆，熊杰. 赶超中机会窗口的研究动态与展望[J]. 管理评论，2020，32（5）：151-164.

[247] Klingebiel R，Joseph J. Entry timing and innovation strategy in feature phones[J]. Strategic Management Journal，2016，37（6）：1002-1020.

[248] Pandit D，Joshi M P，Sahay A，et al. Disruptive innovation and dynamic capabilities in emerging economies：evidence from the Indian automotive sector[J]. Technological Forecasting and Social Change，2018，129（8）：323-329.

[249] Diestre L，Rajagopalan N，Dutta S. Constraints in acquiring and utilizing directors' experence：an empirical study of new-market entry in the pharmaceutical industry[J]. Strategic Management Journal，2015，36（3）：339-359.

[250] Coad A，Segarra A，Teruel M. Innovation and firm growth：does firm age play a role？[J]. Research Policy，2016，45（2）：387-400.

[251] Demirel P，Danisman G O. Eco-innovation and firm growth in the circular economy：evidence from European small-and medium-sized enterprises[J]. Business Strategy and the Environment，2019，28（8）：1608-1618.

[252] Perla J，Tonetti C，Waugh M E. Equilibrium technology diffusion，trade，and growth[J]. American Economic Review，2021，111（1）：73-128.

[253] Yang W，Yu X，Zhang B，et al. Mapping the landscape of international technology diffusion（1994-2017）：network analysis of transnational patents[J]. Journal of Technology Transfer，2021，46（1）：138-171.

[254] Skiti T. Institutional entry barriers and spatial technology diffusion：evidence from the broadband industry[J]. Strategic Management Journal，2020，41（7）：1336-1361.

[255] Oliinyk V，Kozmenko O，Wiebe I，et al. Optimal control over the process of innovative product diffusion：the case of sony corporation[J]. Economics & Sociology，2018，11（3）：265-285.

[256] 江鸿，吕铁. 政企能力共演化与复杂产品系统集成能力提升——中国高速列车产业技术追赶的纵向案例研究[J]. 管理世界，2019，35（5）：106-125.

[257] 韩晨，谢言，高山行. 多重战略导向与企业创新绩效：一个被调节的中介效应模型[J]. 管理工程学报，2020，34（6）：29-37.

[258] 段海艳，李一凡，康淑娟. "紧缩"还是"复苏"？衰退企业业绩逆转的战略选择？[J]. 科学学与科学技术管理，2020，41（9）：84-104.

[259] Khan I，Bashir T. Market orientation，social entrepreneurial orientation，and organizational performance：the mediating role of learning orientation[J]. Iranian Journal of Management Studies，2020，13（4）：673-703.

[260] Coffie S，Blankson C，Dadzie S A. A review and evaluation of market orientation research in an emerging African economy[J]. Journal of Strategic Marketing，2020，28（7）：565-582.

[261] 尚甜甜，缪小明，刘瀚龙，等. 资源约束下颠覆性创新过程机制研究[J]. 中国科技论坛，2021（1）：35-43.

[262] 赵明剑，司春林. 基于突破性技术创新的技术跨越机会窗口研究[J]. 科学学与科学技术管理，2004（5）：54-59.

[263] 邓程，杨建君，刘瑞佳，等. 技术知识与新产品开发优势：战略导向的调节作用[J]. 科学学研究，2021，39（9）：1-11.

[264] 李显君，孟东晖，刘暐. 核心技术微观机理与突破路径——以中国汽车 AMT 技术为例[J]. 中国软科学，2018（8）：88-104.

[265] Kim N，Im S，Slater S F. Impact of knowledge type and strategic orientation on new product creativity and advantage in high-technology firms[J]. Journal of Product Innovation Management，2013，30（1）：136-153.

[266] Lau C M. Team and organizational resources，strategic orientations，and firm performance in a transitional economy[J]. Journal of Business Research，2011，64（12）：1344-1351.

[267] 罗珉，马柯航. 后发企业的边缘赶超战略[J]. 中国工业经济，2013（12）：91-103.

[268] 周琪，苏敬勤，长青，等. 战略导向对企业绩效的作用机制研究：商业模式创新视角[J]. 科学学与科学技术管理，2020，41（10）：74-92.

[269] 方伟，杨眉. 高新技术产业集群知识溢出对企业技术追赶的影响[J]. 科技进步与对策，2020，37（9）：87-95.

[270] 郑长江，谢富纪，崔有祥. 技术差距、制度差异与技术赶超路径分析[J]. 软科学，2017，31（6）：1-5.

[271] Wall T D，Corbett J M，Clegg C W，et al. Adanced manufacturing technology and work design-towards a theortical framework[J]. Journal of Organizational Behavior，1990，11（3）：201-219.

[272] 林敏，吴贵生，熊鸿儒. 技术轨道理论对后发者追赶的启示研究[J]. 中国科技论坛，2013（9）：13-19.

[273] Chen I J，Small M H. Planning for advanced manufacturing technology-A research framework[J]. International Journal of Operations & Production Management，1996，16（5）：4-8.

[274] Lea B R，Gupta M C，Yu W B. A prototype multi-agent ERP system：an integrated architecture and a conceptual framework[J]. Technovation，2005，25（4）：433-441.

[275] Yu X，Zhang B. Obtaining advantages from technology' revolution：a patent roadmap for competition analysis and strategy planning[J]. Technological Forecasting and Social Change，2019，145（9）：273-283.

[276] Huang H C，Su H N. The innovative fulcrums of technological interdisciplinarity：an analysis of technology fields in patents[J]. Technovation，2019，84（6）：59-70.

[277] Park H，Yoon J. Assessing coreness and intermediarity of technology sectors using patent co-classification analysis：the case of Korean national R&D[J]. Scientometrics，2014，98（2）：853-890.

[278] 马荣康，刘凤朝. 技术体制视角的中国技术领域比较优势演变特征分析[J]. 管理评论，2019，31（5）：118-127.

[279] 姜黎辉，张朋柱，龚毅. 不连续技术机会窗口的进入时机抉择[J]. 科研管理，2009，30（2）：131-138.

[280] 刘兵，李玉琼，刘赟. 我国核电"走出去"的机会窗口及时机抉择——基于 Bass 模型[J]. 科研管理，2019，40（11）：95-101.

[281] 李慧，玄洪升. 专利视角下融合多属性的技术创新主题挖掘方法——以芯片领域专利为例[J]. 图书情报工作，2020，64（11）：96-107.

[282] 董晓松，夏寿飞，谌宇娟，等. 基于科学知识图谱的数字经济研究演进、框架与前沿中外比较[J]. 科学学与科学技术管理，2020，41（6）：108-127.

[283] 侯剑华，刘则渊. 纳米技术研究前沿及其演化的可视化分析[J]. 科学学与科学技术管理，2009，30（5）：23-30.

[284] Hilbolling S，Berends H，Deken F，et al. Sustaining complement quality for digital product platforms：a case study of the philips hue ecosystem[J]. Journal of Product Innovation Management，2021，38（1）：21-48.

[285] Giudice M D，Scuotto V，Papa A，et al. A self-tuning model for smart manufacturing SMEs：effects on digital innovation[J]. Journal of Product Innovation Management，2020，38（1）：68-89.

[286] Bertoni F，Marti J，Reverte C. The impact of government-supported participative loans on the growth of entrepreneurial ventures[J]. Research Policy，2018，48（1）：371-384.

[287] Watts A D，Hamilton R D. Scientific foundation，patents，and new product introductions of biotechnology and pharmaceutical firms[J]. R&D Management，2013，43（5）：433-446.

[288] Moraes S D，Lucas L O，Vonortas N S. Internal barriers to innovation and university-industry cooperation among technology-based SMEs in Brazil[J]. Industry and Innovation，2020，27（3）：235-263.

[289] 冯灵，余翔. 中国高铁破坏性创新路径探析[J]. 科研管理，2015，36（10）：77-84.

[290] Hu M C. Technological innovation capabilities in the thin film transistor-liquid crystal display industries of Japan，Korea，and Taiwan[J]. Research Policy，2012，41（3）：541-555.

[291] Corsi C，Prencipe A. High-tech entrepreneurial firms' innovation in different institutional settings. Do venture capital and private equity have complementary or substitute effects？[J]. Industry & Innovation，2019，26（9）：1023-1074.

[292] 范黎波，郑建明，江琳. 技术差距、技术扩散与收敛效应：来自 134 个国家技术成就指数的证据[J]. 中国工业经济，2008（9）：69-76.

[293] Van Tuijl E，Carvalho L，Dittrich K. Beyond the joint-venture：knowledge sourcing in Chinese automotive events[J]. Industry & Innovation，2018，25（4）：389-407.

[294] 王志勇，党晓玲，刘长利，等. 颠覆性技术的基本特征与国外研究的主要做法[J]. 国防科技，2015，36（3）：14-17，22.

[295] 李金华. 中国建设制造强国进程中前沿技术的发展现实与路径[J]. 吉林大学社会科学学报，2019，59（2）：5-19，219.

[296] 黄鲁成，成雨，吴菲菲，等. 关于颠覆性技术识别框架的探索[J]. 科学学研究，2015，33（5）：654-664.

[297] Wei J，Sun C，Wang Q，et al. The critical role of the institution-led market in the technological catch-up of emerging market enterprises：evidence from Chinese enterprises[J]. R&D Management，2020，50（4）：478-493.

[298] 林苞，雷家骕. 基于科学的创新模式与动态——对青霉素和晶体管案例的重新分析[J]. 科学学研究，2013，31（10）：1459-1464.

[299] Cassiman B，Veugelers R，Arts S. Mind the gap：capturing value from basic research through combining mobile inventors and partnerships[J]. Research Policy，2018，47（9）：1811-1824.

[300] 徐晓丹，柳卸林. 大企业为什么要重视基础研究？[J]. 科学学与科学技术管理，2020，41（9）：3-19.

[301] Mcadam R，Mcadam M，Brown V. Proof of concept processes in UK university technology transfer：an absorptive capacity perspective[J]. R&D Management，2010，39（2）：192-210.

[302] Koo B S，Lee C Y. The moderating role of competence specialization in the effect of external R&D on innovative performance：competence specialization，external R&D，and innovative performance[J]. R&D Management，2018，49（4）：574-594.

[303] 杨立岩，潘慧峰. 人力资本、基础研究与经济增长[J]. 经济研究，2003（4）：72-78，94.

[304] Salter A，Martin B R. The economic benefits of publicly funded basic research：a critical review[J]. Research Policy，2001，30（3）：509-532.

[305] Kwon H U，Park J. R&D，foreign ownership，and corporate groups：evidence from Japanese firms[J]. Research Policy，2018，47（2）：428-439.

[306] 陈煜明，杨锐. 知识禀赋、创新联结与地区 R&D 企业数量[J]. 管理学报，2015，12（10）：1504-1510.

[307] 柳卸林，吴晟，朱丽. 华为的海外研发活动发展及全球研究网络分析[J]. 科学学研究，2017，35（6）：834-841，862.

[308] Gao X D. Approaching the technological innovation frontier：evidence from Chinese SOEs[J]. Industry and Innovation，2019，26（1）：100-120.

[309] Heil S，Bornemann T. Creating shareholder value via collaborative innovation：the role of industry and resource alignment in knowledge exploration[J]. R&D Management，2018，48（4）：394-409.

[310] Bereznoy A. Catching-up with supermajors：the technology factor in building the competitive power of national oil companies from developing economies[J]. Industry and Innovation，2019，26（2）：127-157.

[311] Williams C，Vrabie A. Host country R&D determinants of MNE entry strategy：a study of ownership in the automobile industry[J]. Research Policy，2018，47（2）：474-486.

[312] Song M L，Pan X F，Pan X Y，et al. Influence of basic research investment on corporate performance：exploring the moderating effect of human capital structure[J]. Management Decision，2019，57（8）：1839-1856.

[313] Bernardes A T，Albuquerque E D. Cross-over，thresholds，and interactions between science and technology：lessons for less-developed countries[J]. Research Policy，2003，32（5）：865-885.

[314] 陆剑，柳剑平，程时雄. 我国与 OECD 主要国家工业行业技术差距的动态测度[J]. 世界经济，2014，37（9）：25-52.

[315] 郭磊. 多元知识探寻与后发企业技术创新——来自我国电信制造业的实证研究[J]. 科技进步与对策, 2019, 36 (15): 1-6.

[316] 江飞涛, 李晓萍. 直接干预市场与限制竞争: 中国产业政策的取向与根本缺陷[J]. 中国工业经济, 2010 (9): 26-36.

[317] 宋凌云, 王贤彬. 重点产业政策、资源重置与产业生产率[J]. 管理世界, 2013 (12): 63-77.

[318] 张永安, 闫瑾. 技术创新政策对企业创新绩效影响研究——基于政策文本分析[J]. 科技进步与对策, 2016, 33 (1): 108-113.

[319] Andriosopoulos K, Silvestre S. French energy policy: a gradual transition[J]. Energy Policy, 2017, 106 (7): 376-381.

[320] Maloney W, Nayyar G, Observer W B, et al. Industrial policy, information, and government capacity[J]. World Bank Research Observer, 2018, 33 (2): 189-217.

[321] 杨瑞龙, 侯方宇. 产业政策的有效性边界——基于不完全契约的视角[J]. 管理世界, 2019, 35 (10): 82-94, 219-220.

[322] 韩东林, 徐晓艳, 陈晓芳. "中国制造2025"上市公司技术创新效率评价[J]. 科技进步与对策, 2016, 33 (13): 113-119.

[323] 余明桂, 范蕊, 钟慧洁. 中国产业政策与企业技术创新[J]. 中国工业经济, 2016 (12): 5-22.

[324] 富金鑫, 李北伟. 新工业革命背景下技术经济范式与管理理论体系协同演进研究[J]. 中国软科学, 2018 (5): 171-178.

[325] 高伟, 胡潇月. 新能源汽车政策效应: 规模抑或创新中介? [J]. 科研管理, 2020, 41 (4): 32-44.

[326] Nicolini M, Tavoni M. Are renewable energy subsidieseffective? Evidence from Europe[J]. Renewable & Sustainable Energy Reviews, 2017, 74 (7): 412-423.

[327] Liu D Y, Chen T, Liu X Y, et al. Do more subsidies promote greater innovation? Evidence from the Chinese electronic manufacturing industry[J]. Economic Modelling, 2019, 80 (8): 441-452.

[328] Breetz H L, Salon D. Do electric vehicles need subsidies? Ownership costs for conventional, hybrid, and electric vehicles in 14 US cities[J]. Energy Policy, 2018, 120: 238-249.

[329] 张杰, 陈志远, 杨连星, 等. 中国创新补贴政策的绩效评估: 理论与证据[J]. 经济研究, 2015, 50 (10): 4-17, 33.

[330] 耿曙. 发展阶段如何影响产业政策: 基于中国太阳能产业的案例研究[J]. 公共行政评论, 2019, 12 (1): 24-50, 211-212.

[331] 饶芬, 李向军. 中国光伏产业发展的"破冰"之路[J]. 科学管理研究, 2013, 31 (6): 49-52.

[332] 黎文靖, 郑曼妮. 实质性创新还是策略性创新?——宏观产业政策对微观企业创新的影响[J]. 经济研究, 2016, 51 (4): 60-73.

[333] 张同斌, 高铁梅. 财税政策激励、高新技术产业发展与产业结构调整[J]. 经济研究, 2012, 47 (5): 58-70.

[334] 尚洪涛, 黄晓硕. 政府补贴、研发投入与创新绩效的动态交互效应[J]. 科学学研究, 2018, 36 (3): 446-455, 501.

[335] Alecke B, Mitze T, Reinkowski J, et al. Does firm size make a difference? Analysing the effectiveness of R&D subsidies in East Germany[J]. German Economic Review, 2012, 13 (2): 174-195.

[336] 柳光强. 税收优惠、财政补贴政策的激励效应分析——基于信息不对称理论视角的实证研究[J]. 管理世界, 2016 (10): 62-71.

[337] 申俊喜, 刘元雏. 战略性新兴产业产能利用率及影响因素——以新一代信息技术产业为例[J]. 中国科技论坛, 2019 (3): 61-70, 91.

[338] 陈文俊, 彭有为, 胡心怡. 战略性新兴产业政策是否提升了创新绩效[J]. 科研管理, 2020, 41 (1):

22-34.

[339] 袁建国，后青松，程晨. 企业政治资源的诅咒效应——基于政治关联与企业技术创新的考察[J]. 管理世界，2015（1）：139-155.

[340] 刘兰剑，项丽琳，夏青. 基于创新政策的高新技术产业创新生态系统评估研究[J]. 科研管理，2020，41（5）：1-9.

[341] 逄丹. TD产业打造完整产业链　开启4G全球商用明天[EB/OL]. http://tc. people. com. cn/n/2014/0113/c183175-24100372. html，2014-1-13.

[342] 陆一夫. 华为回应巨额政府补贴报道：运营资金来自自身积累和融资[EB/OL]. http://www.bjnews. com.cn/finance/2019/12/26/666850. html，2019-12-26.

[343] 国家统计局. 交通运输网络跨越式发展　邮电通信能力显著提升——改革开放 40 年经济社会发展成就系列报告之十三[EB/OL]. http://www. stats. gov. cn/ztjc/ztfx/ggkf40n/201809/t20180911_1622071. html，2018-9-11.

[344] Aghion P，Cai J，Dewatripont M，et al. Industrial policy and competition[J]. American Economic Journal：Macroeconomics，2015，7（4）：1-32.

[345] 黎文靖，李耀淘. 产业政策激励了公司投资吗[J]. 中国工业经济，2014（5）：122-134.